暖男MASA的幸福点心

Ice Cream, Sorbet, Pudding and Jelly, Scone, Biscuit, Churros and Cookie, Senbei, Daifuku, Mochi and Snake , Sponge Cake, Chiffon Cake and Snack Cake, Crape, Samosa, Quiche and Pizza, Tart, Pie, Puff and Chocolate Cake

MASA 著

光明日报出版社

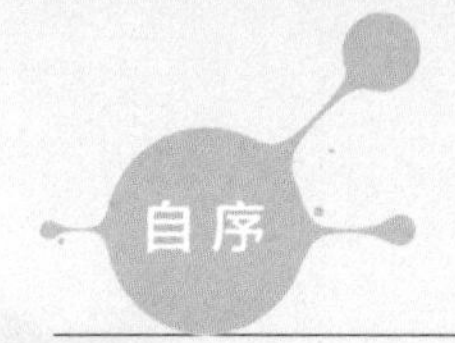

通过身体的五感，享受甜点的幸福

大家对甜点是什么印象呢？我自己对甜点的印象有两种：一种是将甜点与茶饮一起搭配食用的下午茶点心（Afternoon tea sweets）；另一种则是搭配套餐，在用完餐后食用的餐后点心（Entremets）。

我在日本的法式料理餐厅工作时，当时的主厨很喜欢甜点，所以不仅花时间研发料理菜单，连餐后甜点也不马虎。而作为学徒的我，也因此学习到许多料理以外的糕点技术（Pâtissier）。加上我个人也很爱吃甜点，所以在当学徒时，即使是休息日也在家里研究点心，然后把它们全部吃光。

这次为了写这本书，在短时期内做了很多种点心，这也是我离开法式餐厅这么久以来，第一次做这么多款点心。但不可思议的是，我竟然还记得当时所学习到的过程和技术。

习惯成自然，做点心也一样。过程都是非常重要的，即使买了一本食谱书，也不一定要马上做完所有的点心。将打发好的蛋液混入面粉中搅拌的程度、熬焦糖时加些水让焦糖化停止的状况、蛋糕装饰的设计等，许多动作很难用文字准确地表现，而且做点心时还有更多“快乐的时光”无法用言语传达。

烤箱里的面糊膨胀时可爱的样子，还有弥漫在四周的香气，切巧克力时“咚咚咚”清脆爽快的声音，还有卷蛋糕时的柔嫩触感。就像做料理一样，烘焙点心不只是味觉的启动，还可以通过身体的五感，一起享受手作的幸福。

这次介绍的点心大致分为西式、日式和咸点，再分门别类共分成6章。与之前出版的食谱一样，还是维持MASA一贯的风格，用比较容易购得的材料，Step by Step的方式，详细介绍了每道点心的制作过程。

因为有各位的支持与鼓励，我才有机会再出版这本食谱。非常感谢出版社的总编辑 Mavis、小丁、秀珊、淑玲以及Linda的大力帮助；还有每天非常忙碌，却一直支持我，让我轻松过好每一天的Lydia；当然，最重要的是各位读者的热情支持。

非常衷心地感谢大家！也希望大家能和我一样，通过这本书，一起享受做点心的快乐与幸福时光！~♪

Contents
目录

Part 1 不用面粉也能制作的点心（含凉品和冰品）
Ice Cream, Sorbet, Pudding and Jelly

Part 2 简单又容易上手的手工饼干
Scone, Biscuit, Churros and Cookie

Part 3 优雅香甜的和果子

Senbei, Daifuku, Mochi and Snack

Part 4 下午茶的最佳主角——蛋糕
Sponge Cake, Chiffon Cake and Pound Cake

Part 5 与众不同、绝妙好滋味的各式咸点

Crape, Samosa, Quiche and Pizza

Part 6 美味超人气的各式塔、派与泡芙

Tart, Pie, Puff and Chocolate Cake

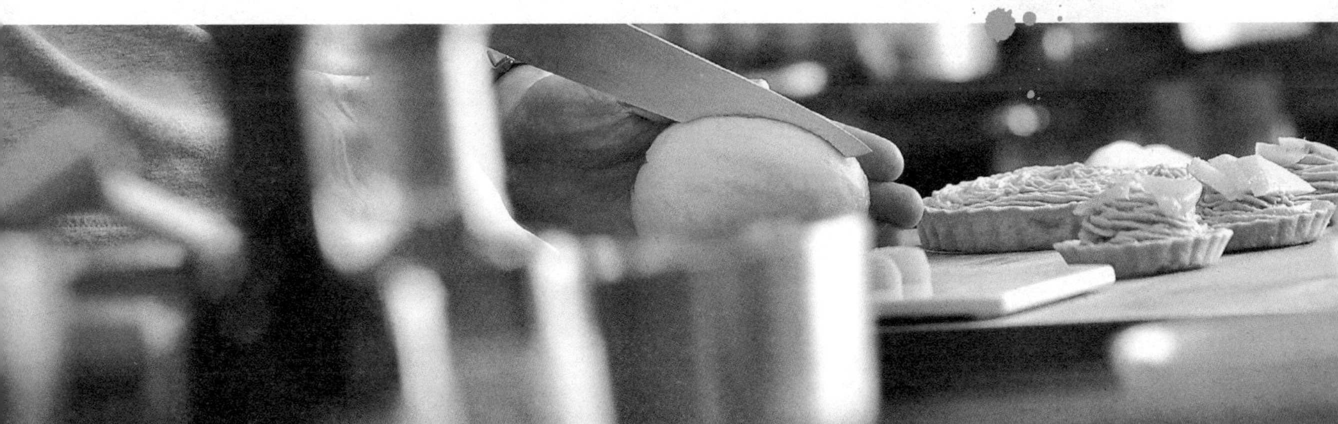

Foreword
前 言

MASA的贴心提醒

开始做点心之前，有几项需要注意的事情：

烤箱要预热：烘焙每一道点心之前，都要先确认烤箱的温度。最好一边预热，一边准备其他材料。一般烤箱达到160℃需要预热10～15分钟，但由于每一款烤箱的功效不一样，温度与时间的设定请参考自己烤箱的属性。

粉类要过筛：所有的粉类在使用前都需过筛，可以让材料混合得更均匀，也可以避免结块，让烘烤后的成品吃起来更膨松美味。

黄油要回温：黄油是烘培的基本材料之一，由牛奶提炼出来，是香气较浓郁的动物性油脂，一般分为有盐黄油与无盐黄油两种。本书除了咸点以外，其他全部使用的是无盐黄油。黄油使用时，应放置室温中回软，用手指按压出痕迹的程度就可以。若黄油比较硬，可以切成小块，放在钢盆四周，让它隔着温水慢慢溶化。

关于凝固剂：我一般用吉利丁片，用吉利丁粉也可以，分量（重量）一样，使用前加少量的水让它变软。每种品牌的浸泡方式可能不一样，请仔细确认包装上的说明。

本书使用的单位换算表：
1千克（kg）＝1000克（g）；1大匙＝15毫升（mL）；1/2大匙＝7.5毫升（mL）；1小匙＝5毫升（mL）；1/2小匙＝2.5毫升（mL）。

MASA最常用的烘焙器具

烤箱 [Oven]
烘烤点心时必备的工具之一。最好选择上下火独立控制温度的烤箱。烤箱的大小、热流、火候与温度的差异，都会影响烘烤出来的成品哦！

温度计 [Thermometer]
用来测量烤箱内部、打发蛋液或煮糖浆时的温度。虽然一般烤箱都有内嵌的温度计，但有时候会有不准确的情况，所以另外准备一支来准确测量烤箱内的温度。

量杯 [Measuring Spoon]
建议用玻璃量杯，刻度看得比较清楚，也容易清洗，不会残留味道。

计时器 [Timer]

烘焙点心时，用来设定提醒时间的工具。最好准备两个以上，使用时比较有弹性。

电子秤 [Digital Cooking Scale]

选择有“去皮”功能的电子秤，就不用为算数费脑筋了。尽量选择容易设定的，功能不要太复杂，数字明显的，最小可以秤量到 0.1g。因为粉类（如吉利丁类）的重量有一点点误差，所产生的凝固程度就会差很多。

量匙 [Measuring Spoon]

调配材料时，可以准确、快速地秤量。一般超市都可以买到一组4支的尺寸，分别为：1大匙（15mL）、1小匙（5mL）、1/2小匙（2.5mL）与1/4小匙（1.25mL）。使用时可以多舀取一些，然后用刮板刮平。

玻璃盆、玻璃碗 [Small Glass]

可以用来放置配料或进行搅拌等，耐高温。

钢盆 [Mixing Bowl]

材质为不锈钢，容易清洗又耐用，打发或搅拌时没有死角。

打蛋器 [Whipper]

用来打发或搅拌材料，建议选择有弹性的，准备两三支不同尺寸的打蛋器。

电动搅拌器 [Beating Machine]

可以设定高、低速功能，也可以用来搅拌面团、混合面糊、打发蛋白霜与鲜奶油等。

网筛（滤网勺） [Strainer]

用来过筛面粉类的结块，可以准备两种不同的网筛：一种是一般过筛用，另一种则用于过筛更细的粉类（如过筛抹茶粉、可可粉等），也可以用于在蛋糕成品上过筛糖粉装饰。

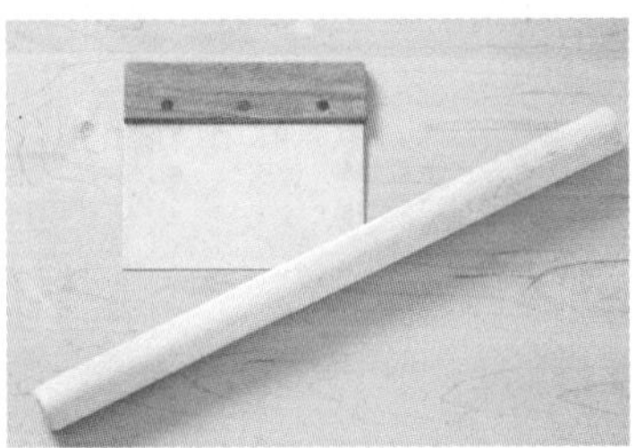

刮板、刮刀 [Scraper or Dough Scrape]

用于拌合、切割面团，也可以将钢盆内的材料刮起来或刮除粘黏在桌面上的粉屑。

擀面棍 [Rolling Pin]

擀卷或整理面团的大小、形状时使用，也是制作派皮时的必备工具。

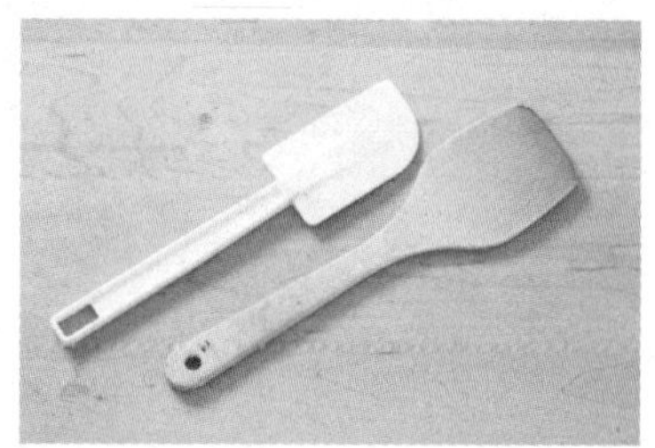

橡皮刮刀 [Rubber Pin]

制作甜点时，一定要使用正确的分量，因此从锅子或碗里倒出材料时，要用橡皮刮刀将其全部刮取出来。

木匙 [Wooden Spoon]

长时间熬煮材料时使用，木质品不导热因此不会烫伤。用来混合面糊或搅拌时，尽量使用平的木匙。特别在制作卡仕达酱（含有淀粉）时，锅底容易烧焦，所以用平的木匙比较方便刮取。

刷子 [Brush]

建议使用刷毛为动物毛制品的，选购前要确认刷毛是否不会脱落。它可以用来调制糖水、糖浆，涂抹蛋液、果胶、黄油，刷去多余的粉类等。

蛋糕铲 [Cake Shovel)

蛋糕切片之后，用蛋糕铲方便拿取。

抹刀 [Palette Knife]

用来蘸取鲜奶油、果酱、巧克力酱等涂抹在蛋糕表面进行装饰。准备不同大小、形状的抹刀，装饰不同种类的蛋糕。

挤花袋 [Piping Bag]

挤面糊或装饰鲜奶油时使用，分为塑料和帆布两种材质，当然你也可以像MASA一样用烘焙纸来制作（参考P.30）。

挤花嘴 [Piping Nozzle]

可挤出各种形状与花纹，至少准备两种以上，方便进行装饰多种颜色。

转台 [Revolving Stand]

用来装饰蛋糕时使用，有转台比较方便装饰，如果没有，可直接利用盘子来当转台使用。

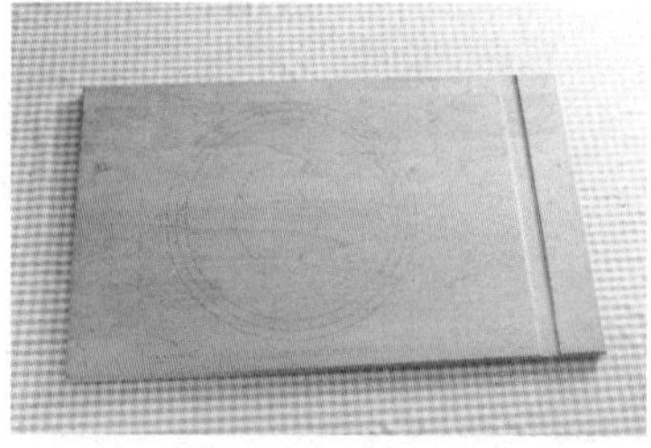

木质揉面板 [Wood Breadboard]

面板上刻有尺寸、刻度，切割面团时不需要另外找钢尺来测量，容易清洗、不易变形。也可以用耐热烘焙垫或硅胶防粘垫代替。

铝箔纸 [Aluminum Foil]

垫在烤盘的底部或包覆烤模。

烘焙纸 [Parchment Paper]

铺在烤盘底部避免粘黏烤盘，卷蛋糕时也需要使用。

圆形烤模 [Round Pan]

不仅用于烤蛋糕，也可以用来制作慕斯。我一般使用6~8英寸的。

戚风蛋糕中空烤模 [Ring Mould]

建议买带不粘黏涂层的，因为这款蛋糕在烘烤时，容易粘黏在烤模上。

陶瓷小烤模 [Souffle Dish]

用来烘烤1人份小塔时所使用的模具，是瓷皿制品，耐高温，而且有保温的特性。

其他烤模 [Other Mould]

有各种不同的形状，可以选择自己喜欢的使用。

圆形压模 [Round Mould]

可以制作出相同规格、大小、尺寸的点心。用来切割圆形的饼干、面团或蛋糕时都很方便。

果汁机 [Juicer]

用来混合食材或榨取果汁、果泥。我常用来打发、混合、搅拌、打泥等，是一款使用方便、功能齐全的机器！

磨泥板 [Grater]

能快速磨碎食物并细磨成泥，也可以用来刮磨柠檬皮、柳橙皮等坚硬的蔬果。

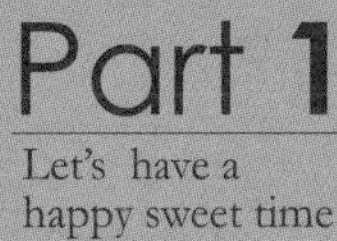

Part 1

Let's have a happy sweet time

Ice Cream, Sorbet, Pudding and Jelly

不用面粉也能制作的点心（含凉品和冰品）

Easy Milk Package Shaker Ice Cream
Tomato Basil Sorbet
Gelatin Free Instant Persimmon Mousse
Persimmon Crème Brûlée
Mandarin Orange Jelly
Earl Grey Milk Tea Pudding
Assorted Fruits Gratin
Maple Syrup & Crunchy Walnuts Pudding
Snow Ball Caramel Topping with Custard Sauce
Easy Step Squash & Walnuts Rich Ice Cream
Lemon & Mint Flavored Sorbet
Tofu & Yogurt Healthy Blueberry Jelly
Soy Bean Pudding with Brown Sugar Syrup
Plum Sake Jelly
White wine Compote Biwa / Loquat
MASA Original Oba Flavored Pickled Apple
Two Days Project-French toast

Easy Milk Package Shaker Ice Cream

简单！牛奶盒摇摇彩色冰激凌

分量

5或6片

材料 Ingredients

草莓 Strawberries……80g
猕猴桃 Kiwi fruit……1个
砂糖 Sugar……30g
鲜奶油 Whipping cream……300mL
饼干 Crackers……6片

哇哦！色彩缤纷的冰激凌来了！看起来非常高级的样子，其实做法很简单，只要将喜欢的水果切块，和鲜奶油一起装进牛奶盒里就好了！除了水果，也可以像我一样加入自己喜欢的消化饼干混合，饼干的酥脆口感与牛奶的香甜味和水果的自然酸味融合在一起，变成口感与味道都很丰富美妙的一道甜品。平常做冰激凌时，冻结过程中要一直搅拌，这是最麻烦的，而现在不用那么辛苦了，只要摇一摇牛奶盒就好了。依季节放入适合的水果，也可以加入巧克力豆、坚果、咖啡等，对！加入奥利奥也很好，反正想到什么都可以试试看！就像调酒师在调酒一样，牛奶盒就是你的调酒器，做一款独一无二的冰激凌吧！^^

1 新鲜草莓洗好后，去蒂、切半。

▸ 选择当季的新鲜水果来用。

2 将猕猴桃切片，然后将刀尖插进果皮与果肉之间，让刀子顺着猕猴桃片划一圈，把果肉取出。

▸ 猕猴桃很熟或太软时，用削皮刀不好削皮，用这种方法就非常方便。

3 在切好的水果里，加入砂糖拌一拌。

▸ 加入砂糖会让水果出水，之后与鲜奶油混合时，比较容易入味。

4 牛奶盒摇摇杯出现了！将洗净、晾干的牛奶盒上端打开，倒入鲜奶油。

5 放入做法3的水果。

▸ 也可以加入果脯（如葡萄干、杏脯等）或坚果类。

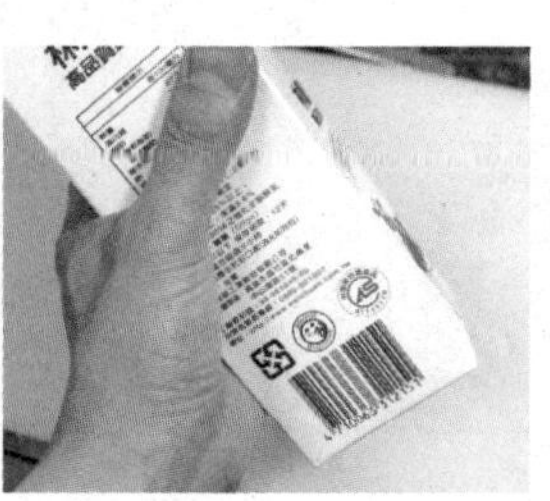

6 将牛奶盒上端封好，开始摇晃！

7 摇到这种稠度就差不多了。

8 把饼干掰成大块放进去。

9 再次将牛奶盒封好，摇晃几下。如果盒子太高，冷冻室放不下，可以像图片一样折矮一点。

10 用橡皮筋固定后放入冷冻室。

11 半冻结状态时拿出来用汤匙搅拌一下，让沉下去的材料平均分散开，再次放进冷冻室至完全冻结。

12 用刀子连同牛奶盒一起切开，或者将盒子用剪刀剪开后，再切片。

Tomato Basil Sorbet

意式
西红柿爽口冰沙

分量

4
人份

材料
Ingredients

罗勒（切丝）Shredded basil……适量
盐 Salt……适量
橄榄油 Olive oil……适量

［冰沙］

水煮西红柿（罐头）Canned Tomato……400g
蛋白 Egg white……1小匙
砂糖 Sugar……30g
柠檬汁 Lemon juice……1大匙
蜂蜜 Honey……1大匙

西红柿？冰沙？没错！做冰沙（Sorbet）时常用到各种水果，每一种都很好吃。我在法式料理餐厅工作时，经常做覆盆子冰沙。冰沙享受的就是材料本身冻结后的味道，所以我一直研究还有什么食材可以用。有天突发奇想，决定用平常用来做茄汁酱类的罐头西红柿做冰沙！这款冰沙不像一般冰激凌那么甜，它有一点酸酸的口感，平常不喜欢吃甜点的朋友也可以享受！配上西红柿的好搭档罗勒，再撒一点可以提引甜味的盐，最后淋上一点橄榄油，这样就做成一款非常适合成人口味的冰沙！吃奶酪等口味较浓郁的意大利料理时，搭配这款爽口的冰沙，就是很完美的套餐了！

1 制作冰沙。将罐头西红柿倒入果汁机里。

▸ 用罐头西红柿能保证颜色鲜艳，使用完全熟透、味道较重的新鲜西红柿也可以，但要记得去皮。

2 放入一点蛋白。

▸ 加入蛋白后搅打会产生很多气泡，使口感更绵软。♪

3 加入砂糖。

▸ 分量可以自己调整哦！

4 加入一点柠檬汁。

▸ 西红柿本来就有一点酸味，如果不喜欢太酸，不加也没关系。

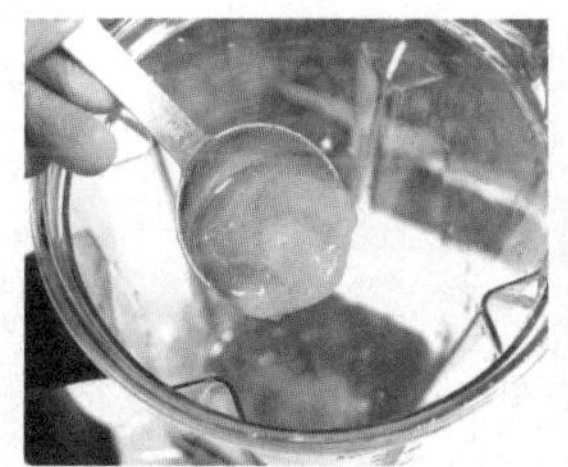

5 加入一点蜂蜜。

▸ 不只有砂糖的甜味，也可以加入有香味的甜味料。但不要加太多哦！容易吃腻。C=（ -。- ）

6 好了，开始搅打！

7 打成没有颗粒的泥状。

▸ 由于里面含有空气，看起来会泛白，放置一会后会变回深红色。

8 倒入密封袋里。

▸ 用保鲜盒也可以。

9 封好口，放入冰箱冷冻室。

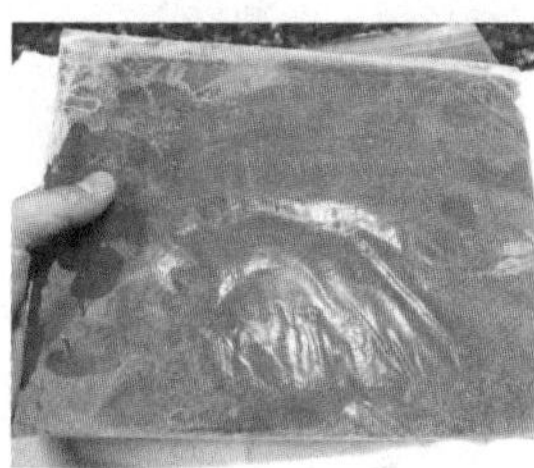

10 还没完全冻结时拿出来。

▸ 用保鲜盒时也是一样，"半"冻结时拿出来。

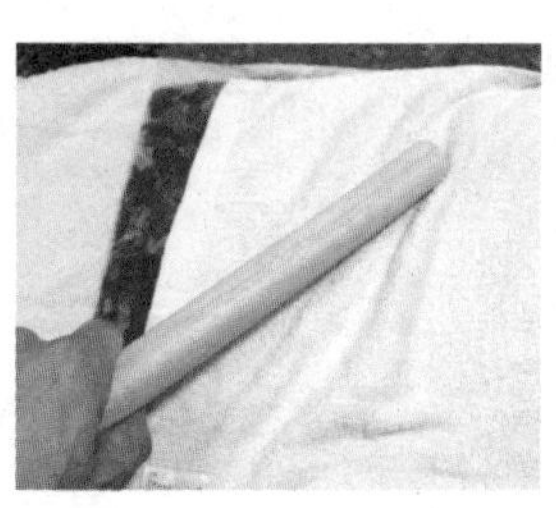

11 用毛巾包起来，用擀面棍敲碎。将封口稍微打开，混合一点空气后再放回冷冻室。

12 等到"半"冻结状态时再拿出来揉碎，重复此动作两三次。最后装在冰过的盘子里，上面放切丝的罗勒、盐与少量橄榄油。

▸ 使用保鲜盒时，用汤匙在表面削成冰屑后，再放回冷冻室。重复此动作两三次。

▸ 此动作是为了让冰块混合更多的空气，吃起来更加绵密！

Gelatin Free
Instant Persimmon Mousse

免吉利丁！即席柿子慕斯

分量

2个（直径10cm的玻璃碗）

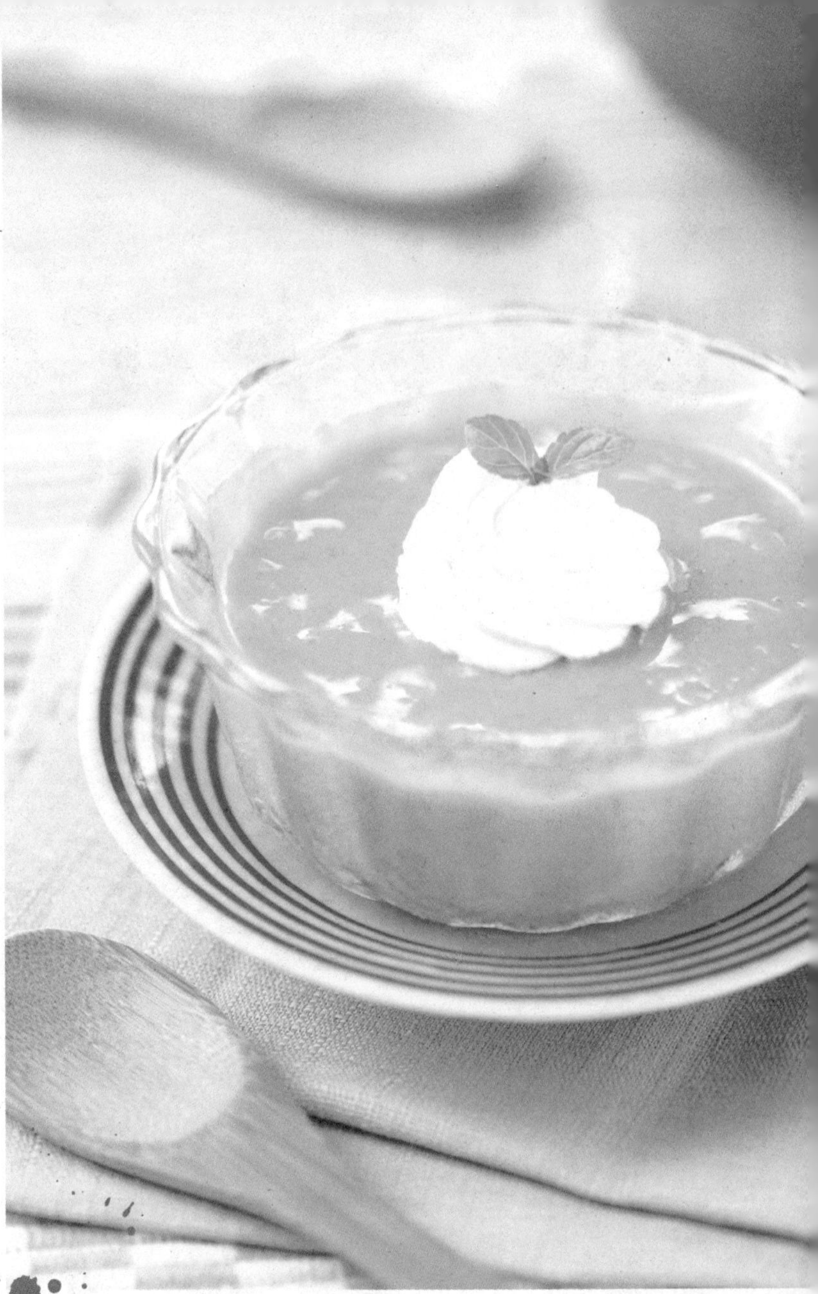

材料 Ingredients

柿子 Persimmon……200g
砂糖 Sugar……7g
蜂蜜 Honey……1/2大匙
柠檬汁 Lemon juice……1小匙
牛奶 Milk……100mL
薄荷叶 Mints……2片

我一直以为柿子是一种很难买到的水果，没想到在台湾可以买到这么好吃的柿子，而且品质也很好！平常买回家时，我都是削皮后直接吃。有一次买太多，吃不完，而且越来越熟，不知道该怎么办。突然想到之前看过一个食材资料，我记得柿子里面有一种物质，与奶类混合后会有化学变化，而且越成熟越有效果。太棒了！我就用这些熟透的柿子试试看吧！利用食材本身的自然成分，可以做出很好吃的甜点！来来来，我们上一堂实验课吧！（≧∀≦）／

1 这次我选的柿子比较大，已经熟透了。

- 这道甜点利用的是水果的自然果胶（Pectin）凝固，越成熟的果胶越多。
- 如果买到的柿子比较绿，先在温暖的地方放几天，让它慢慢变成熟。

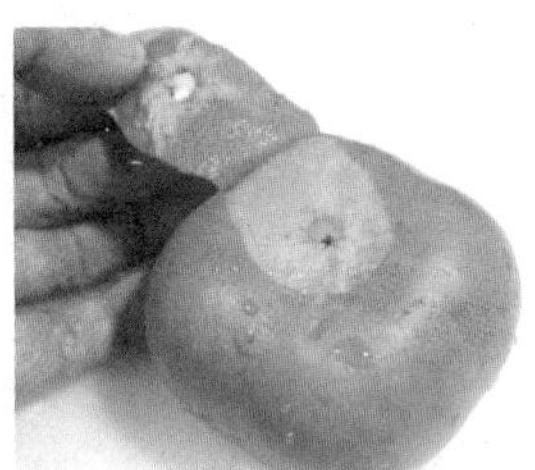

2 已经非常软了，可以用手把皮撕掉。

3 切成小块。

- 如果你买的柿子有籽，要把籽挖掉。

4 加入砂糖。

- 分量可以依柿子本身的甜度调整。

5 加入蜂蜜。

- 不一样的甜味可以多一种香味！^^v

6 加入一点柠檬汁。

7 放入果汁机。

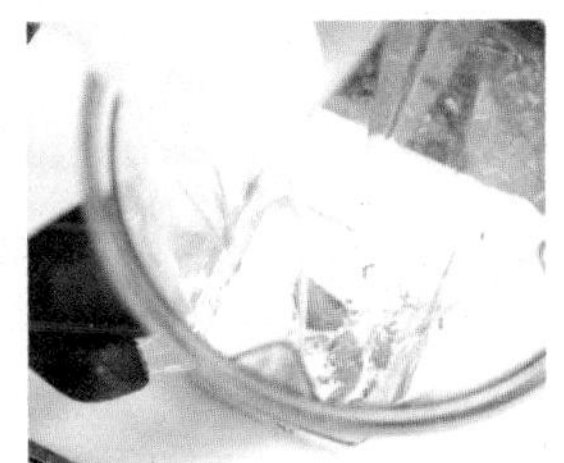

8 倒入牛奶，开始搅打！

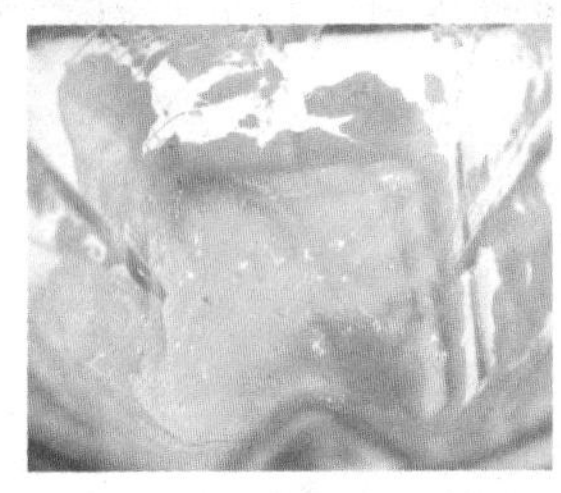

9 哇！变稠了！这就是柿子和牛奶的化学变化，太好玩了！♪

- 要打久一点哦！这样才有比较强的凝固效果。

10 倒入容器后，放入冰箱，让它完全凝固，可以放一两天。吃的时候放上薄荷叶装饰。

Persimmon Crème Brûlée

柿子
焦糖布丁

分量

4
人份

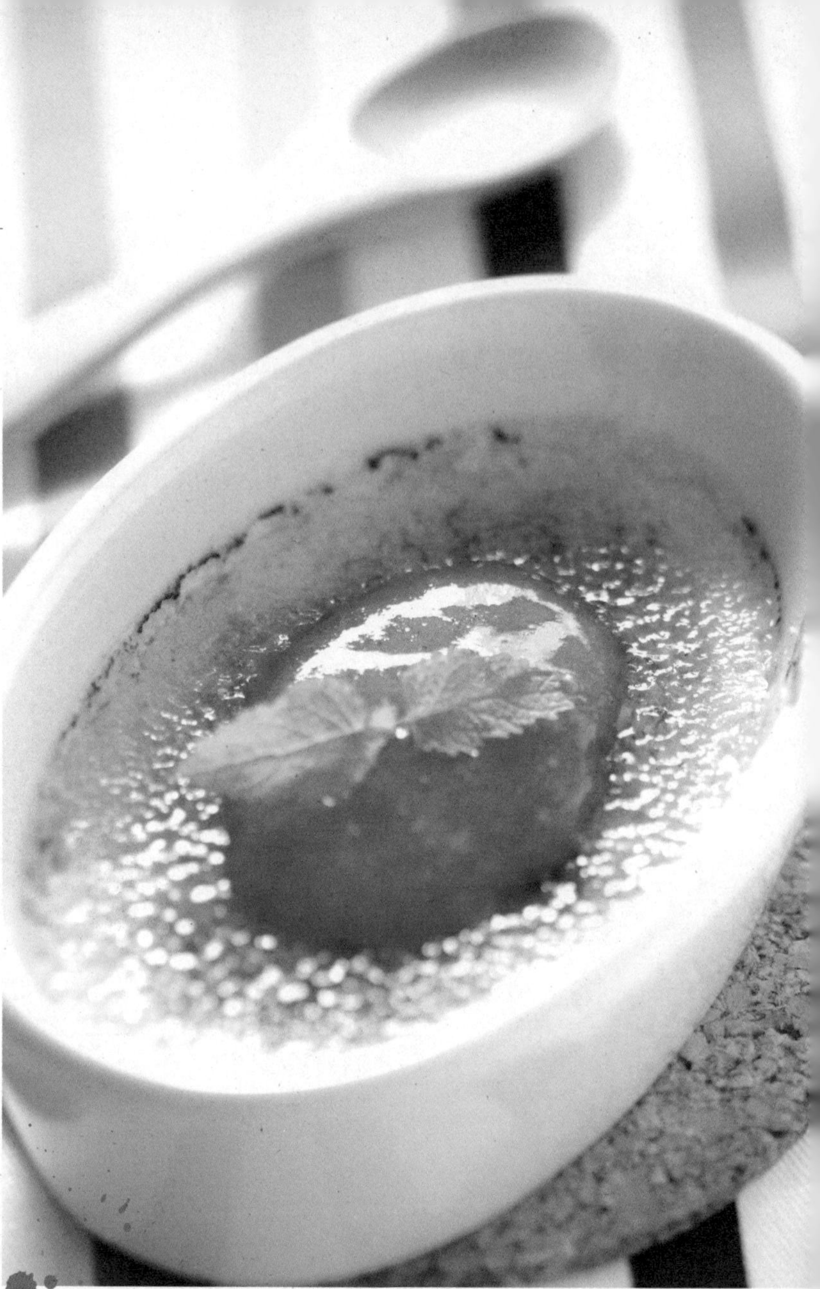

材料
Ingredients

柿子（软的）Persimmon……60g
蛋黄 Egg yolks……3个
砂糖 Sugar……20g
牛奶 Milk……100mL
鲜奶油 Whipping cream……150mL
砂糖 Sugar……4大匙（焦糖用）
薄荷叶 Mints……4片

以前介绍过香草口味的布丁，后来发现这款甜品不只有香草风味，还可以调出很多其他味道。不要选择味道太重或太淡的食材，像柿子就是属于味道比较淡的，因此我在焦糖上面加了一点柿子酱。布丁本身柿子的味道与脆脆的焦糖上面的柿子酱完美融合，打造出一款非常满意的甜品！如果已经吃腻了普通的焦糖布丁，可以利用这个创意做这道非常有季节感的布丁试试看！

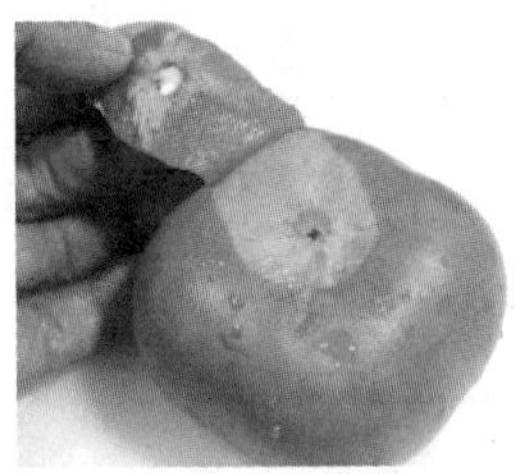

1 将柿子的皮用手撕下来。

▸ 用脆柿子也可以，但是要买熟一点（深橘色）的。

2 切成小块，如果有籽需要挖掉。

3 用网筛过滤成泥。

▸ 用食物料理机或果汁机打成泥也可以。

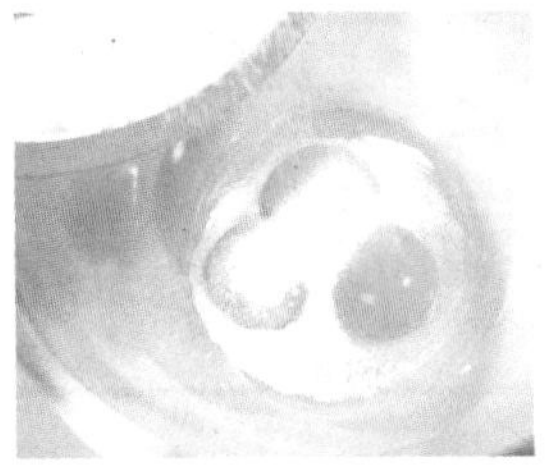

4 另一个碗里放入蛋黄和砂糖。

5 搅拌至乳黄色。

6 加入做法3的柿子泥里。

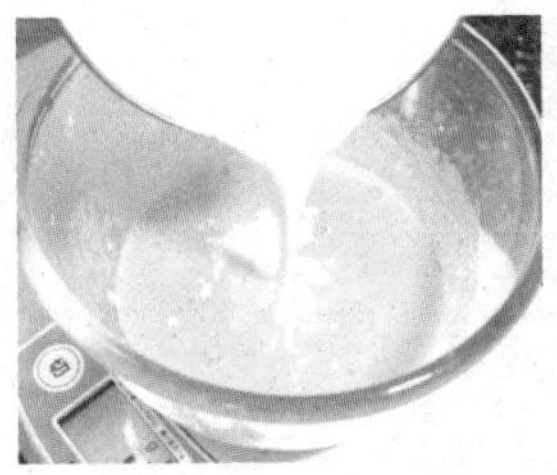

7 加入加热过的牛奶和鲜奶油，搅拌均匀。

▸ 牛奶和鲜奶油不要煮太久，看到锅子旁边冒出泡来就好了！

▸ 如果怕奶味太重，可以全部换成牛奶（250mL）。

8 再次用网筛过滤。

▸ 为了使口感更细腻，再过滤一次比较好。

9 倒入耐热烤模里。

▸ 如果还有剩余的柿子，可以切丁直接放到容器里。

10 在另外一个大烤模里加入热水。

▸ 隔热水烤，会使口感比较绵密！

11 将做法9的布丁放入做法10的大烤模中，然后将铝箔纸盖在上面，放入预热至150℃的烤箱里约烤30分钟。烤好后放置冷却，撒上砂糖（或黑糖），用喷枪喷至表面变成焦糖。吃的时候装饰上薄荷叶。

▸ 用铝箔纸覆盖是为了预防表面干掉，不要密封哦！

▸ 烘烤时间可依烤箱的状况调整，摇晃烤模，中间凝固就可以了。

Mandarin Orange Jelly

分量 2 人份

果肉丰富的橘子果冻杯

我很爱吃橘子，小时候一边吃一边看电视，结果吃了一整箱，手指都变成了黄色（—_—;）。这次又收到一箱，但无法像小时候那样猛吃，所以一直吃不完。虽然我已经用了一些做了鸡尾酒之类的调酒，但还是剩下很多。后来想到做果冻，不过做成普通的样子不怎么好玩，那就来做一些有特殊风格的样子吧！因为橘子本身很漂亮，加上我特别喜欢它的表皮颜色，所以就用它本身的形状做成了容器。接下来，就让我们一起来享受橘子果冻杯吧！♪

材料 Ingredients

橘子 Mandarin oranges……4个
砂糖 Sugar……1~1.5小匙
吉利丁片 Gelatin sheet……4g
薄荷叶 Mints……2片

1 将橘子的表面用水洗净。

▸ 橘子有几种，这次用的很像柳橙。

2 将吉利丁片泡在水里。

▸ 我习惯用吉利丁片，用吉利丁粉也可以，分量（重量）一样，但要先用一点点的水将其泡软。因为品牌不同，浸泡的方式可能不一样，使用前需仔细阅读包装上的说明。

3 装果冻用的橘子。选其中两个比较好看一点的，切掉上面的部分。

4 将小刀沿侧边切进去，划一圈，让侧面的皮和果肉分开。

▸ 要小心哦！刚开始不要切太深，一边转动一边慢慢切进去。

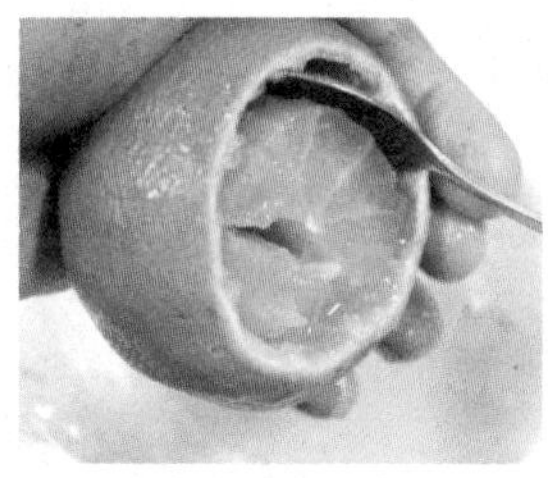

5 将汤匙插进去，将果肉挖出来，放在碗里。

▸ 一次不要挖太多，不然皮会破掉哦！

6 中间的果肉挖出后，再将侧面剩下的果肉刮出来。

▸ 一定要轻轻地，不要弄破。

7 将第三个橘子的上下两端切掉。

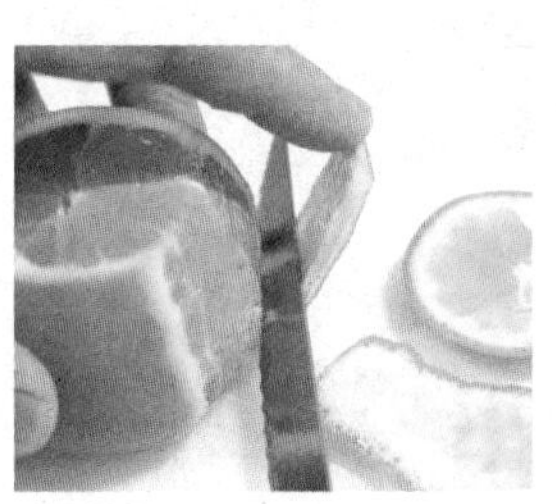

8 将侧面的皮一条一条地削掉。

9 将刀子切至中间，把果肉切下来。

▸ 这动作要小心哦！

▸ 切下来的果肉用作装饰。

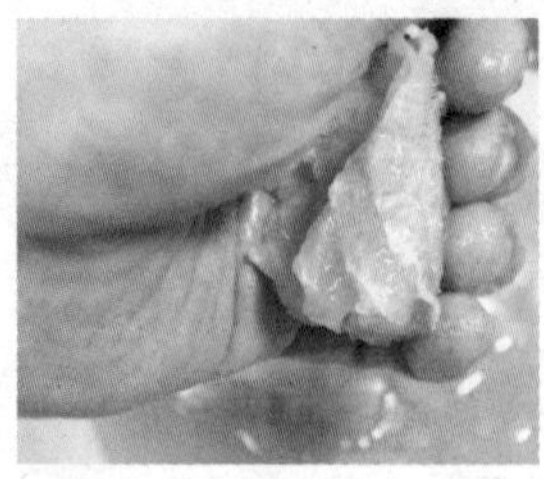

10 剩下的果心还有一点果肉，用手挤出果汁。

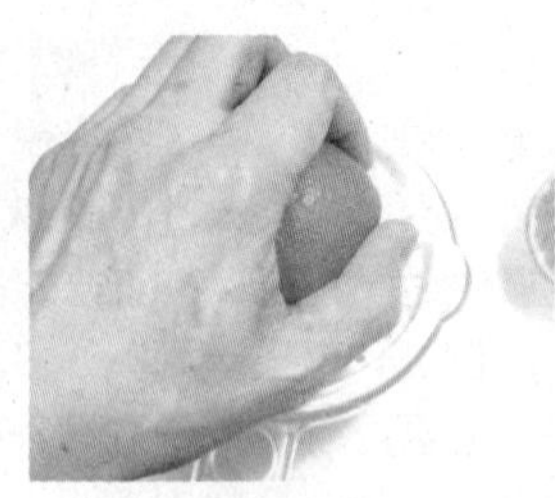

11 最后一个橘子直接切半，挤出橘子汁。

12 准备网筛，放在做法11用的碗上，并将橘子的果肉和果汁放到网筛里。

13 用刮刀按压，将果汁过滤出来。

14 放入砂糖搅拌均匀。

▸ 糖的分量要依橘子本身的甜度调整。

15 将泡好的吉利丁从水里拿出来，放入碗中，隔热水使其溶化。

16 将碗拿出来，加入一点橘子汁搅拌。

▸ 将吉利丁直接放入橘子汁里，比较容易结块。

17 将做法16倒入剩余的橘子汁里搅拌均匀。

18 用汤匙舀入挖出果肉的橘子皮里。

19 再放入做法9的果肉后，放进冰箱冷冻室使其凝固。吃的时候装饰上薄荷叶。

▸ 2～3小时就开始凝固，一个晚上会完全凝固。依个人喜欢的冷冻程度取出食用。

分量 6 个

午后的伯爵奶茶布丁

我自己很少喝红茶，尤其是奶茶，总觉得那是女性的饮料，所以自己做甜点时，一直不用红茶叶，而是用抹茶。这次我决定做一次红茶的甜点，我选了立顿伯爵红茶，是用一小袋一小袋包装的，闻起来很香，而且叶子很细，不用自己搅碎了！（*￣∇￣*）v 省时间！那么，就开始做吧！这次介绍的做法有一点像“皇家奶茶”。用牛奶煮红茶，让我想起来日本有一种饮料叫“午后のミルクティー”（午后的奶茶），我学生时代就已经有卖，到现在还有很多人爱喝。我记得刚开始卖的时候，也喝过几次，但是太甜了，我后来喜欢上喝黑咖啡。回到奶茶。当然自己煮的奶茶比较香，还可以调整甜度，这次是用吉利丁一起做的。完成了，喝一口，哇哦！口感很滑顺，没想到自己泡的红茶会这么香呢！吃腻了普通布丁的朋友们，我们一起试试看吧！

材料
Ingredients

吉利丁片 Gelatin sheet……5g
伯爵红茶（叶）Earl grey tea……7g
蛋黄 Egg yolks……2个
砂糖 Sugar……40g
牛奶 Milk……200mL
鲜奶油 Whipping cream……100g
砂糖 Sugar……10g
君度橙酒 Cointreau……1/2大匙

［装饰］

草莓 Strawberries……6个

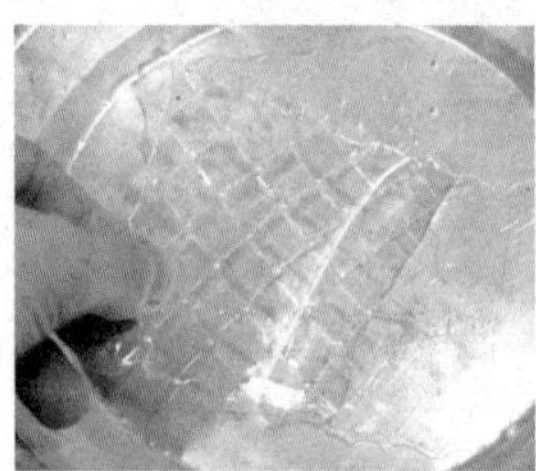

1 吉利丁片用水浸泡。

▸ 浸泡方法参考P.25。

2 将伯爵红茶叶放入牛奶的锅子里，泡1～2分钟后开中火加热。

▸ 哪一种红茶叶都可以用，看你的习惯！如果是比较粗的红茶叶，要先切成末！

▸ 浸泡后再煮，味道更容易出来。

3 锅边冒出气泡，颜色变深后就可以熄火。再静置泡一下，让味道充分释放。

4 将蛋黄与砂糖放入钢盆中。

5 用打蛋器搅拌成乳黄色。

6 将做法3的茶汤用网筛过滤后，倒入打发好的蛋黄中。

▸ 最好用细一点的网筛，太粗的无法过滤干净叶片，会影响布丁的口感。

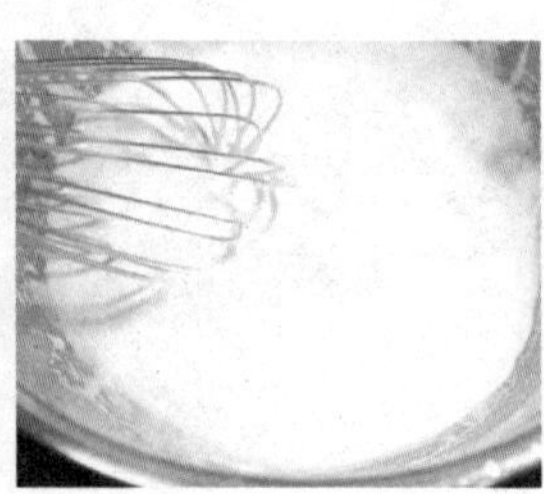

7 搅拌均匀。

8 倒回煮牛奶的锅子里。

9 开小火加热，用平头木匙在锅里画横8，注意要搅拌到锅底。

▸ 画横8的动作可以均匀搅拌。

10 这次没有加面粉，里面的蛋黄比较容易结块，所以要一直搅拌。煮到木匙上的蛋液用手指可以留下划痕的程度，就可以了。

11 熄火，放入泡好的吉利丁片搅拌，确认吉利丁片完全溶化。

12 倒入钢盆中。

▸ 如果蛋黄煮得太熟，出现了颗粒，可以用很细的网筛再过滤一次。

13 另准备一个钢盆，加入鲜奶油、砂糖和君度橙酒，混合均匀。

▸ 如果要给孩子吃，不加酒也可以哦！

14 打至七分发左右。

15 将做法12的吉利丁隔冰水冷却，促进其凝固。

▸ 但不要冷却太久，变成比酸奶稍稀一点的稠度就可以了。

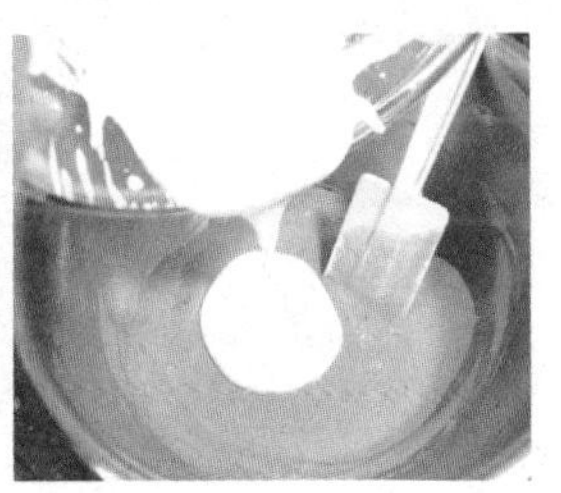

16 加入做法14的鲜奶油，搅拌均匀。

17 倒入准备好的烤模或杯子里，覆盖保鲜膜，放入冰箱5~6小时使其凝固。

18 如果用烤模，在倒出来之前，先将烤模在温水里浸泡几秒。

19 用手指从旁边轻轻拨开，让空气进去后，倒在盘子上。旁边可以点缀一些草莓等水果，还可以放上一些巧克力装饰。

▸ 巧克力装饰做法参考P.30。

番外编 | How to use piping bag ?

如何使用 小挤花袋进行巧克力装饰

将做好的点心加些装饰，就可以完全不一样！
这里介绍如何用烘焙纸做小挤花袋进行巧克力装饰。

1 撕一张烘焙纸，沿对角线折叠，用刀子或剪刀裁成两个三角形。

2 三角形最长边的中心点是挤花袋口的位置，从旁边卷起来。

3 将多出来的部分折进去。

- 也可以用钉书机钉起来，保存时也很方便！

4 将巧克力切成小块。

- 如果用巧克力豆就不需要切。
- 选择自己喜欢的巧克力种类与颜色。

5 隔着温水让巧克力溶化。

- 温度不要太高，否则容易溶解。

6 搅拌至没有颗粒。

- 如果有颗粒，挤的时候会很不顺畅。

7 将挤花袋插进空瓶子里，固定好，再倒入溶化好的巧克力。

- 鲜奶油、果酱等需要描画很细的纹路时，都可以使用这个挤花袋。

8 装好后，将边卷起来。

9 将尖端剪成需要的大小。

▸ 若第一次剪得太大会无法调整，先剪一个小口试画后再调整，比较安全。

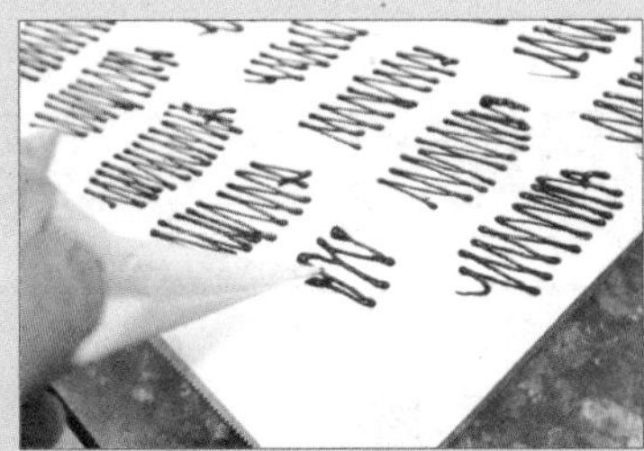

10 这次用的是黑巧克力做装饰。先在烘焙纸上试画一下。

▸ 挤出来的力度不要太大，否则线会歪掉。

▸ 用白巧克力也很漂亮哦！

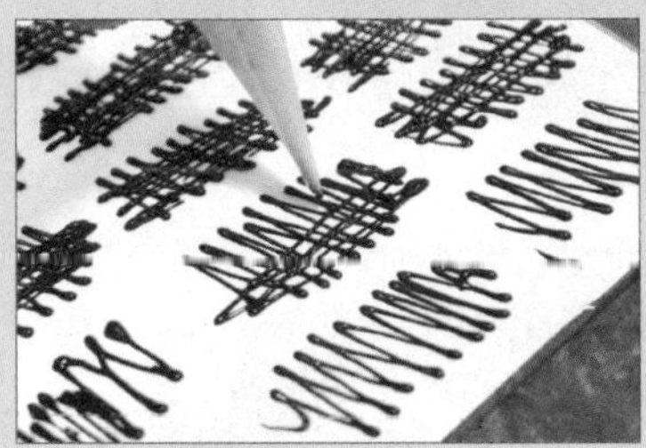

11 再挤另一个方向。

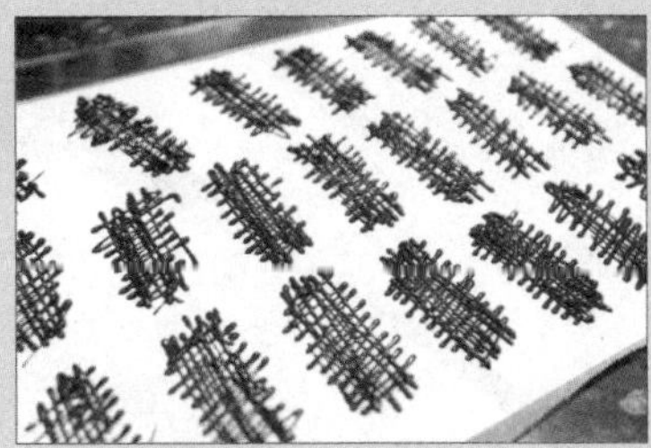

12 做好后放入冰箱凝固，然后放入保鲜盒，放在冷冻室可以保存很久，想用的时候直接使用，很方便！

13 再介绍另一种方式。将溶化的巧克力倒在烘焙纸上。

14 用抹刀抹开。

15 放入冰箱凝固。

16 凝固后，用手撕成小片或用刀子切成丝，装入保鲜盒放入冰箱保存。

分量 5或6人份

焗烤综合水果

我来介绍一款很有趣的甜点！就是焗烤水果！唉？水果能焗烤？没错！焗烤不一定只有咸的哦！甜的焗烤类也很好吃呢！我高中在餐厅打工时，这种甜点卖得很好，黄黄的果酱混合在水果里，再放入烤箱烤到上色。香喷喷的水果与卡仕达酱的味道溢出来，让我垂涎欲滴！（° ∇° ；）＼（￣ _ ￣ ）焗烤水果的做法很简单，可以享受水果本身热热的香味与口感，浓郁的蛋黄酱与酸甜的水果搭配也很对味！若有机会一定要试试看哦！

材料
Ingredients

草莓 Strawberries……15~20个
蓝莓 Blueberries……1盒
猕猴桃 Kiwi fruit……1个
薄荷叶 Mint……适量
糖粉 Icing sugar……适量

［ 卡仕达酱 ］

蛋黄 Egg yolks……3个
砂糖 Sugar……40g
玉米粉 Corn starch……15g
牛奶 Milk……200mL
鲜奶油 Whipping cream……100mL
君度橙酒 Cointreau……1或2大匙
▸ 如果酱太硬，再加1或2大匙牛奶。

1 将砂糖加入蛋黄里，搅拌均匀，使其充分混合。

2 隔温水打发至泛白的状态。

3 加入玉米粉，搅拌均匀。
▸ 如果没有玉米粉，可以用低筋面粉代替。

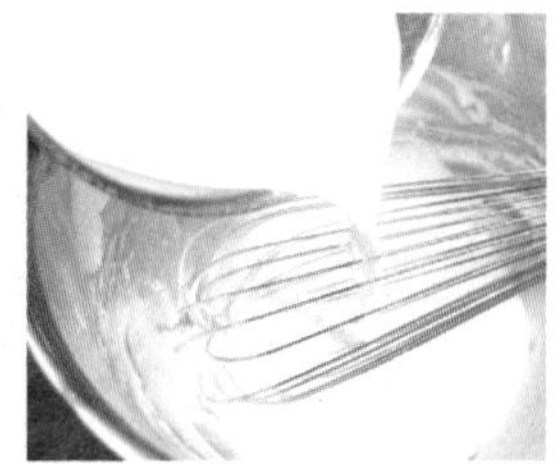

4 倒入加热的牛奶与鲜奶油搅拌均匀。
▸ 如果不想用太多鲜奶油，全部使用牛奶也可以。
▸ 加热到锅子旁边冒泡时关火，不用煮沸。

5 全部混合均匀后倒回锅子里。

6 开中火，不停搅拌，使其凝固。
▸ 要留意锅子底部的角落，因为含有粉类，很容易焦糊！m（*д*;）m

7 完全凝固后，倒在钢盆中或盘子里，静置冷却。

8 现在开始处理水果了！这次我准备了应季的莓果类，用水洗干净。

9 草莓切半或1/4。

10 还有另外一种水果，猕猴桃。先将猕猴桃切片，然后将刀子像图片这样插进去，让刀尖顺着猕猴桃片滚一圈，把果肉取出！

▸若猕猴桃很熟、很软，用削皮刀不好削皮，用这种方法就非常方便！

11 好了！回到卡仕达酱。如果有的话，可以加入君度橙酒。

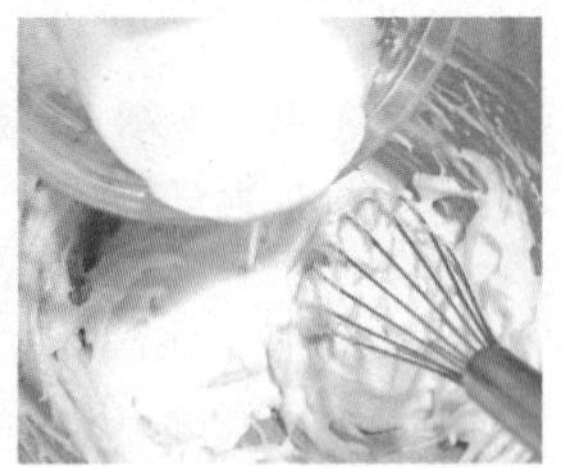

12 如果放置一段时间已经冷却变硬，可以加入一点牛奶（1或2大匙）调整稠度。

▸如果酱做好后马上使用就不需要加入牛奶。

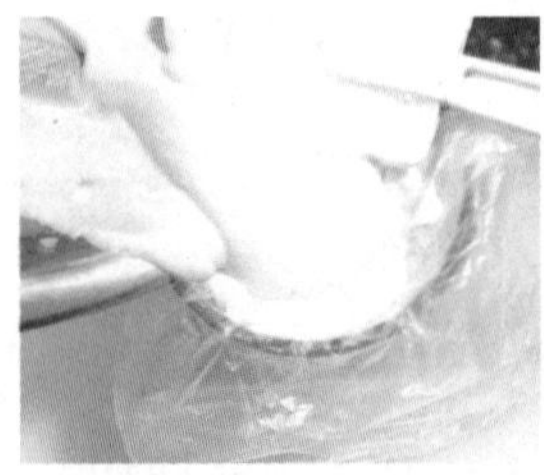

13 把酱装入袋子里，做成挤花袋。

14 在耐热盘子或杯子里装入切好的水果。

15 在袋子尖角剪个小洞，将卡仕达酱挤在水果上。轻敲盘底，让酱均匀散开。

16 放入预热至200℃的烤箱，烤至上面有一点焦焦的样子时取出。上面撒一点糖粉，并放上薄荷叶进行装饰。

▸烘烤的时间要根据卡仕达酱本身的温度决定哦！

分量 6 个（直径6cm的小烤模）

香喷喷枫糖 & 酥脆胡桃布丁

制作一般的布丁基本上是用鸡蛋和牛奶混合加热凝固的方式，这次介绍的也是用这种方法，但味道更香，口感更丰富，有一种加拿大的特有风味！就像大家所看到的，加拿大国旗上有枫叶，去过的朋友们就应该知道很多地方在卖自己品牌的枫糖浆。我很喜欢枫糖的味道，但通常只是在吃烤薄饼（Pancake）时吃到，买一大罐却一直放在冰箱，很占空间。这次买来胡桃，就马上想到坚果口味与枫糖的组合，一定非常好吃，不管是烤蛋糕还是做派都很好，但是这次决定做布丁！甜味的部分用砂糖调和，另外加入胡桃，结果太棒了！胡桃的香味与枫糖非常对味，而且不像一般的布丁都是软软滑滑的，咀嚼时有一点嘎吱嘎吱（Crunchy）的口感，非常有趣，与微苦的焦糖搭配在一起一点都不腻！结果本来我只想试吃，却不小心连续吃了两个！（ ˊ . ω . ˋ;）9

材料 Ingredients

胡桃 Walnuts……2大匙

［ 焦糖 ］

砂糖 Sugar……1/2大匙
水 Water……5大匙

［ 布丁 ］

牛奶 Milk……300mL
鸡蛋 Eggs……2个
枫糖浆 Maple syrup……2大匙
砂糖 Sugar……150g
鲜奶油 Whipping cream……50mL
薄荷叶 Mints……6片

1 准备布丁底。在耐热容器里放入一些切成小块的胡桃。

▸ 可以选择自己喜欢的其他坚果哦！

2 准备焦糖。将砂糖放入锅子里，加入2大匙左右的水。另外准备3大匙左右的水装在杯子里，放在锅子旁边。

▸ 不用加入太多哦！只要让糖充分溶解就好了。

3 开中火，煮至沸腾。一开始没什么变化，只有泡泡而已。

4 慢慢从旁边开始变成黄色。

5 颜色比较深了，泡泡越来越细。

▸ 不要急！要等到焦糖香味出来，如果太早熄火，颜色不够深，味道也不够香。

6 差不多了！颜色够深了，泡泡很细的样子，将旁边准备好的水加入！

▸ 用有把手的杯子轻轻倒入，小心飞溅！

▸ 加水的作用是停止焦化，不要倒太多，否则会太稀。

7 立即平均倒入耐热容器里。

8 如果还有剩余的，可以淋在烘焙纸上。

9 用叉子摊薄，然后放入冰箱使其凝固。

▸ 这可以作为装饰用。♪

10 终于开始制作布丁了！将牛奶加热。

11 在鸡蛋里加入枫糖。

▸ 如果没有枫糖，可以用黑糖蜜代替哦！黑糖蜜的做法参考P.122。

12 加入砂糖。

▸ 如果只用枫糖调整甜味，味道会比较腻，可以加入一些砂糖补充一下甜味。

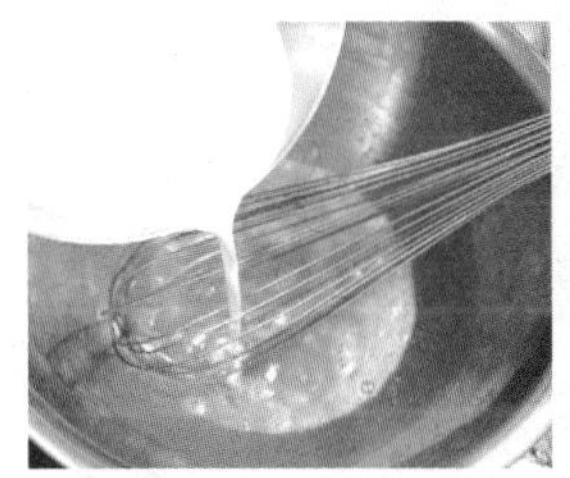

13 当做法10的牛奶锅子旁边冒出泡泡时熄火。倒入做法12里面，混合均匀。

▸ 轻轻搅拌就好，这不是蛋糕，不需要膨胀，我们要的是绵密的口感！

14 用细一点网筛过滤进杯子里。

15 平均倒入耐热容器里。

16 摆在烤盘上面，烤盘中倒入热水，大概到耐热容器中间的高度，进行蒸烤。

▸ 加水蒸烤可以温和地加热蛋液，这样口感比较好！

▸ 如果烤盘比较浅，先放入烤箱再倒热水更加稳妥！

17 放入预热至150℃的烤箱，烤30～40分钟。竹签插进去，如果没有粘黏即熟透。吃的时候加入一点打发的鲜奶油会更美味。

▸ 温度与时间请根据烤箱情况调整一下哦！

▸ 布丁对温度比较敏感，为预防气孔产生，最好不要用高温，时间久一点，低温慢慢让它凝固比较好。

Snow Ball Caramel Topping
with Custard Sauce

法式
雪球泡蛋
蛋黄酱

分量

3
个

材料
Ingredients

蛋白 Egg whites……3个份
盐 Salt……适量
砂糖 Sugar……25g
柠檬汁 Lemon juice……适量
杏仁片 Sliced almond……适量

[焦糖]

砂糖 Sugar……100g
水 Water……30mL

[蛋黄酱]

牛奶 Milk……250mL
蛋黄 Egg yolks……2个
砂糖 Sugar……50g
君度橙酒 Cointreau……2小匙

MASA's Talk

这次我来介绍一个非常有趣的甜点，Oeufs à la neige！Oeuf=鸡蛋，neige=雪，因此可以直接译成“雪球泡蛋”。做法很简单，只要把蛋白整理成形后，用热水煮熟就可以。我觉得最好玩的部分是，加热时蛋白开始膨胀，煮熟以后摸起来光滑有弹性，就像新出生的小动物一样。还要在这个可爱的“小白”上面盖上杏仁与焦糖做成的“帽子”！虽然这样看起来已经很可口，但我还要搭配一种很美味的酱，它叫Sauce anglaise，就是用蛋黄与牛奶做成的酱。杏仁焦糖的香脆，加上蛋白入口即化的嫩滑，这口感实在太绝妙了！普通的蛋白立即变成无敌的法式点心！

1 将蛋白与蛋黄分开。蛋白放入冰箱冷藏。

▸ 多出的一个蛋黄，可以留到下次用！f(^_^;)

2 因为流程的关系，先将酱做好再冷却会比较顺利。那么，先准备蛋黄酱吧！将牛奶加热，同时将砂糖加入蛋黄里，搅拌成乳黄色。

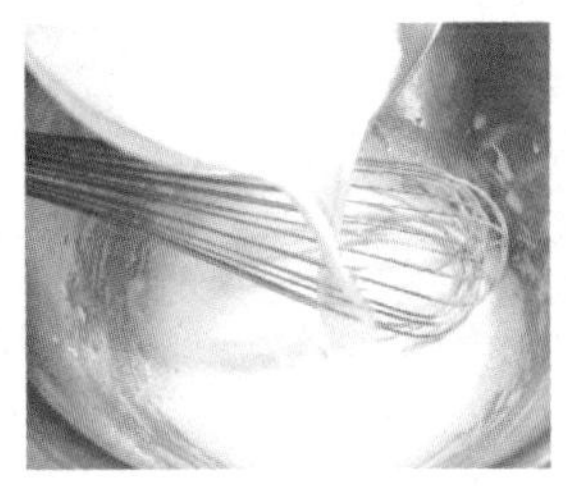

3 加热的牛奶锅子旁边冒出泡泡时熄火，倒入打发好的蛋黄里面。

4 搅拌好再倒回锅子里。

5 小火加热，用平头的木匙画横8轻刮锅底。

▸ 画横8的动作可以均匀搅拌！

▸ 注意！里面没有加入淀粉类，只有利用蛋黄的凝固力，火太大或煮太久很容易分离哦！

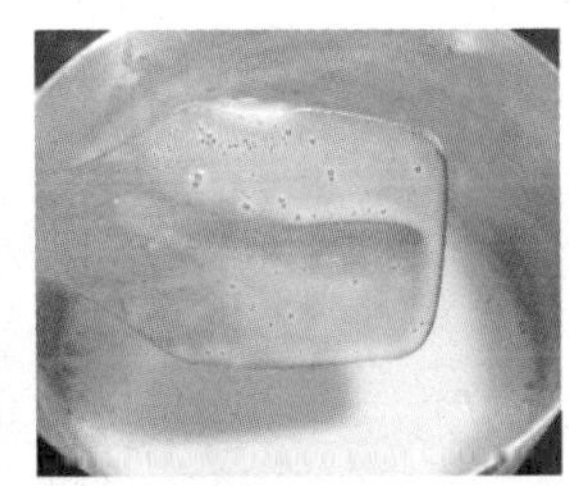

6 煮到像图片这样，在木匙表面可以画线并持续一段时间的稠度。

7 过滤进钢盆里。

▸ 万一有结块，可以过滤掉。

8 隔冰水用刮刀搅拌，使其快速冷却。

9 冷却后，加入一点君度橙酒放入冰箱冷藏保存。

▸ 不加也可以！

▸ 这种酱与其他甜点搭配也很好吃哦！

10 好了！现在要开始做雪球泡蛋了！在冰好的蛋白里加入一点盐。

▸ 加一点盐比较容易打发。

11 用电动搅拌器开始打发。过程中分2或3次加入砂糖。

12 打到这么硬就好了！

13 在中华锅（锅面宽大一点就可以）里准备热水（70～80℃），并加入一点柠檬汁。

▸柠檬汁的果酸会让蛋白较快凝固。

14 先在大汤匙（Ladle）里涂一点黄油，然后把做法12的蛋白整理成圆形。

▸使用惯用的工具如刮刀、抹刀都可以。

15 将成形的蛋白连同汤匙轻轻放入热水里，让蛋白自己离开汤匙浮上来。

▸要注意温度哦！若温度太高，会使表面变硬，但里面不熟，而且从热水里拿出来会缩小。温度尽量保持在70～80℃。

16 煮约5分钟后，用木匙或网筛轻轻翻面，再煮5～6分钟。

▸注意不要让蛋白粘在锅子侧面哦！

17 时间到了！摸摸看，如果有弹性就表示里面已经熟了。把可爱的“小白”放在纸巾或纱布上吸收多余的水分。

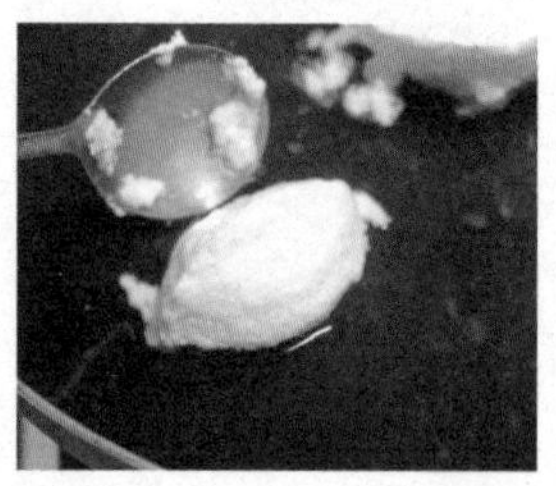

18 用小汤匙做成小版的也可以！

19 用另一只锅子制作焦糖。

▸详细做法参考P.36。

20 在雪蛋上面放一点烤过的杏仁片。

21 将制作好的焦糖用汤匙淋上去，然后放在铺有蛋黄酱的盘子里。

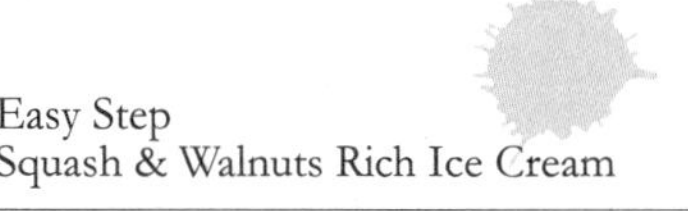

Easy Step
Squash & Walnuts Rich Ice Cream

免搅拌！口感滑顺丰富的南瓜＆胡桃冰激凌

分量
8-10人份

材料 Ingredients

南瓜（切片）Sliced Squash……250g
南瓜（切丁）Diced Squash……50g
胡桃 Walnuts……50g
牛奶 Milk……100mL
鲜奶油 Whipping cream……200mL
蛋黄 Egg yolks……2个
糖粉 Icing sugar……30g
黑糖 Brown sugar……30g
蛋白 Egg whites……2个份
砂糖 Sugar……20g
朗姆酒 Dark rum……1或2大匙
▸ 不加也可以
肉桂粉 Cinnamon powder……适量
薄荷叶 Mints……适量（装饰）

MASA's Talk

好棒！又要做南瓜甜点！其实，很久以前，我曾在网络上介绍过即席南瓜冰激凌。这次，我来特别介绍升级版的冰激凌！这次从冰激凌底开始做，做冰激凌最麻烦的部分是要一直搅拌，蛋白要搅拌，鲜奶油要搅拌，冻结时也要搅拌……。（一_一;）想到这些，很多朋友就会放弃。Hey! Guys！Don't give up！（嘿！各位！不要放弃！）下面介绍一种不需要一直搅拌制作冰激凌的方法，冻结的过程也完全不用搅拌，直接放进冷冻室就好了！冰凉顺滑的南瓜风味与蛋黄、鲜奶油浓郁的口感，为了变化口感我还加入了胡桃和朗姆酒，味道更加丰富！

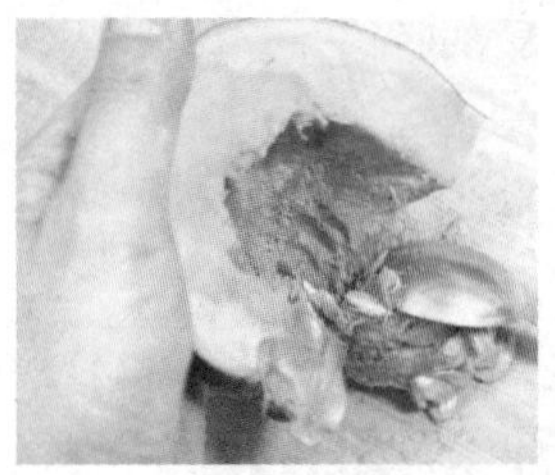

1 这次我用的是日本南瓜。切好后用汤匙把籽挖出来。

2 日本南瓜的皮比较硬，要慢慢削皮。

▸ 如果皮太硬没办法削，可以稍微蒸一下让皮软一点再处理！

3 切片后加热，蒸熟后放凉。

▸ 我这里是用蒸的方式，如果你习惯用电子锅或微波炉都可以哦！

4 准备切丁的南瓜。这是要最后混合进去的，增加南瓜本身的味道与口感。

▸ 可以与南瓜片顺便一起加热。

5 将胡桃放入预热至120℃的烤箱烤约5分钟，让它的香味散发出来。

▸ 用平底锅干炒也可以，不需放油，用小火炒出香味。

6 待胡桃冷却后，切成小块。

7 将牛奶和鲜奶油倒入果汁机里！

▸ 鲜奶油不需要打发哦！很轻松呢！♪

8 加入蛋黄。

▸ 平常做冰激凌，蛋黄需要打发，这次让果汁机处理吧！

9 加入糖粉。

▸ 因为这次不需要加热，用砂糖容易有颗粒。

10 加入黑糖。

▸ 加入黑糖可以有比较香浓的甜味，如果不怕颜色变太深，可以不加糖粉，全部加黑糖哦！

11 将冷却好的南瓜片放进去！

▸ 不是切丁的哦！只加入做法3的南瓜“片”。

12 准备就绪！开机！用高速打30秒左右。看到黄色平均散开、有一点浓稠的样子就可以关机了。

▸ 用食物料理机也可以，打到一样的程度。

13 倒在钢盆里。

14 只有蛋白需要打发。使用电动搅拌器慢速搅打后放入1/2量的砂糖，加快速度，开始变白时，再加入剩余的砂糖，用高速继续搅打。

▸ 糖不要一次全部加入，要分开慢慢加哦！

15 打到像图片这样可以立起来的硬度就可以了。

16 将蛋白分2或3次放入做法13里，用打蛋器混合。

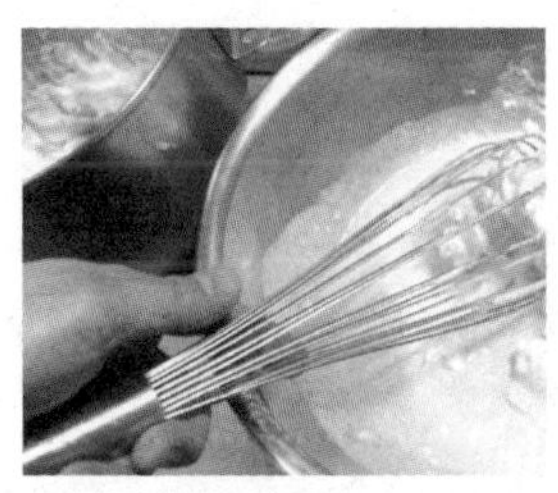

17 刚开始加入的蛋白可能不太好混合，没关系！用打蛋器拌一拌就会很快散开，然后加入剩下的蛋白。

18 加入准备好的胡桃。

19 加入做法4冷却好的南瓜丁。

20 为了增加香味，我加入了朗姆酒。

▸ 不加也可以哦！

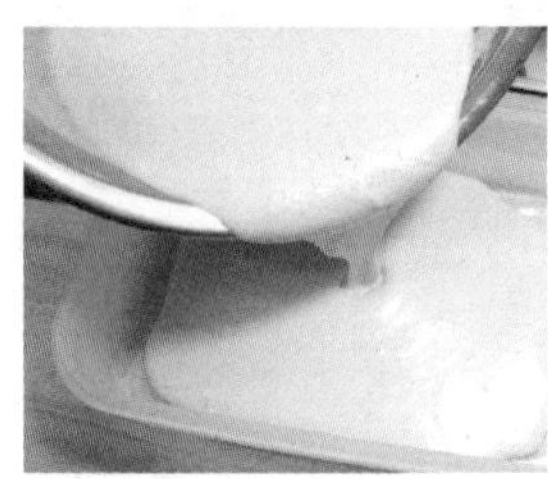

21 倒入预先冷冻过的容器里，盖上盖子，放入冰箱冷冻室4~5小时，使其完全冻结。装盘时，用加热过的汤匙挖出来，上面撒一点肉桂粉更香哦！

▸ 冻结的时间视冷冻室的状况调整。

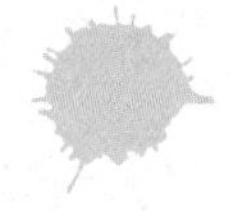

Lemon & Mint
Flavored Sorbet

柠檬薄荷爽口冰沙

分量

6
人份

材料
Ingredients

柠檬 Lemons……2个
薄荷叶 Mints……2g
吉利丁片 Gelatin sheet……3g
砂糖 Sugar……110g
水 Water……100mL
水 Water……300mL
蛋白 Egg white……1个份
砂糖 Sugar……15g

MASA's Talk

最适合夏天的爽口冰沙食谱来了！前面介绍过比较简单的做法（西红柿风味），这次来介绍另外一种做法。用到的材料比较多，步骤也很多，但真的值得花工夫！口感与外面买的冰沙很像，或者应该说更好！需要提醒大家的一点是，做甜点或料理用到的一些材料，不仅是为了增加味道，有些材料没什么味道，但可以享受到不一样的口感。只要认真了解这次介绍的做法与原理，你也可以自己开发出变化很多的冰沙食谱！例如加入柳橙或葡萄柚，也可以用我这个日本人从来没用过的水果，设计出你独创的冰沙口味！ ^^;

1 将吉利丁片浸泡。

▸浸泡方法参考P.25。

▸这次我加入了吉利丁片，加入它会有另外一种口感。

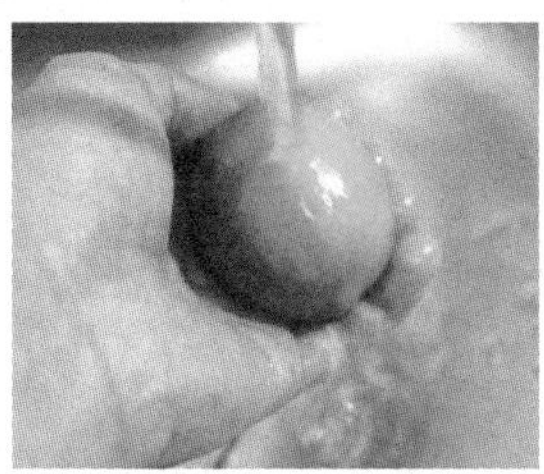

2 柠檬口味，当然要用新鲜的柠檬！由于皮也会用到，所以要洗干净哦！

3 用磨泥板磨柠檬皮。我的秘密武器要登场了！将一张铝箔纸贴在磨泥板表面，压出齿槽的形状。

4 像平常一样开始磨!

5 柠檬表面都磨好后，拆下铝箔纸，用刮刀刮一刮，看！很轻松地就能得到所有的柠檬皮末！

6 将刮好皮的柠檬切半，开始榨柠檬汁!

7 将砂糖和水（100mL）放入锅子里，开火，待砂糖溶化后熄火。

8 放入泡好的吉利丁片，搅拌至完全溶化。

9 将做法8移至碗里，加入剩下的水（300mL）。

10 加入柠檬汁。

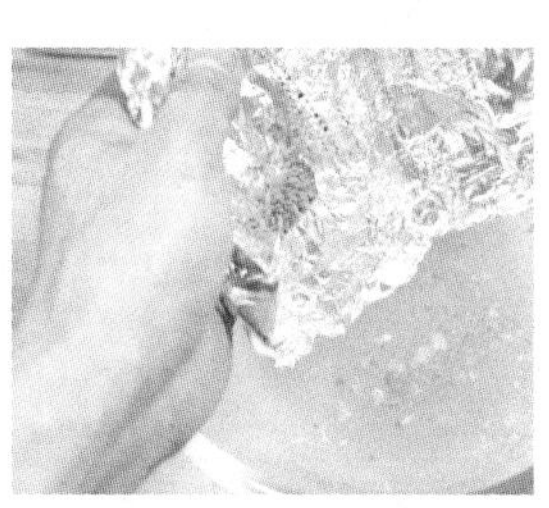

11 加入柠檬皮末。

12 将新鲜的薄荷叶切末。

13 加入碗里。

▸薄荷叶切了之后很容易变色，因此切好后马上加入。

14 将材料全部混合好后，倒入浅一点的容器中，放在冰箱冷冻1.5~2小时。

▸浅的容器凝固得比较快，也可以用不锈钢之类的密封盒，更容易冻结。

15 半冻结的样子时取出，用打蛋器将表面搅碎，再次放回冷冻室。

16 未完全冻结时取出，感觉有一点像果冻（Jelly）的样子。用叉子叉成白色细屑，继续冷冻。

▸加入吉利丁后比较容易包起空气变成白色，口感会变细滑。

17 蛋白是另外一种会使口感细滑的材料！与之前一样，将砂糖分2或3次倒入打发。

▸蛋白本身味道很淡，但打发后会产生非常松软的口感！

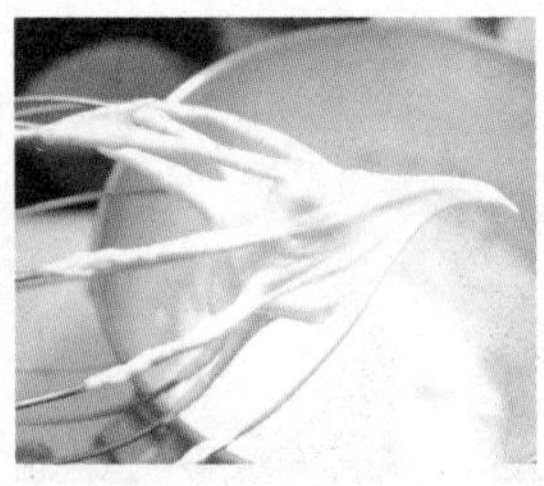

18 打发至如图的硬度就可以了！

19 将做法16从冷冻室拿出来，倒入碗里。

▸将空的钢盆冰起来备用，可以预防材料不会太快溶化！

20 加入打好的蛋白。

21 用打蛋器慢慢搅拌。

▸刚开始搅拌时会很硬！

22 混合变软后，换成刮刀继续搅拌，使其完全混合。

▸时间不要太久哦！会溶化，而且打发的细气泡会消掉！

23 混合好后，放入可密封的容器里，放入冰箱冷冻室使其冻结。

分量 6-8 人份

健康豆腐 & 酸奶蓝莓果冻

和大家分享料理已经有很长一段时间了，感觉不少人对豆腐食材有兴趣，不仅可以用它做麻婆豆腐（这也是我最爱吃的），也可以做成汉堡肉、圆白菜卷等，当然做成甜点也可以。这次我开发了一种健康果冻，里面加入了美容食材的代表——酸奶，和食物纤维丰富并对眼睛很好的蓝莓，一起放入食物料理机打出漂亮的颜色！这次我要做方形的果冻，因为杯子装起来感觉比较漂亮。当然，我厨房里常备的牛奶盒也会参加！凝固的效果很不错。另外搭配蓝莓酱，甜度可以自行调整，孩子可多淋一点，至于妈妈、姐姐、妹妹就少淋一点，让全家都可以享受健康、美味的甜点！

材料 Ingredients

老豆腐 Firm tofu……350g
▸脱水后250g
酸奶（含糖）Yogurt……250g
薄荷 Mints……2片

［蓝莓泥］

蓝莓（冷冻）Blueberries……100g
砂糖 Sugar……50g
柠檬汁 Lemon juice……适量
蜂蜜 Honey……2大匙
琼脂粉 Agar……1.5小匙
水 Water……50mL

1 这次我选了老豆腐。放在有深度的盘子里，并在豆腐上面放有重量的东西，让它脱水大概30分钟。

▸如果想要更滑嫩的口感，可以用嫩豆腐。但是压住时比较容易碎掉，要小心！

2 要做方形的果冻，但没有方形的模具，没关系！可以用牛奶盒！喝完洗好后，将盖子折回去，从侧面切开。

▸平常喝完牛奶后，洗干净，晾干后收藏起来备用！

3 有盖子的那面有一点斜，用手压扁后，用橡皮筋缠一圈。

4 这次我用的是原味酸奶，本身含有糖分，所以加入砂糖时需调整分量。

▸如果是用无糖酸奶，糖量可以多加一点哦！

5 将冷冻蓝莓与砂糖混合。

▸也可以用新鲜蓝莓，做法相同。

6 开中火，开始沸腾时转小火，大约5分钟后煮到变软的样子时熄火，冷却。

7 用手将豆腐撕成小块，放入食物料理机。

▸也可以用果汁机，口感会更细！

8 加入酸奶。

9 加入1/2已冷却的蓝莓，开始搅打！

▸ 另一半装杯时使用。

10 哇！漂亮的紫色出来了！打到豆腐变成泥时就可以倒出来。

11 加入柠檬汁调整味道。

▸ 可自己决定加入多少。如果蓝莓较酸，不加也可以。

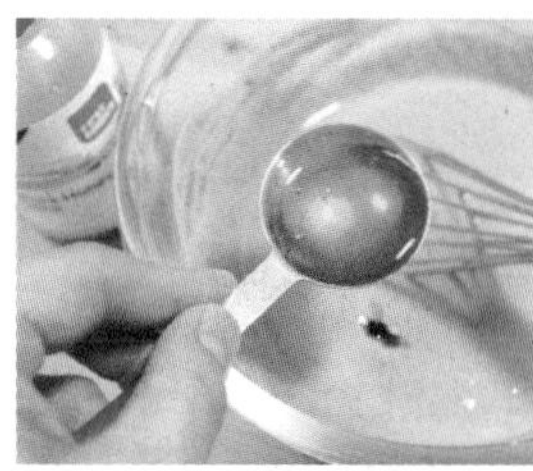

12 至此，甜味是从酸奶和蓝莓酱中来的，为了增加一点不同的甜味，我加入了蜂蜜。

13 在装水的小锅子里放入琼脂粉。

14 开火，一直搅拌，煮沸1分钟左右，直到琼脂粉完全溶化。

▸ 琼脂粉与吉利丁片不同，需超过100℃才会完全溶化。

▸ 如果用吉利丁粉代替，大概需要两倍的量（1大匙）。

15 加入琼脂水之前，再次确认牛奶纸盒模具都准备好，全部倒入后，立即搅拌。

▸ 就算常温也会很快凝固，动作太慢会来不及哦！（≧∀≦;）/

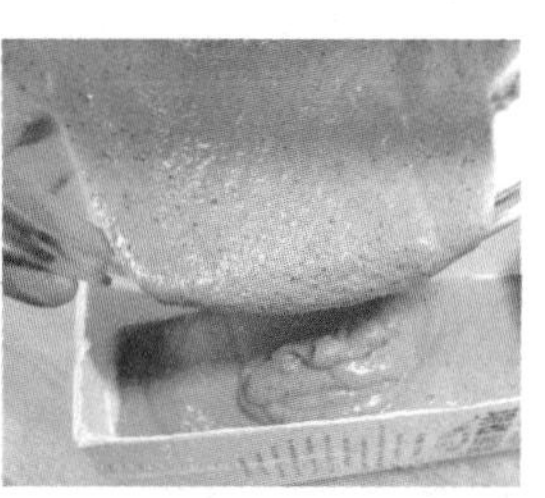

16 倒入牛奶纸盒模具里！

17 已经开始凝固了，赶快把表面抹平。

18 稍微冷却后，将纸盒盖起来，放入冰箱使其完成凝固。

19 冷冻约30分钟，从侧面切开，切成适当的大小，装在杯子里，上面淋上剩余的蓝莓酱，并用薄荷装饰！

▸ 这次做的甜度没有那么高，如果不够甜，可以多淋一点蜂蜜！

Soy Bean Pudding with
Brown Sugar Syrup

非常黄色！黄豆粉布丁佐黑糖蜜

分量

4-6 人份

材料
Ingredients

蛋黄 Egg yolks……3个
砂糖 Sugar……40g
牛奶 Milk……200mL
琼脂粉 Agar……1小匙
黄豆粉 Soy bean powder……8g

[黑糖蜜]

黑糖 Brown sugar……30g
砂糖 Sugar……30g
水 Water……80mL

我要来介绍一款很温柔的甜点哦！黄豆是很健康的食物，含有丰富的优质蛋白质、维生素B_1、维生素B_2、膳食纤维与矿物质。我之前的食谱书中已经介绍过几次，但是大部分是作为防粘粉，或撒在表面而已。这次让它变得活泼一点！布丁一般是用加热凝固的方式制作，其实用琼脂粉凝固也是很好的方式，可以享受不一样的口感，而且琼脂粉本身含有纤维，多吃一点也没问题！我先准备了卡仕达酱底，然后加入黄豆粉，加热引出其香味。蛋黄的黄色与黄豆粉的黄色融合，非常黄色又诱人的布丁出现了！淋上黑糖蜜，味道实在太香了！如果不方便用烤箱或蒸笼，还想吃布丁的时候，可参考这种做法。黄豆粉也可以换成黑芝麻、花生粉等，根据自己的口味调配布丁吧！

1 在钢盆中加入蛋黄与砂糖，将蛋黄搅拌成乳黄色，放在一旁备用。

2 另准备一个锅子，放入牛奶，再加入琼脂粉。

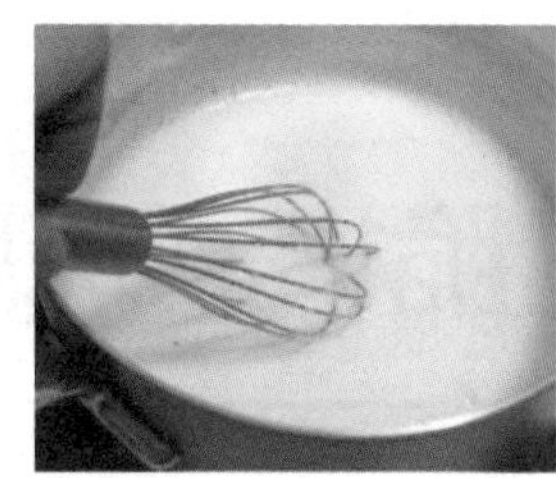

3 开火煮沸，用打蛋器搅拌，确定琼脂粉完全溶化。

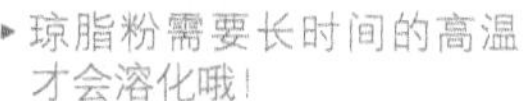

▸ 琼脂粉需要长时间的高温才会溶化哦！

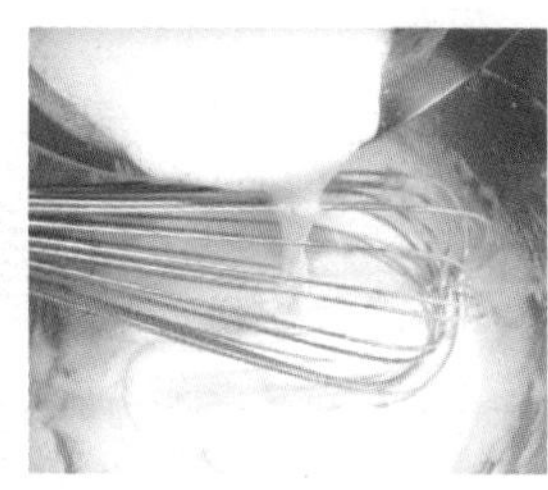

4 将煮好的牛奶倒入打发好的蛋黄里。

5 搅拌后倒回锅子里。

6 放入黄豆粉。

▸ 黄豆粉分生的和熟的，这里用的是熟的。如果买到生的，先在锅里干炒或放入烤箱中烤熟后，再放进去。

7 加入黄豆粉后，开小火，加热到稍微有点稠度。

▸ 要注意！蛋黄很容易结块，加热时不要让温度升高太快，大概有感觉浓稠的样子就好了。

8 放入保鲜盒或模具里，在室温下冷却后，放回冰箱。约1小时就会完成凝固。

▸ 琼脂粉比较容易凝固（拍摄时就已经开始凝固了^^;），倒入模具时，动作要快一点哦！

9 准备黑糖蜜。锅子里加入黑糖和砂糖。

▸ 比例为1:1，因为只加黑糖味道太重。

10 加入水。

11 开中火，沸腾后转小火。

12 在汤匙背部，用手指刮线，如果留有痕迹，表示稠度合适。

▸ 冷却后可以装在瓶子里，在常温下保存。

Plum Sake Jelly

分量 1 个（15cm × 5cm模具）

清爽美味青脆梅酒琼脂果冻

这次来介绍一款很清爽的果冻。我个人很喜欢喝梅酒，很甜，喝起来觉得不像酒类，水果味很重，每次喝都会加入冰块。其实味道这么重的酒若做成果冻，会是一道非常清爽的甜点，加了琼脂粉后脆脆的口感与青脆梅很配！就像我介绍过的所有料理一样，这道甜点做法依然很简单，如果你计划在家里做一套日式料理，可以考虑用这款甜点作为结尾！

材料 Ingredients

水 Water……400mL
砂糖 Sugar……1大匙
蜂蜜 Honey……1大匙
琼脂粉 Agar……1小匙
梅酒 Plum sake……200mL
青脆梅 Pickled plums……9粒

1 锅子里放入水和砂糖。

2 加入与梅酒很对味的蜂蜜，让甜味更丰富。

3 加入琼脂粉。

▸ 琼脂粉的分量可以自己调整，如果是装在杯子里直接吃，可以少加一点哦！

4 煮至沸腾后再煮1~2分钟，搅拌均匀，确认琼脂粉完全溶化。

▸ 琼脂粉超过100℃才会溶化。

5 琼脂粉溶化后熄火，倒入梅酒搅拌均匀。

▸ 请注意！琼脂粉和梅酒不要一起煮，防止过快凝固。

▸ 如果不喜欢酒精味，可将梅酒加热使酒精蒸发后再倒入。

6 倒入模具里。

▸ 不一定要用这种特别的方形模具。

7 可以用牛奶纸盒或方形保鲜盒，也可以直接装在玻璃杯里。

8 摆好青脆梅，冷却后放入冰箱使其完全凝固。凝固后再切成适当的大小就可以了。

▸ 直接装入马丁尼杯（Martini glass），放一粒青脆梅也很有感觉哦！这样做，琼脂粉可以少用一点。

分量 4 人份

优雅的白酒腌渍枇杷

枇杷的季节来了！最近外面常看到一种水果，在日本叫“びわ”（Biwa，枇杷），平常是5～6月才上市的水果。但在台湾很早就有了，我个人觉得它是一种比较低调的水果，同样是橘黄色，却没有像橘子那么受欢迎，外观也没有香蕉那么容易认得出来，味道也没有芒果那么让人记忆深刻。平常我们都是直接剥完皮吃，享受它多汁的口感。这次家里买了很多枇杷，本来在去年就想做的甜点，现在终于可以实现了！这次要做的白酒腌渍枇杷，做法很简单，但可以把很低调的水果变成很优雅的美味甜点！^^

材料
Ingredients

枇杷 Loquat……12个
白酒 White wine……100mL
水 Water……200mL
细冰糖 Chrystal suagr……25g
蜂蜜 Honey……2大匙
肉桂棒 Cinnamon stick……1支

[装饰]

薄荷 Mints……适量

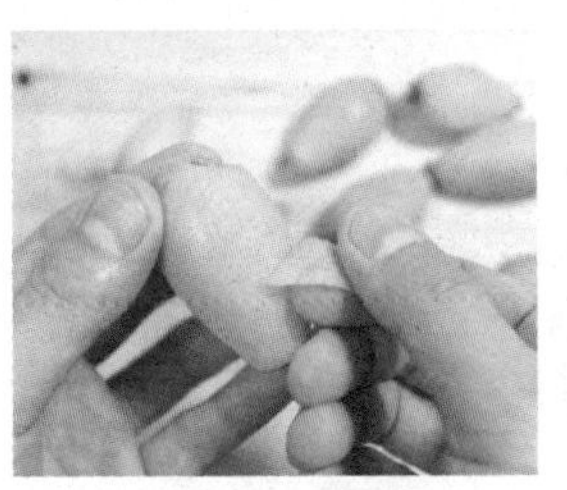

1 这次用的枇杷较小颗，但味道很甜！洗好后，用手剥皮。

▸ 从枇杷底部开始剥皮比较好处理哦！

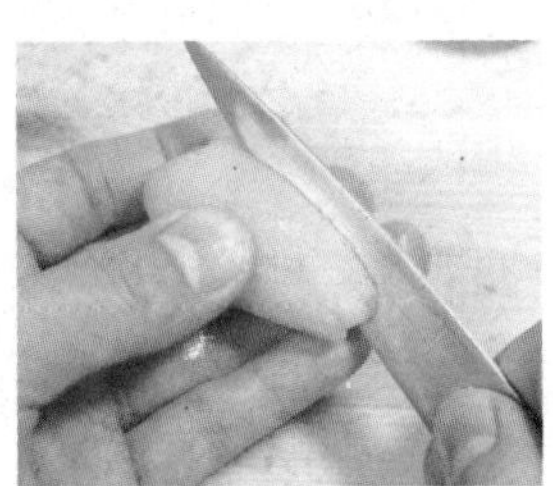

2 因为中间有核，用小刀在枇杷肉的部位划一圈后打开。

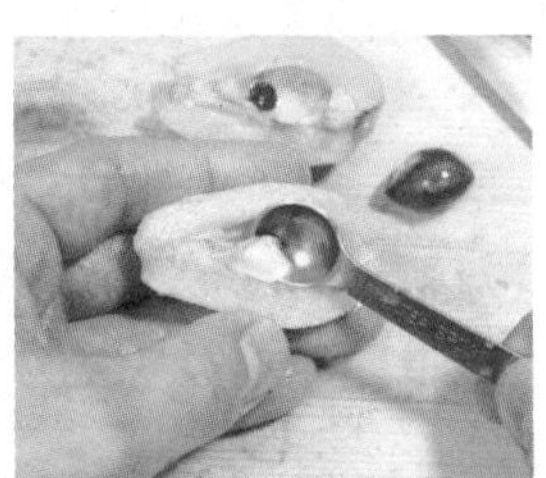

3 拿掉核后，把里面的薄膜也去掉。若用手直接撕不好弄，可以用汤匙刮出。

▸ 里面的薄膜有涩涩的味道。

4 全部处理好了！边剥皮边偷吃，最后还剩10～12个吧！（≧∀≦）

5 准备腌渍！像这样的水果我会使用白酒！

▸ 可以选择甜一点的白酒哦！用清酒也不错！

6 加入水。

▸ 白酒煮至酒精完全蒸发至只留香味，如果要给孩子吃，可以全部使用水。^^

7 基本的甜味我用冰糖。这次用的是细冰糖，不需要煮很久就溶化了！

▸ 加入冰糖，甜味不会太腻。

▸ 根据水果本身的甜度，调整冰糖的分量！

8 为了增加另一种甜味，加入蜂蜜。

▸ 枇杷与蜂蜜是很对味的！♪

9 开火，搅拌一下，让酒精蒸发，让细冰糖溶化。

10 放入处理好的枇杷。

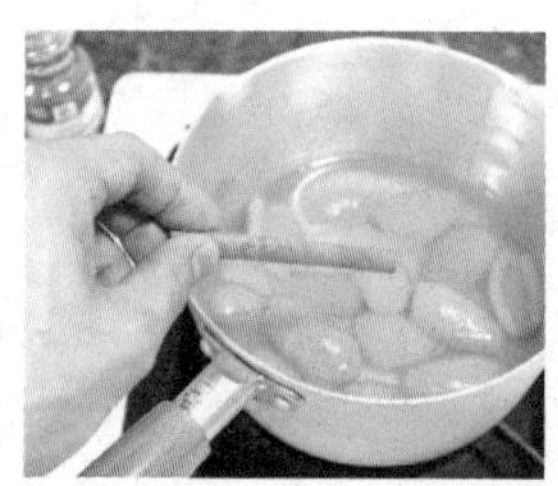

11 加入干燥的肉桂棒。

▸ 加入肉桂棒，让腌好的枇杷口味更丰富！

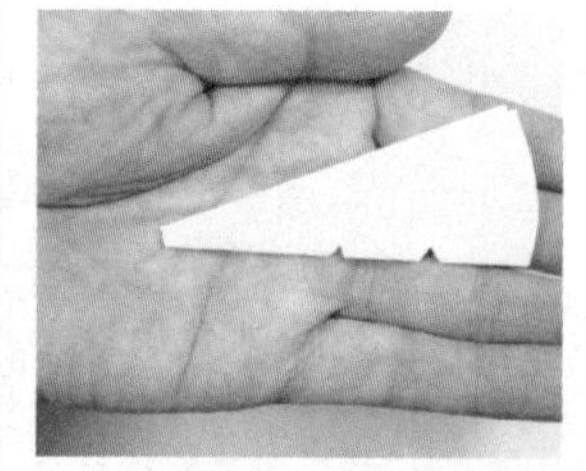

12 准备“落盖”。将烘焙纸折起来，根据锅子的大小，剪掉多余部分。

13 将剪好的纸放在锅子里，贴在水面上，用小火煮约8分钟。

▸ 腌煮东西时经常用到这种落盖方式，这样浮在表面的水果也能腌到。

14 煮好后，拿掉纸，倒入碗里，冷却，然后放入冰箱静置。腌好后可存放一星期左右！吃的时候用薄荷叶装饰。

MASA Original Oba Flavored Pickled Apple

分量 12个

MASA 独创清爽风味紫苏苹果

MASA's Talk

紫苏苹果？第一次听到这种组合，大家可能（也许只有我）会想到居酒屋里的鸡尾酒（Cocktail），这应该是年轻女孩会喜欢的口味。其实它本来是腌渍物，叫“リンゴの紫苏漬け”（Ringo shiso zuke），是用紫苏叶腌渍的甜味泡菜（水果）。我来台湾之后，发现很多朋友认识这个东西，而且很受欢迎！那么我就来和大家分享一下它的做法吧！平常我就很喜欢做法式腌水果，可以用同样的做法来做独创的紫苏苹果。之前我曾经吃过这种从日本进口的腌渍物，感觉味道有一点重，自己做的时候这部分可以调整。而且用红酒腌渍，味道比较丰富，也更加清爽！虽然它属于腌渍物，但做法稍微调整一下就成为甜点啰！用红酒腌的苹果香味与紫苏叶的香味实在很配，可以多做一点冷藏保存。客人突然到访或午后闲暇时，就拿出来与绿茶搭配一起吃吧！~

材料 Ingredients

苹果 Apple……1个
红紫苏叶 Red oba leaves……12片
红酒 Red wine……100mL
水 Water……100mL
冰糖 Crystal sugar……1.5大匙
蜂蜜 Honey……2大匙

1 这次买到的苹果比较小，刚好我摘到的红紫苏叶也比较小，刚刚好！

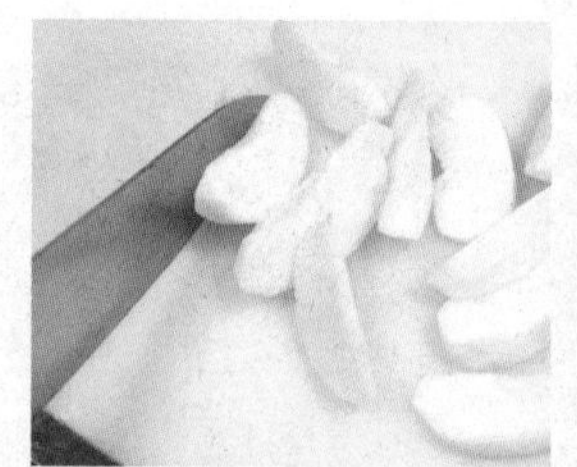

2 将苹果削皮，切成小块，这次我切成了12片。

▸苹果块的大小取决于紫苏叶的大小！

3 锅子里加入红酒与水。

▸基本做法与法式腌煮水果（Compote）很像，本来是用紫苏叶糖水煮的，但我觉得用红酒煮味道比较丰富！

▸如果不想用酒类，加多一点水就好了！

4 加入冰糖和蜂蜜增加甜味。

▸蜂蜜与苹果的味道很对味！♪

5 开中火，让酒精蒸发1～2分钟后，调至小火。

6 红紫苏叶来了！日文叫“赤シソ”（Akaishiso），将它洗净，在水里浸泡5～10分钟，切掉茎。

7 将叶子放进锅子里，开火煮！

▸这种红的紫苏叶要煮久一点，才能去除其味道与颜色。

8 用筷子将浮上来的叶子压下去。

9 用网筛把杂质捞出来。

▸ 旁边准备一碗清水，用网筛捞出杂质后，在清水里冲一冲再捞！

10 放入切好的苹果。

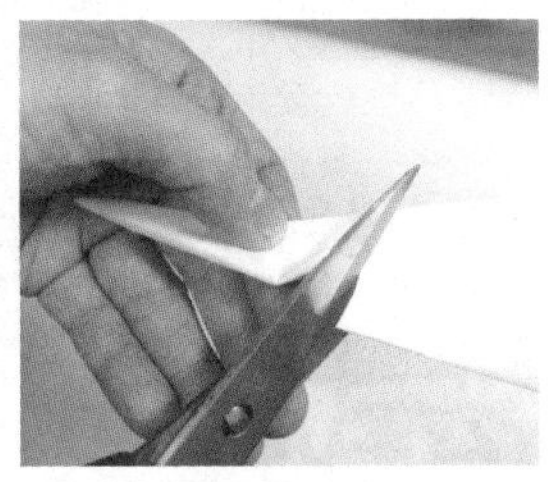

11 准备“落盖”。将烘焙纸折起来，根据锅子的大小，剪掉多余部分。

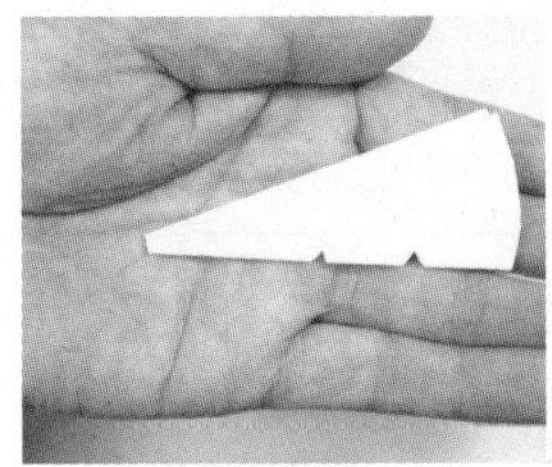

12 旁边剪出V形。

13 把纸打开，放入锅子里。

14 用筷子将纸贴在表面。

▸ 腌煮东西经常用的方法，这样浮上来的水果也能腌到。

15 煮5分钟左右，拿开纸，把苹果片翻面，再盖起来继续煮约5分钟。

16 将煮好的苹果片与叶子拿出来，把叶子摊平。

17 每片苹果用一张叶子卷起来。

▸ 我没有将苹果片完全包起来，因为这样紫苏叶的味道太重，只包了中间部分。

18 将卷好的苹果依次放入保鲜盒里。

▸ 保鲜盒要够大，防止叶子松掉。

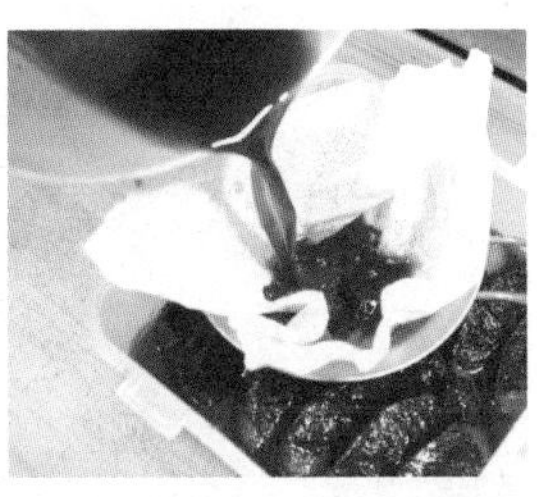

19 最后倒入腌汁时，用纱布与网筛过滤进容器里。密封后放入冰箱，至少腌一个晚上。

Two Days Project-French Toast

高级饭店风味——
法式吐司
佐柳橙酱

分量

3
人份

材料
Ingredients

鸡蛋 Eggs……3个
砂糖 Sugar……25g
▸甜度可自行调整！
牛奶 Milk……180mL
香草精 Vanilla extract……适量
法式面包 French bread……1/2条

[法式柳橙酱]

柳橙 Oranges……3个
砂糖 Sugar……1大匙
黄油（无盐） Butter……1大匙
君度橙酒 Cointreau……1大匙

每次都烤同样的吐司面包来吃会腻吗？或者，下午茶想吃点心时却不想用烤箱吗？现在就让我来介绍这款很高级的法式吐司吧！吐司怎么做才高级？这种做法原本只有在日本非常高级的饭店才有卖，长久以来，很受住宿者的欢迎！光看做法，大家应该会发现做这道吐司非常花时间，但它真的值得花这么多时间！简单来说，它是利用面包的吸收力在平底锅上做一个很香的布丁的感觉，另外，我特别加上一种与它很相配的柳橙酱！这本来是可丽饼点心用的酱，但是和这款法式吐司在一起……天哪！不过多解释了，让我们一起制作吧！

1 将鸡蛋打入玻璃碗中，加入砂糖，搅拌混合。

- 如果混合不均匀，砂糖容易留在碗底。
- 甜度可以自行调整。如果只吃法式面包，不配柳橙酱，再甜一点也可以！

2 加入牛奶。

- 如果想要更浓郁的味道，可以将牛奶减量，增加鲜奶油的分量。

3 加入香草精，混合均匀。

- 我家的香草精已经用完了，所以没加，（￣··￣；）问题不大！（＞＜）//。

4 将调好的蛋液倒入容器里。

5 将法式面包切成3cm左右的厚片。

- 这次我用了法式面包，用一般的吐司面包也可以，但要记得切成厚片！

6 将面包片泡在蛋液里。盖上盖子，放在冰箱冷藏12个小时！（*_*）

- 要让面包充分吸收蛋液，所以要耐心等待。

7 12个小时到了！翻面，再等12个小时。

- 是的！这个过程必须要很有耐心！其实很好玩，就像科学实验！

8 时间到了！看到蛋液完全被吸收进去的样子，很想立即尝一口。

- 如果觉得麻烦，那就试一下这种方法：第一天早上腌起来，放入冰箱，下班回家翻面再放进冰箱，第二天早上起来直接煎。我想，这样就不会等得那么辛苦啦！（°▽°；）

9 在平底锅里加入黄油，溶化后放入泡好的面包，用小火将面包煎成金黄色。

- 吸收过蛋液的面包非常容易碎掉，用锅铲翻动时要小心！

10 翻面后盖上锅盖，将面包的中心煎熟（8~12分钟）。

- 这个过程比较接近烤布丁。

11 终于煎好了！放在一旁保温。

- 如果不做柳橙酱，可以直接装盘！
- 这时已经非常美味了，可以装盘后直接吃！配上煎培根或鸡蛋会更加美味！

12 接下来制作法式柳橙酱（Suzette酱）。因为会用到柳橙皮，所以要彻底洗干净。

13 将柳橙切半，榨出柳橙汁。

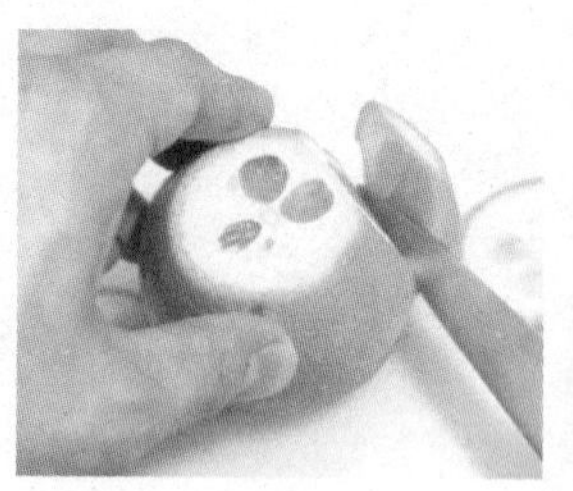

14 将其中一个柳橙的皮削掉。

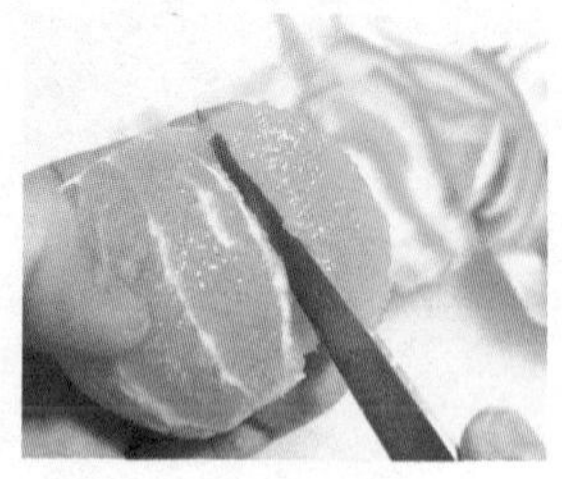

15 取出果肉。

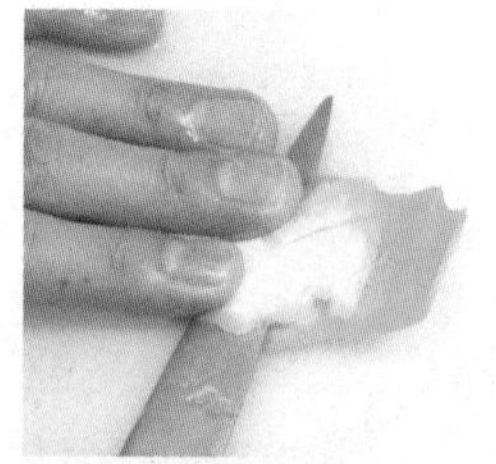

16 削掉柳橙皮上白色的部分。

- 这个部位有苦味，要彻底削掉！
- 如果不习惯这个动作，用做法13的柳橙把表面的皮削一削后再榨出汁也OK！

17 切丝。

18 好了！柳橙的三个部分都准备好了！

- 这样可以充分享受柳橙果汁和果肉的口感与果皮的芳香！

19 锅子里加入黄油与砂糖，开中火使其溶化，并稍微煮焦一点。

- 要小心！不要煮糊！

20 倒入柳橙汁。

- 加入果汁有阻止糖焦化的作用。

21 加入切丝的柳橙皮，用小火煮一下。

- 煮到皮稍微变软的程度就可以了。

22 加入君度橙酒再煮一下。

- 如果没有这种酒，也可以不加！如果觉得酱太干，很简单，再加入一点水就好了！

23 最后放入果肉。稍微加热后熄火，淋在装有法式面包的盘子上，开始享受高级饭店风味的法式吐司吧！

- 果肉很容易碎掉，只要稍微加热就好了！

MASA的点心教室1

认识各种凉品和冰品

台湾四季都盛产新鲜的水果，而且种类多样。本书所介绍的凉品和冰品都可配合当季的食材来制作。

布丁：晶莹剔透的布丁吃进嘴里那种滑嫩的口感，是不是让你难以忘怀呢？你知道布丁是怎么做的吗？布丁最主要的材料是鸡蛋和牛奶，混合好后加入砂糖和香料，以蒸或煮等方式凝固而成，可依个人喜好加入自己喜欢的材料，所以口味有许多种变化。

冰沙：炎炎夏日，冰沙可是消暑的利器。它是将所有食材混合后，放入冰箱冷冻室使其冻结，然后用汤匙搅碎或用食物料理机（或果汁机）磨成冰沙状制成。在法式料理中，冰沙是在开胃菜与主菜之间，用来调整口味用的，与我们所认知的吃法有点不同。

冰激凌：以牛奶为原料，冷却的同时搅拌进空气形成黄油状，再放入冰箱冷冻室使其凝结而成的。

果冻：是西方的甜食之一，呈现半固体状，是用明胶（又称鱼胶或吉利丁）加入水和果汁等材料制成的。

看了以上的介绍，你是不是心动了呢？来吧！赶快来动手做做这些高雅的美味甜品吧！本书介绍的凉品和冰品如下：

- **布丁**（Pudding）：P.22柿子焦糖布丁、P.27伯爵奶茶布丁、P.35枫糖 & 酥脆胡桃布丁、P.50黄豆粉布丁佐黑糖蜜。
- **冰沙**（Sorbet）：P.18意式西红柿爽口冰沙、P.44柠檬薄荷爽口冰沙。
- **冰激凌**（Ice cream）：P.16彩色冰激凌、P.41南瓜 & 胡桃冰激凌。
- **果冻**（Jelly）：P.24橘子果冻杯、P.47健康豆腐 & 酸奶蓝莓果冻、P.52清爽美味青脆梅酒琼脂果冻。
- **其他**：P.20即席柿子慕斯、P.32焗烤综合水果、P.38法式雪球泡蛋蛋黄酱、P.54白酒腌渍枇杷、P.57清爽风味紫苏苹果、P.60法式吐司佐柳橙酱。

COINTREAU

Part 2

Let's have a happy sweet time

Scone, Biscuit, Churros and Cookie

简单又容易上手的手工饼干

English & Japanese Style Green Tea Scone
Speedy Pastry Cheese Sticks
Non-baking Chocolate & Nuts Biscuit
Homemade Gourmet Style Shortbread
Dark Chocolate & Nuts with Coffee Icing
Strawberry Short Cake with Green Tea Crape Wrap
Green Tea Galette Cup with Seasonal Fruits
Dacquoise with Chocolate Custard Sauce
Easy Step Homemade Financier
Langue de chat with White Chocolate
Tri-colored Churros
White Sesame Favored Tofu & Whole Wheat Cookies
Happy Bear Cookies
Super Crunchy Cereal Coated Cookies
Cream Cheese Muffin with Blueberry Sauce

分量 10-12 个（直径约6cm的小烤模）

英国与日本合作的抹茶司康

第一次看到司康（Scone）时，自己分不太出来它到底是面包还是饼干。在发源地英国本来算面包，但到了北美，很多人叫它比司吉（Biscuit，饼干）。我很爱吃这种点心，吃的时候喜欢把中间撕开，涂很多黄油，再搭配咖啡当做早餐，有非常幸福的感觉！这次我来介绍这种英国的传统点心要怎样变化才可以享受不同的味道！第一种想到的口味当然是抹茶，我很爱用这种食材，不管颜色还是味道，做成点心都很适合！有的司康会加入葡萄干，我这次则加入了红豆，结果变成非常和风的英国点心！外表酥脆，里面松软，有时还可以吃到红豆馅的甜味，与抹茶很对味！如果你爱吃红豆馅，吃的时候可以把中间撕开，多抹一点红豆馅进去。若加上打发的鲜奶油，就变成非常美味的蛋糕了！如果你已经吃腻了普通的司康，可以试试这种口味，再配一杯绿茶，就可以享受英国与日本的共同点心时间！

材料 Ingredients

黄油（无盐）Butter……100g
低筋面粉 Cake flour……250g
泡打粉 Baking powder……1大匙
抹茶粉 Green tea powder……3g
牛奶 Milk……50mL
鲜奶油 Whipping cream……50mL
蛋黄 Egg yolks……2个
盐 Salt……1/4小匙
砂糖 Sugar……2大匙
红豆馅 Red beans paste……80g

[红豆馅]

红豆 Red beans……100g
冰糖 Crystal sugar……40g

1 准备红豆馅！用大量水（至少800mL）开始煮。

▸ 因为要煮很长时间，如果水太少很快就会干锅。

2 煮到用手可以捏碎，但皮还没有破开的程度。

3 熄火，水倒掉，用清水冲洗一下，去除涩味。

▸ 第一次煮的水含有红豆的涩味，一定要倒掉！

4 这次要保留红豆的颗粒状，所以将煮好的红豆直接放入锅子里，加入冰糖，再煮到糖溶化就倒出来，冷却。

5 准备司康的面团！将黄油切成薄片后，放回冰箱。

▸ 材料都要冰凉的才比较好处理。

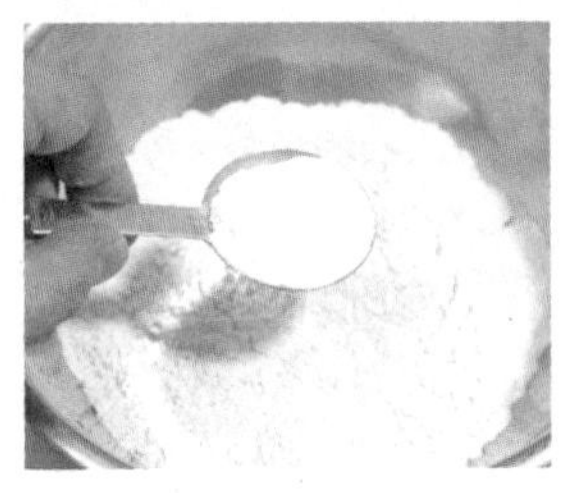

6 将低筋面粉过筛，加入泡打粉。

7 抹茶粉用细一点的网筛过筛。

▸ 抹茶粉容易结块，一定要用很细的网筛过筛后使用！

8 用打蛋器把粉类全部混合均匀。调好的粉也可以先放进冰箱。

9 将牛奶与鲜奶油混合。

▸ 如果不想加入鲜奶油，全部用牛奶也可以。

10 材料都准备好了！先把粉类放在工作台上，然后将切成薄片的黄油一片一片地放入，并用切面刀切成小块。

▸ 一次不要放太多哦！

▸ 可以用电动搅拌器混合！

11 黄油全部切好后，用手捏碎黄油粒，让面粉和黄油混合。可以看到抹茶的绿色开始变得明显！

▸ 不要让黄油溶化哦！大致混合均匀就行了，混合过度会影响口感。

12 放入红豆馅。

▸ 红豆馅的量可以自己调整，不一定要把煮好的全部用完，这次我用了大概一碗，剩余的再加入一点水，煮成碎泥状，可作为红豆浆！

13 中间挖一个凹洞，放入蛋黄、盐、砂糖、牛奶与鲜奶油的混合液。

14 从四周慢慢盖起来，开始混合。

15 但是，同样不要太久，大概粘在一起就好了。用保鲜膜包好，放入冰箱30分钟以上。

▸ 由于面筋的收缩性，若没有静置就立即烘烤，很容易缩小。

16 时间到了！从冰箱拿出来，用擀面棍擀成厚度约1cm的圆饼。

17 将压模（图片为直径6cm）先蘸一下干面粉。

▸ 蘸粉后再压面团时不容易粘住。

18 压在准备好的面团上面。

19 将压好的面团依序放在铺有烘焙纸的烤盘上面，表面涂抹牛奶。

▸ 涂抹牛奶后烘烤，表面颜色会变得比较漂亮。用蛋黄也可以，但颜色会比较深。根据自己的习惯选择！

20 放入预热至150℃的烤箱，烘烤15～20分钟。

▸ 烤好马上吃，或冷却后从中间剖开，涂一点打发好的鲜奶油或红豆馅都很好吃！

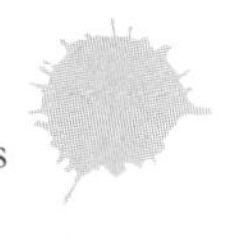

快速 奶酪酥皮棒

分量

24支

材料
Ingredients

酥皮 Pastry sheets……4片
鸡蛋 Egg……1个
奶酪粉 Parmesan cheese……4或5大匙
迷迭香 Rosemary……1或2枝
七味粉 Nanami powder……1或2小匙
海苔粉 Seaweed powder……1或2小匙
砂糖 Sugar……3或4大匙
肉桂粉 Cinnamon……适量

MASA's Talk

这次我选了酥皮和我一起玩！我非常喜欢酥皮的口感，也做过很多种与酥皮非常契合的甜点。它本身的味道不重，做成咸点或甜点都可以。每次用到酥皮包馅，都一直觉得它可以当做主角，只要再帮它装饰一下就可以了。最先想到的是这种扭转饼干，可以搭配饮料一起吃，也可以做成搭配浓汤的饼干！用这种酥皮棒边搅拌边吃，感觉很棒！我还做了甜味的，肉桂与黄油的超级组合搭配咖啡实在太好吃了！如果有客人突然到访，你没时间出去买东西来招待对方时，Don't worry！（别担心！）将这种冷冻室的常客拿出来，再搭配厨房能找到的各式材料，就是很美味的点心哦！有什么用什么，肉松、花生粉都不错！

1 现成的冷冻酥皮。将其从冷冻室移到冷藏室，慢慢解冻。

▸ 如果直接从冷冻室移到室温下，很容易出水。

2 在案板上撒一些面粉后，放上一片酥皮，用擀面棍擀薄。

▸ 太厚不易扭转。

3 切成6条。

4 表面涂上蛋黄液（用全蛋液也可以）。

5 均匀撒上奶酪粉。

6 撒上新鲜的迷迭香。

▸ 喜欢的香草都可以试试看，当然干燥的也可以！

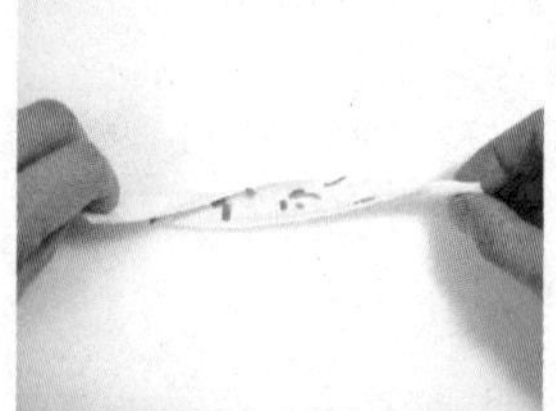

7 开始扭转！尽量不要让上面的材料掉下来。慢慢地从两端同时开始扭转，把表面的材料卷到里面。

8 卷好后，再轻轻压一下。

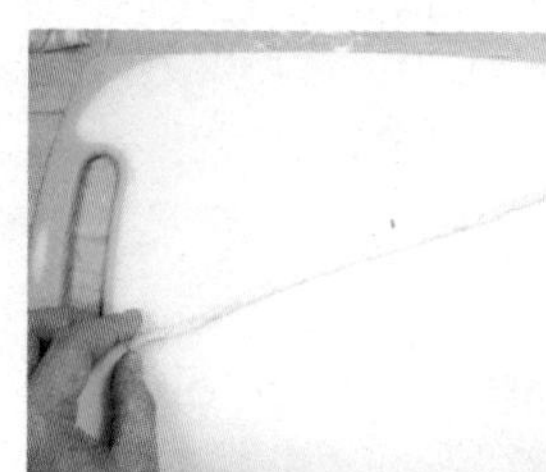

9 基本完成。

▸ 根据烤盘的尺寸决定长短，若做得太长会放不下哦！（*_*）。

10 表面再次涂抹蛋液。

11 撒上奶酪粉和迷迭香。

12 滚一下，让表面的材料完全粘附。

13 接下来，看看自己有什么其他材料可用的！我家有七味粉！涂抹蛋液后均匀撒上，同样扭转起来，表面也可以撒七味粉。

14 还有海苔粉。

▸ 肉松、白芝麻、黑芝麻等，都可以用哦！

15 再做3根甜的。表面涂抹一层溶化的黄油。

16 撒上砂糖。

▸ 也可以用黑糖。

17 撒上肉桂粉。剩下的步骤，同样扭转起来就好了！

18 表面涂抹黄油。

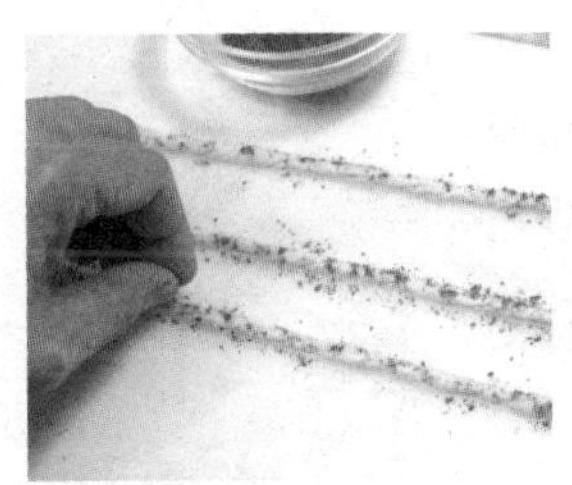

19 撒肉桂粉。

▸ 由于砂糖会焦掉，所以表面不再撒。

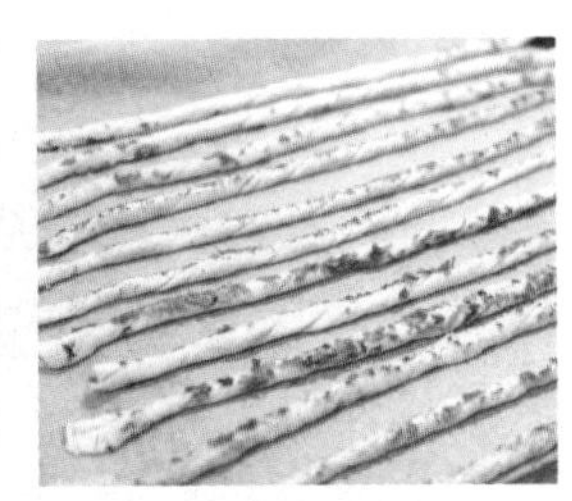

20 全部都做好了！太漂亮了！ ^^

21 放进预热至180℃的烤箱，烤约8分钟后，再设定2~3分钟。这时要注意观察饼干的状态，如果表面已经有一点焦色，就可以拿出来了！

分量 1 个（8.5cm×18cm×7cm烤模）

成人口味，免用烤箱的
巧克力 & 坚果香酒比司吉

不是每个家庭都有烤箱吧！不用烤箱能做饼干吗？这次我来介绍一种不需要烤箱的饼干！只要把它放在冰箱里凝固好就可以了！虽然做法简单，但是依然很好吃哦！里面材料有黑糖、坚果、巧克力等，把自己爱吃的材料全部集合在一起。坚果酥脆的口感与朗姆酒的香味，奏出超级和谐的协奏曲！就算吃多也不会腻！因为不会用到烤箱，很适合与孩子一起进行亲子手作。多加一点白兰地可以变成成人口味的甜点，其中加入的坚果可以用自己习惯的，芝麻也是很好的选择。哦！对了！情人节时做这款甜点也不错哦！给男生吃一定会喜欢，为甜蜜加分！♪

材料
Ingredients

消化饼干 Graham crackers ……12片 (180g)
腰果 Cashew nut……100g
杏仁片 Almond……50g
▸ 坚果都是原味的。
黑糖 Brown sugar……50g
巧克力 Chocolate……90g
黄油（无盐） Butter……45g
蜂蜜 Honey……15g
朗姆酒 Dark rum……1大匙

[外层巧克力酱]

巧克力 Chocolate……150g
黄油（无盐） Butter……1大匙
朗姆酒 Dark rum……1大匙
白巧克力 White chocolate……20g

1 将消化饼干放入袋子中，敲碎后倒进碗里。

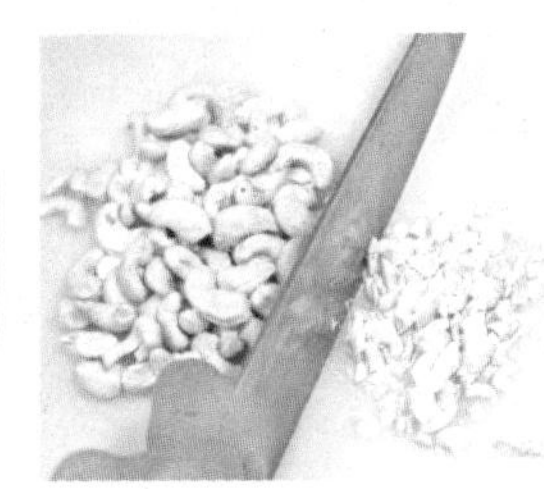

2 将腰果切成小块。

▸ 不用切得很细，有大大小小的颗粒，口感比较好。♪

3 杏仁片烤至金黄色。

4 在做法1的碗里加入黑糖。过筛后加入，确认没有结块。

5 将处理好的坚果加进去，混合均匀。

▸ 胡桃、花生等坚果都可以加入哦！

6 准备巧克力酱。将巧克力和黄油块一起隔温水溶化。

7 溶化好后加入做法5里。

8 搅拌均匀。

▸ 如果室温很低，巧克力很快凝固不容易混合，可以把碗放在温水里。

9 加入蜂蜜。为了增加香味，加入朗姆酒，再次混合均匀。

▸ 不加酒类也没问题，根据自己口味选择！

10 在烤模里铺上保鲜膜，将做法9的材料全部倒进去。

11 用底部平的东西从上面压实，让材料密合起来。

▸ 这个步骤很重要，要用力一点哦！否则拿出来的时候容易散开。

12 将四周的保鲜膜盖起来，放进冰箱，让材料完全凝固。

13 准备外层巧克力酱。与做法6同样的方法，将巧克力和黄油溶化后，加入朗姆酒。

14 将凝固好的巧克力饼干从冰箱取出，先在底部抹一层巧克力酱，再次冰起来使其凝固。

15 凝固后，将饼干翻过来，继续在表面涂抹巧克力酱。

▸ 如果巧克力酱开始凝固，再次隔温水加热一下就好了。

16 侧面先大致涂抹一下，再用抹刀由下往上刮出纹路。

▸ 请注意！巧克力酱是温的，巧克力饼干是冰的时候才会凝固。如果抹太多次，角落容易碎裂，因此大致抹一抹就好了！

17 外面的装饰这次用的是白巧克力！将白巧克力切成小块，隔温水溶化。

▸ 烘焙纸的挤花袋做法参考P.30。

18 将隔温水溶化后的白巧克力放进烘焙纸做的挤花袋中，然后在巧克力饼干上面画画。（≧∀≦）/~♪画好后再放入冰箱凝固后就可以吃了！

▸ 因为只有巧克力和黄油的凝固力，所以切太薄容易碎裂，最好切厚一点哦！

分量 20-22 个

自制超级奶香英式饼干

哇！我个人很爱吃的点心来了！实在很不好意思，因为我一直在做自己想吃的东西。o（ _ _ ）o 但是，我相信大家也会喜欢我介绍的点心！饼干是一种很适合当做礼物的食品，或可爱或漂亮或豪华，但有的饼干吃起来太甜，有的口感很好却加入了很多人工香料的味道，所以买饼干时，最好仔细看是什么配料，而不是只看外观。这次介绍的饼干是我从小就很爱吃的，但之前都不知道它叫什么，每次去买时都说："请问这里有卖长方形，黄油味很重，味道很香的那种饼干吗？"当然大部分店员都不知道这个中文怪怪的亚洲人到底在找什么。现在好了，我可以自己做！做这道英式饼干（Shortbread）时，我个人觉得最好玩的部分是形成的过程，可以做得和外面卖的一模一样，或者很接近的样子。只要放入烤箱稍等片刻就闻到黄油味了。哈！又是一个幸福的时间。（=^_^=）

材料 Ingredients

黄油（无盐）Butter……135g
低筋面粉 Cake flour……200g
玉米粉 Corn starch……50g
砂糖 Sugar……80g
盐 Salt……适量

1 将黄油放入碗里，让它变软。

▸ 冬天可以放在温暖一点的地方！

2 在低筋面粉里加入玉米粉。

▸ 可以加入一点淀粉，让口感变轻。

▸ 如果没有玉米粉，可用红薯粉代替哦！

3 用网筛全部过筛。

4 用打蛋器把粉类拌均匀，备用。

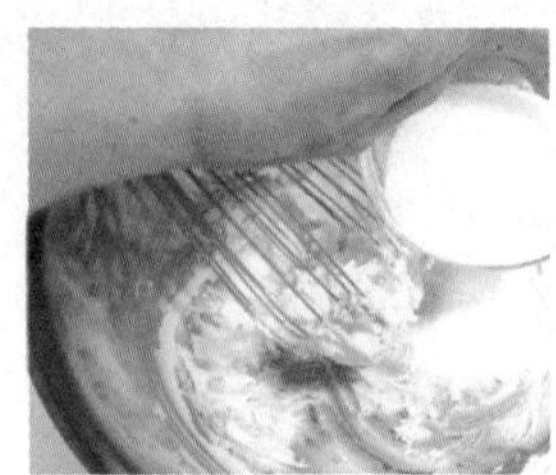

5 做法1的黄油变软后，稍微搅拌，放入砂糖。

6 放入盐。

▸ 加入一点盐会提升饼干的甜味。

7 搅拌成乳霜状，让它包入很多空气。

▸ 有空气，吃起来才会有酥酥的口感。♪

8 加入做法4的粉类。

9 用刮刀拌一拌，让黄油与面粉混合均匀。

10 用手拌一下，观察混合的程度，变成松一点的面团就可以了。

- 虽然这款饼干的特色是不用加入水分，但如果感觉太干，可以加入一点水。
- 水量可以自己调整，要看黄油的状况和面粉本身的湿度，每次不要加太多。

11 放入塑料袋里。

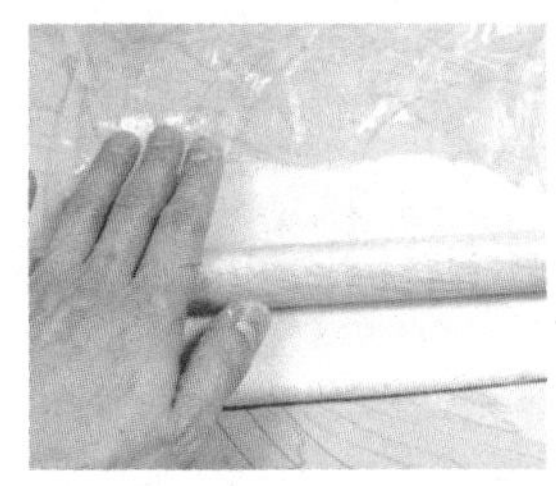

12 按压成面团后，用擀面棍擀平整。

13 将形状调整为13cmX26cm的长方形。放入冰箱约30分钟。

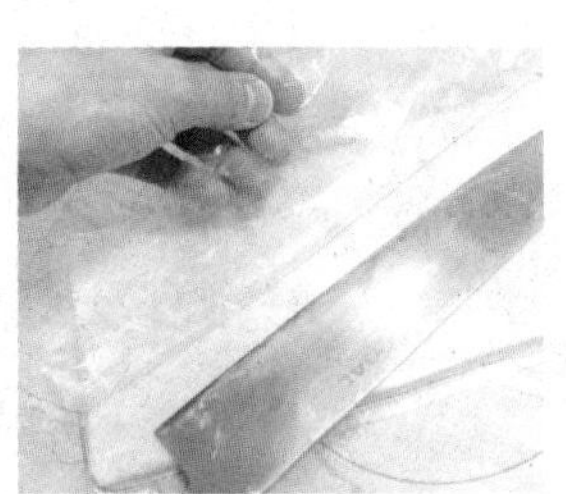

14 将面团取出，用刀子割开塑料袋。

15 切成宽约2cm的长条，可切成10或11条。

- 形状、大小可以自己决定，正方形也很好看！

16 再切半。可以做成6cm×2cm的饼干约20~22个。

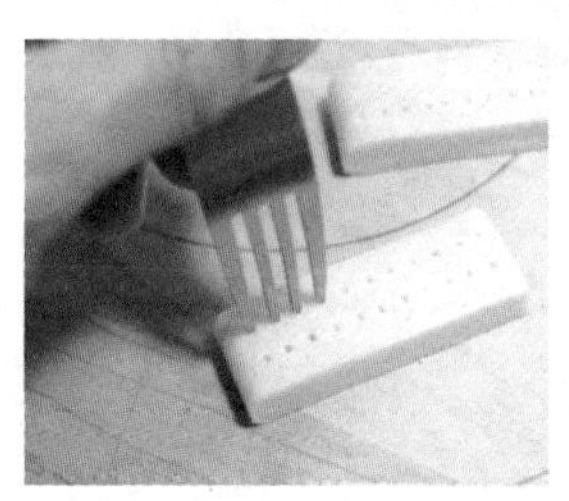

17 用叉子在饼干上戳洞。和外面卖的饼干越来越像啦！

18 烤盘上铺一张烘焙纸，将饼干摆好后，放入预热至180℃的烤箱，烤10~12分钟。

19 太香了！不管是马上吃还是等冷却后再吃，都可以享受到很美味的英式饼干哦！

分量 1 个（直径18cm烤模，也可用正方形）

咖啡糖衣黑巧克力与坚果布朗尼

对布朗尼（Brownie）的第一印象，感觉它比较低调，没有海绵蛋糕（Sponge Cake）那么豪华的外观。之前在日本餐厅工作时，很少有机会遇到它，自己也没有那么大的兴趣。后来到了加拿大吃到很多，好像北美洲的人比较常吃这种点心，感觉它的口味较重，有的非常香，有的非常甜，有的加了非常多的坚果，总之我不太习惯，但是它搭配苦一点的饮料一起吃就比较适合。刚好我是黑咖啡的超级爱好者，若自己做布朗尼，一定要制作与黑咖啡非常相配的口味！最主要的是苦一点的巧克力，而且比一般巧克力布朗尼加入更多。（*￣▽￣*）还有坚果类，因为如果只有布朗尼本身，比较容易腻。有一些脆脆的口感和坚果的香味，吃起来比较清爽！因为用到很多苦味巧克力，所以还需要稍微补一点甜味。淋上口感轻盈的咖啡口味糖粉，让外观看起来比较朴素的布朗尼变成一道很漂亮的甜点！这种点心不容易破损，很适合用漂亮的包装盒包装起来，当做别致的礼物！♪^^b

材料
Ingredients

黑巧克力 Dark chocolate……220g
黄油（无盐） Butter……100g
胡桃 Walnuts……80g
低筋面粉 Cake flour……50g
鸡蛋 Eggs……2个
砂糖 Sugar……60g
朗姆酒 Dark rum……1大匙
胡桃 Walnuts（装饰用）……适量

［咖啡糖粉］

蛋白 Egg white……10g
即溶咖啡粉 Instant coffee……1/2小匙
糖粉 Icing sugar……40g

1 将黑巧克力片切末，放入钢盆里。

- 用巧克力豆比较容易切末。♪
- 也可以用一般的巧克力，根据自己的习惯选择！

2 将黄油切成小块，放在钢盆四周，隔着温水让它慢慢溶化。

- 这样做黄油比较容易溶化，也可以看到溶化的状况。

3 将胡桃放入预热至120℃的烤箱里，烤5分钟左右，让香味出来。如果你用的胡桃比较大块，等烤好冷却后再切成小块。如果想用于装饰，可以留一点大块的不用切。

- 预先烤一下能充分释放出香味！
- 除了胡桃以外还可以选择其他干果！

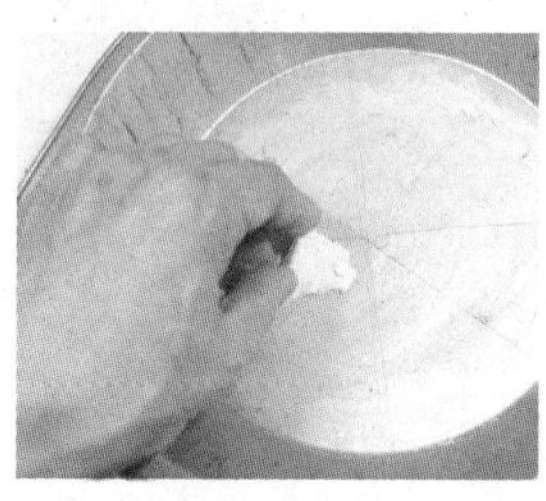

4 烤模表面涂抹黄油。

- 这次我用的是圆形烤模，平常布朗尼都用方形的，用自己喜欢的烤模就可以！

5 涂好黄油后，再撒上面粉。

- 如果用方形烤模，可以直接铺烘焙纸。

6 在鸡蛋中加入砂糖拌匀。

- 这不是做海绵蛋糕，而是要做口感更绵密的点心，所以不需要打发。

7 将低筋面粉过筛。

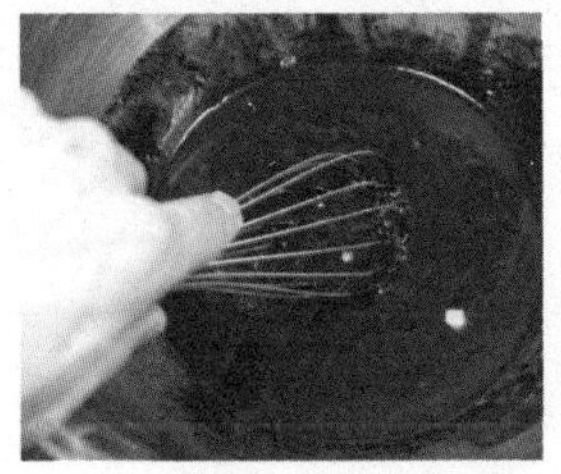

8 将做法2的巧克力搅拌，确认黄油全部溶化。

▸ 如果黄油没有完全溶化就加入其他材料烘烤，黄油块的部分会出现空洞！

9 加入蛋液。

10 加入朗姆酒。

▸ 加入白兰地也不错哦！什么酒都不加也可以！

11 加入过筛的面粉，用刮刀拌匀。

12 放入胡桃拌匀。

13 倒入烤模里，用刮刀抹平。

14 放入预热至180℃的烤箱，烤约30分钟。若将竹签插进去，表面没有粘住湿湿的面糊，表示已经熟透，可以拿出来冷却。

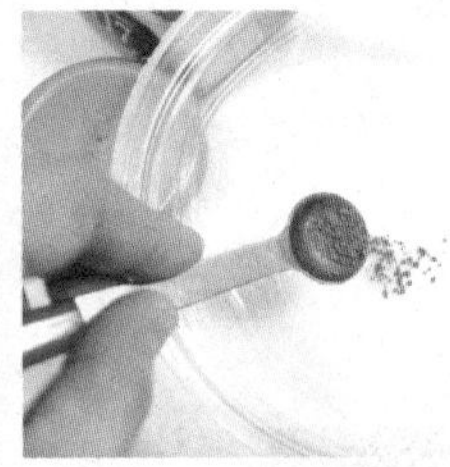

15 烤好的布朗尼可以直接吃，但我想增加一些甜味。巧克力和咖啡很对味，所以我决定淋咖啡口味的糖粉（Icing sugar）！在蛋白里加入即溶咖啡粉，等2～3分钟，让它完全溶化。

▸ 如果你不想加咖啡，只要白色的糖粉，可以跳过这个动作，直接到做法17。

16 咖啡粉溶化好了，搅拌一下，确认没有颗粒。

17 加入糖粉混合均匀。

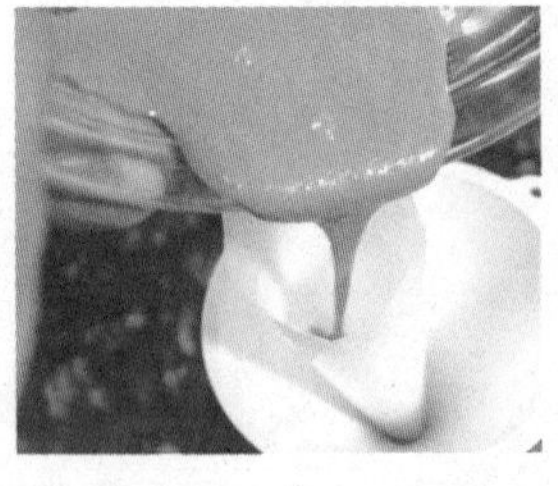

18 放入自制的纸挤花袋里，剪掉切口。

▸ 挤花袋做法参考P.30。

19 用挤花袋在冷却好的布朗尼表面上挤出喜欢的纹路！中间放些胡桃进行装饰！

▸ 放置一整天之后再吃，比较有湿润的（Moisture）口感，能够充分享受巧克力的香醇！

Strawberry Short Cake
with Green Tea Crape Wrap

快速点心——
草莓蛋糕
抹茶可丽饼卷

分量

4
个

材料
Ingredients

杏仁海绵蛋糕 Almond sponge cake……4片

▸ 用Part4的其他蛋糕也可以。

鲜奶油 Whipping cream……200g

砂糖 Sugar……15g

草莓 Strawberries……12个

▸ 可以用当季的水果代替！

[抹茶可丽饼]

低筋面粉 Cake flour……45g

抹茶粉 Green tea powder……1小匙

▸ 若做原味可以不加。

砂糖 Sugar……15g

鸡蛋 Egg……1个

牛奶 Milk……125mL

黄油（无盐）Butter……5g

可丽饼是一种做法很简单的点心，只要调好面糊煎一煎就完成了，而且可以变化很多样子。可丽饼饼皮本身可以有很多种口味，中间包的馅料也有很多选择。这里我想介绍一个很好玩的做法，可以使用剩余的海绵蛋糕制作！这次介绍的是使用之前做过的杏仁蛋糕，与当季水果一起合作。我特别喜欢清爽的抹茶绿和漂亮的草莓红搭配在一起的甜点，当然水果的部分可以改成芒果、香蕉等，都是可以的，里面包的冰激凌馅料也是很适合夏天的点心，如果是冬天就放炒过的肉桂苹果和巧克力，再搭配坚果一起做成的馅料。组合是无限的，充分发挥创意做属于你自己的可丽饼吧！♪

1 将低筋面粉与抹茶粉混合后过筛。

2 加入砂糖，充分混合均匀。

3 将鸡蛋加入粉类里。

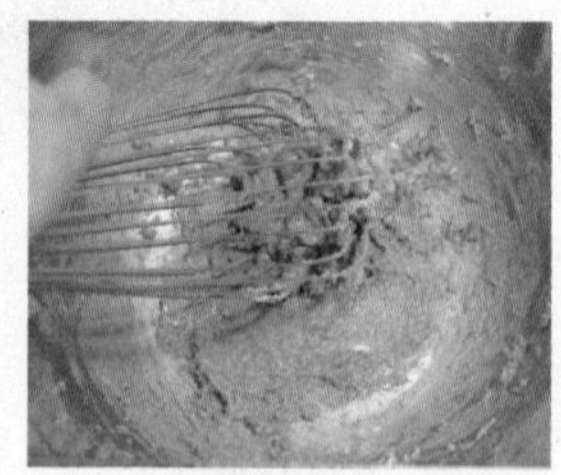

4 搅拌均匀，让粉类与鸡蛋充分混合。

5 分次加入少量的牛奶，每次加入都混合均匀。

- 牛奶一次性加入粉类中，会使粉类结块！

6 加入已溶化的黄油，稍微拌一下。

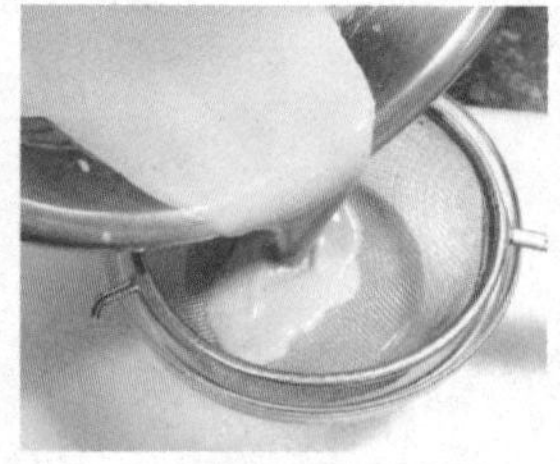

7 用网筛过滤面糊。如果时间充裕，可以放入冰箱20～30分钟。

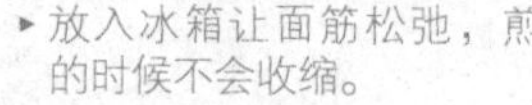

- 放入冰箱让面筋松弛，煎的时候不会收缩。

8 开小火，在平底锅底部涂抹黄油，用汤匙倒入面糊，晃动平底锅让面糊均匀散开。

9 表面开始干了后进行翻面。在这里介绍一种简便的方法：先熄火，在锅子上放一支烹饪用的长筷子，然后用木匙或耐热刮刀将可丽饼的边翻上来。

10 挂在筷子上面，然后将筷子拿高，一整片就翻过来了。

11 由于饼很薄，很容易熟，另外一面很快就煎好了！煎好后，放在案板上冷却。

12 将烤好的杏仁海绵蛋糕切成条状。

- 杏仁海绵蛋糕做法参考P.165。
- 也可以用其他的海绵蛋糕哦！

13 切成3cm×10cm左右的小片，再横切一半。

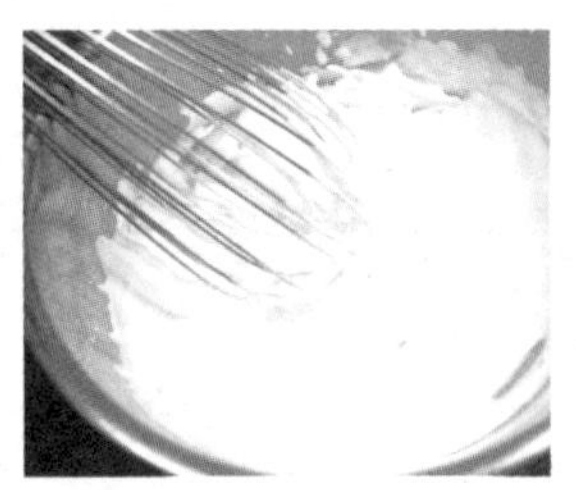

14 在鲜奶油中加入砂糖后打发。

▸ 需打至八九分发，太软托不住水果！

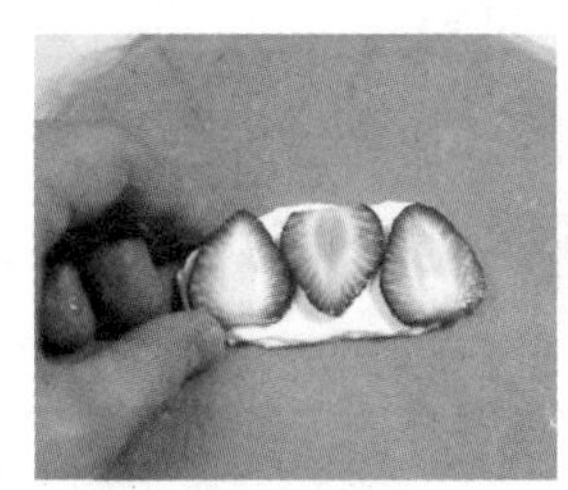

15 将打发好的鲜奶油铺在可丽饼中间，再铺上切成薄片的草莓。

▸ 当季适合的水果都可以用！猕猴桃、芒果、香蕉等都很好吃！

16 在做法13切好的蛋糕表面涂一层鲜奶油，粘在草莓上面。

17 再涂一层鲜奶油。

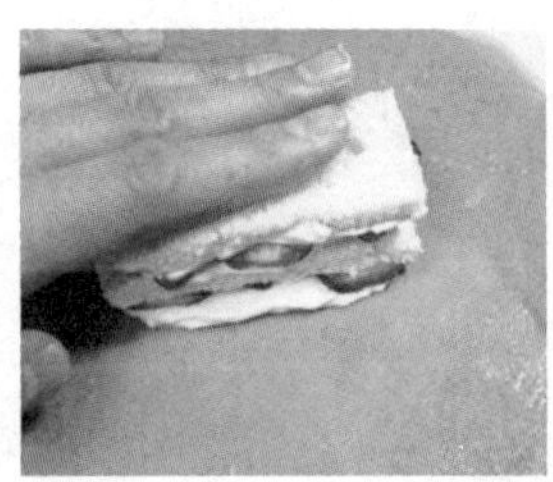

18 同样的动作，把草莓排好，再叠上蛋糕片。

19 蛋糕要包起来啦！从下面盖起来。

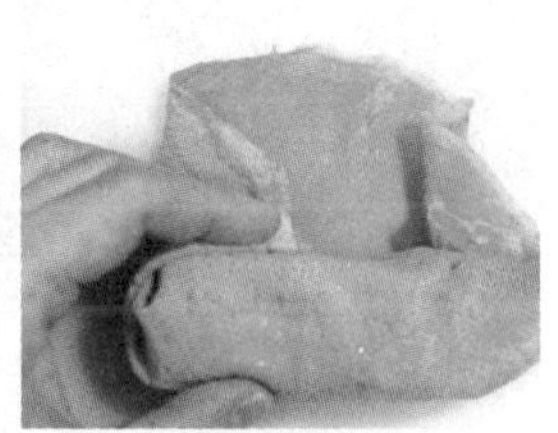

20 左右两边都折起来后卷到前面。将封口面朝下放，然后在可丽饼上面挤一点鲜奶油，放上两片切好的草莓做装饰。

▸ 和包春卷的样子差不多！

▸ 最后的装饰可以不做，包起来后直接装在盒子里，就变成了非常惊喜的小礼物！ ^v！！

Green Tea Galette Cup with Seasonal Fruits

分量 20-22 片

抹茶咸可丽饼杯佐当季水果

这种饼干的法文叫“Petit four”，就是“小点心”的意思。我对这种点心印象很深。因为在我们餐厅（我之前在日本工作的法式料理餐厅），客人吃完主食后再点甜点，服务生会送来搭配咖啡或红茶的小点心（Petit four）与松露巧克力（Truffle），法式料理的后续食物真得很多。（T_T）如果是很熟的客人，还会加白兰地和综合奶酪盘，然后点枝雪茄开始一边抽烟，一边和主厨聊天，我们也要堆起微笑乖乖地陪在旁边。当时才18岁的我，对他们聊的内容一点兴趣都没有，想早点回家，但这是我们工作的一部分，又不能离开，如果大家跟着一起喝酒，就更糟糕，会拖很久。有时候桌上会有一些客人没吃完的Petit four，我会拿起来猛吃。老板娘看到我的吃相就说：“Machan，你可以多吃一点哦！”然后会从厨房多拿一点Petit four给大家吃。其实那些都是我负责做的，本来是明天要用的，结果明天早上又要准备。T_T）总之，这次我要介绍的这款饼干也算是Petit four，这种饼干可以直接吃，也可以搭配一些水果，饼干本身可以自行调整味道。这款抹茶和草莓的味道与颜色都搭配得十分完美的点心，就和你的朋友一起开心聊天时享用吧！

材料 Ingredients

低筋面粉 Cake flour……80g
抹茶粉 Green tea powder……3g
蛋白 Egg whites……2个份
砂糖 Sugar……80g
鲜奶油 Whipping cream……2大匙
黄油（无盐） Butter……15g
鲜奶油 Whipping cream……100g
砂糖 Sugar……10g
水果 Fruits……适量

1 将低筋面粉和抹茶粉混合后过筛。

2 用打蛋器混合均匀。

3 将砂糖分2或3次倒入蛋白里，每次加入都要充分搅拌。

- 若全部一次加入不易混合均匀！
- 打发的程度不用很硬，到可以画线的程度就差不多了！

4 分2或3次倒入粉类。

5 加入鲜奶油。

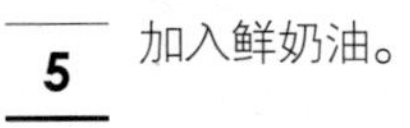

- 可以用牛奶代替。

6 加入溶化的黄油。

- 鲜奶油和黄油都是为了增加浓郁的香味，如果不习惯味道过重，可以加一点水。

7 搅拌混合均匀。

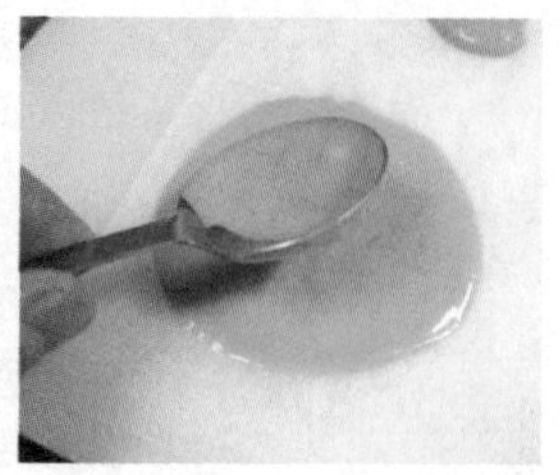

8 用汤匙滴一点在烘焙纸上，然后用汤匙底画圈，让面糊均匀摊开。

▸ 汤匙可能会粘在纸上，用另外一只手把纸压住。

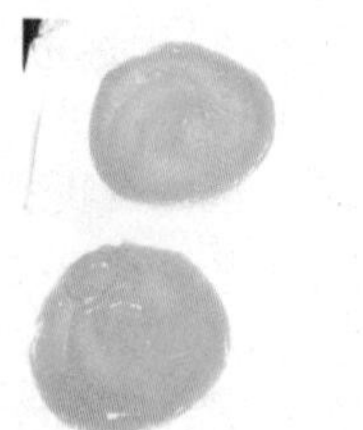

9 每次可烤4～6片，根据面糊的大小决定。

10 放入预热至180℃的烤箱，烤5～6分钟。表面摸一下感觉干了就可以了！

11 取出烤好的饼，将烘焙纸撕下来。趁热戴手套把饼整理成自己喜欢的形状，也可以直接用小杯子压下去做成杯子饼干。

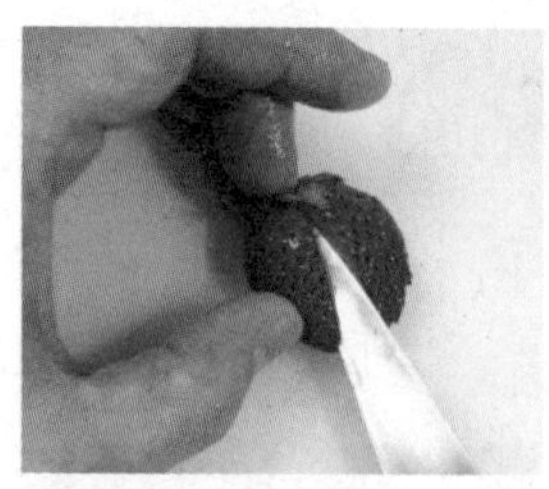

12 烤好的饼干可以直接吃，也可以当成杯子装草莓！将草莓洗好后，用刀子切几刀。

13 切好后压一下，使其呈扇形散开。♪

14 将橘子或柳橙的果肉切出来。

▸ 切的方式请参考P.25。

15 将100g鲜奶油加入砂糖打发后，加入切丁的草莓或其他水果。

16 装在饼干里面即可。

▸ 由于含有水分，容易变软，建议尽快食用。

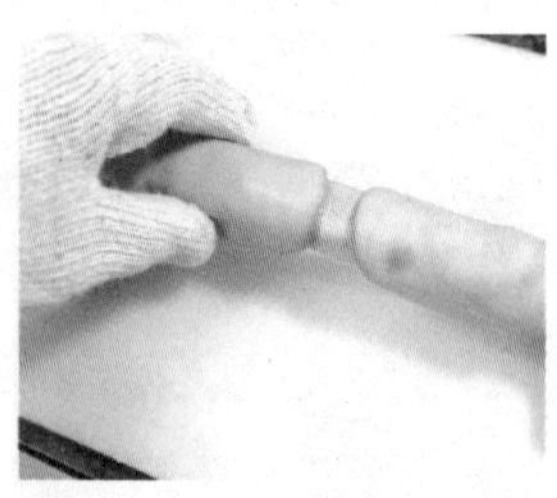

17 也可以将烤好的饼干放在擀面棍上卷起来。

▸ 这是饼皮的另一种变化。

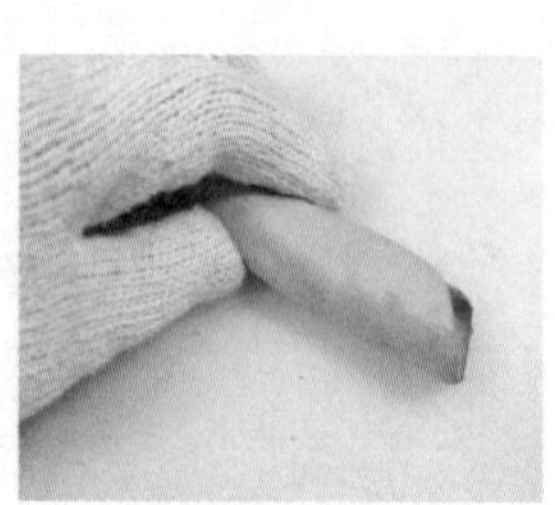

18 定形后放在一旁冷却。

▸ 如果环境湿度较高，饼皮容易变软，冷却后要尽快食用或放进保鲜盒保存。

Dacquoise with
Chocolate Custard Sauce

巧克力卡仕达酱杏仁蛋白饼

分量

20-24片（直径6cm的小烤模）

材料 Ingredients

杏仁粉 Almond powder……60g
低筋面粉 Cake flour……10g
蛋白 Egg whites……3个份
砂糖 Sugar……60g
糖粉 Icing sugar……适量

[巧克力卡仕达酱]

牛奶 Milk……150mL
蛋黄 Egg yolks……2个
砂糖 Sugar……30g
玉米粉 Corn starch……15g
巧克力 Chocolate……50g
朗姆酒 Dark rum……2小匙
鲜奶油 Whipping cream……50g
砂糖 Sugar……5g

MASA's Talk

以蛋白为主做成的蛋糕，口感大部分都很松软，如果用打发的蛋白来做口感会更轻！这次介绍的也是一款口感很轻的饼干，叫达克瓦滋（Dacquoise），是用很多杏仁粉烘烤的饼干。由于饼干很轻，入口即化，而杏仁的超级香味会一直停留在嘴巴里！做这道点心时，还没装馅就被我吃掉很多片！吃的时候可以搭配巧克力口味的酱。巧克力和杏仁的味道本来就很搭配，但甘那许（Ganache）搭配松软的饼干，口感会太重，所以我决定用卡仕达底的巧克力酱！结果味道实在太棒了，一不小心又试吃了（不是偷吃，哈哈）很多片，还好留出了几片用来拍摄照片。f（^_^;）

1 将杏仁粉和低筋面粉过筛。

▸ 因为杏仁粉较粗，要用粗一点的网筛。

2 用打蛋器搅拌混合。

3 利用压模在烘焙纸上画出轮廓。

▸ 根据烤盘的大小，可以画10～12个。

▸ 如果觉得麻烦，不画也可以，直接挤到烘焙纸上！♪

4 由于烤盘是黑色的，需要在烤盘上铺一张铝箔纸，然后将烘焙纸画线的一面朝下铺好。

▸ 由于铺了铝箔纸，可以明显看到烘焙纸上面画的线，不过如果烤盘是白色（银色）的，不需要铺铝箔纸哦！

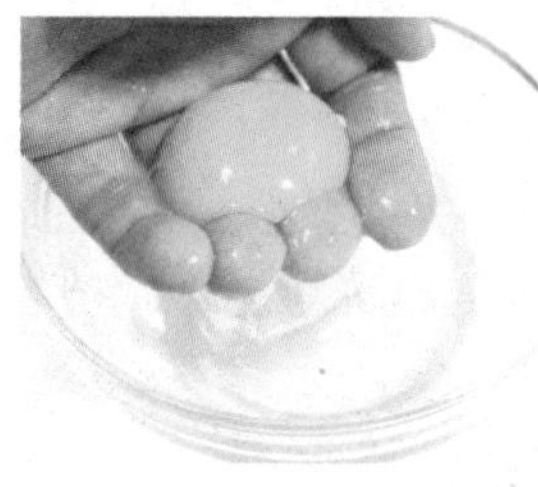

5 将鸡蛋打入玻璃碗中，把蛋黄抓入另外的碗里。

▸ 用这种方法分离蛋黄与蛋白比较快，蛋黄也不容易破。

6 将蛋白放入电动搅拌器里，砂糖分2或3次加入打发。

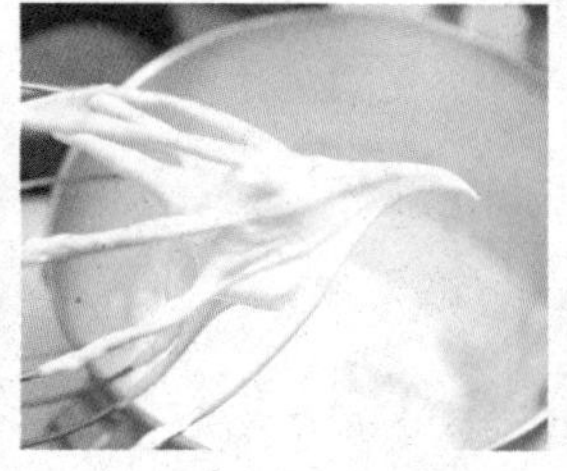

7 打至大概像图片的这种程度，可以立起来的样子就好了。

8 加入一半过筛的粉类，用刮刀大致搅拌后再放入剩余的粉，用切拌的方式拌匀。

▸ 注意！一次放太多容易结块，而且过度搅拌会让气泡消掉！

9 放入花嘴约1cm的挤花袋里。

10 在烤焙纸画线的地方，平均挤出10～12个小面糊。

▸ 如果烤盘不够大，可以烤两次。

11 分两次均匀撒上糖粉。

▸ 撒第一次糖粉会很快被吸收，稍等一下再撒第二次，糖粉就会留在上面，但不要太多哦，会变太甜！

12 放入预热至130℃的烤箱，烤30～45分钟。烤至表面出现烤色后拿出来冷却。

▸ 根据烤箱状况自行调整时间与温度哦！

▸ 刚烤好时摸起来是软的，冷却后会变脆。不过外面脆、里面有点松软的口感也不错！

13 开始做巧克力卡仕达酱。与普通卡仕达酱的做法一样，先将牛奶加热，同时将蛋黄加入砂糖里，搅拌至乳霜状。

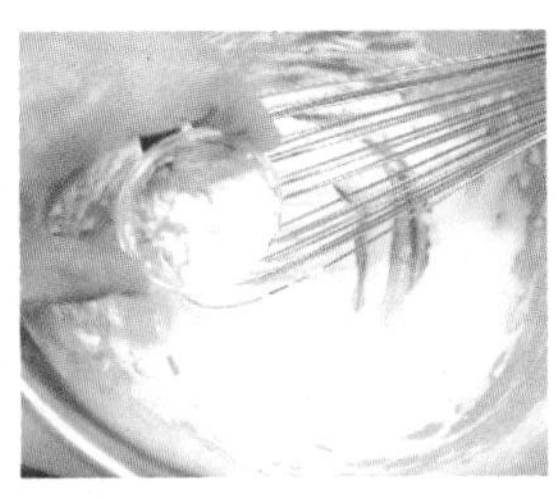

14 加入玉米粉拌匀。

15 待牛奶锅子旁边冒泡时就可以熄火。倒入打发好的蛋黄里，搅拌均匀。

16 倒回加热牛奶的锅子里，用中火加热。

17 搅拌至变浓稠。

- 加入淀粉类后容易糊锅，因此要不停搅拌，尤其是角落。

18 待卡仕达酱浓稠后熄火，放入切成小粒的巧克力或巧克力豆，搅拌至完全溶化。

- 温度太高巧克力会分离，一定要熄火哦！
- 如果巧克力太大块，没有完全溶化，再开小火搅拌至完全溶化。

19 为了增加香味，我加入了一点朗姆酒！

- 加入白兰地也不错，不加当然也可以！^^;

20 放入钢盆中，隔冰水冷却。

- 看一下蛋白饼有没有冷却。
- 这种酱不仅可以搭配蛋白饼，也可以挤在塔里！^^b

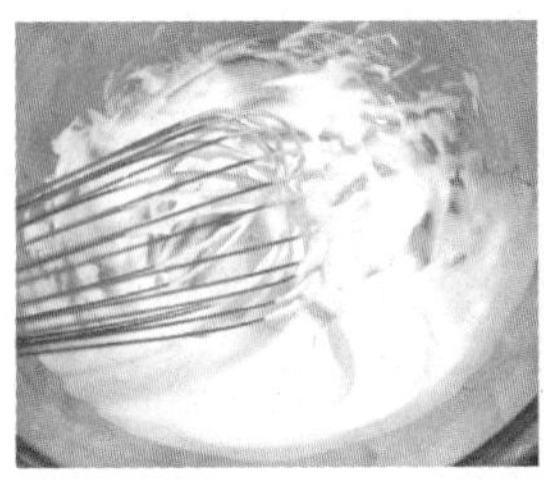

21 在另一个钢盆里打发鲜奶油，加入砂糖后打到九分发。

22 在冷却的巧克力酱里加入打发好的鲜奶油搅拌均匀，装入挤花袋。

- 如果巧克力酱还没冷却就放入打发好的鲜奶油，会溶化成油状，要注意哦！

23 这次我用了星形挤花嘴，将酱挤在饼干上。

24 放上另一片饼干。

- 如果怕内馅溶化，可先放入冰箱凝固一下再拿出来吃哦！

分量 12 个（8cm×4cm×1.5cm烤模）

香喷喷金块饼费南雪

费南雪（Financier）这种饼干之前我没有接触过，这种小小的点心我最常吃是玛德琳（Madeleine），只知道用这种特别烤模制作出来的点心形状很像金块（Gold bar）。Financier是法文，意思是“金融、资本、资本家”之类。很久以前这种点心是法国证券公司附近的烘焙店卖给附近上班族的，因此而得名。加上他们行业的关系，厨师们特意选了这种特别的形状。但即使这样，我还是不清楚费南雪和玛德琳除了形状不同之外，到底有哪些地方不一样。呃……让我来研究一下，费南雪是蛋白与杏仁粉一起烘烤的，可以享受到蛋白酥松的口感与杏仁的风味，另外，还用到了金黄黄油（Beurre noisette）！我个人很喜欢黄油的味道，加进去的时候实在太兴奋了！现在我们一起看看怎么做这个很好吃的“金块”吧！♪

材料
Ingredients

低筋面粉 Cake flour……50g
杏仁粉 Almond powder……60g
黄油（无盐）Butter……140g
蛋白 Egg whites……4个份
砂糖 Sugar……110g
蜂蜜 Honey……10g

1 这就是做费南雪时所用的烤模。先涂上黄油。

▸ 如果没有这种烤模，也可以用其他小烤模哦！

2 撒上面粉，并抖掉多余的部分。

3 将低筋面粉和杏仁粉混合后过筛。

▸ 由于杏仁粉比较粗，要用粗一点的网筛过筛哦！

4 过筛后，用打蛋器混合均匀。

5 这种点心最特别之处就是黄油的处理。将黄油放入锅子里，开火加热。

6 黄油全部溶化了。

7 看到很多泡泡时，请保持耐心！等到泡泡消失，黄油变色时熄火。

8 利用余热将黄油变成金黄色，待香味出来后，隔着凉水冷却。

▸ 这种点心的特色就在这里，一定要加热到这个颜色，味道才完美！

▸ 这种黄油法文叫Beurre noisette，再加入一点酱油就变成很好吃的酱！淋在煎过的白身鱼上，再挤一点柠檬汁，就会非常可口！

9 将蛋白稍微搅拌一下。

▸ 不要打发，因为这种点心不需要太膨胀，只需要利用蛋白，让点心有松软的口感。

10 加入砂糖。

11 加入蜂蜜。

12 混合均匀后，再加入过筛的杏仁粉与低筋面粉。

13 用刮刀搅拌，刚开始不容易混合。

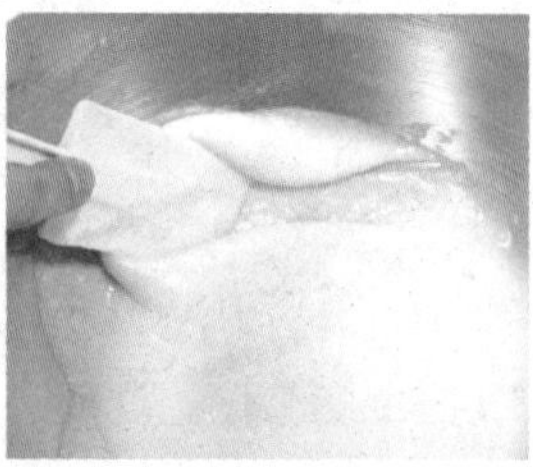

14 搅拌均匀后会变成稠稠的样子，但还是会有一些结块，用刮刀按压式搅拌。

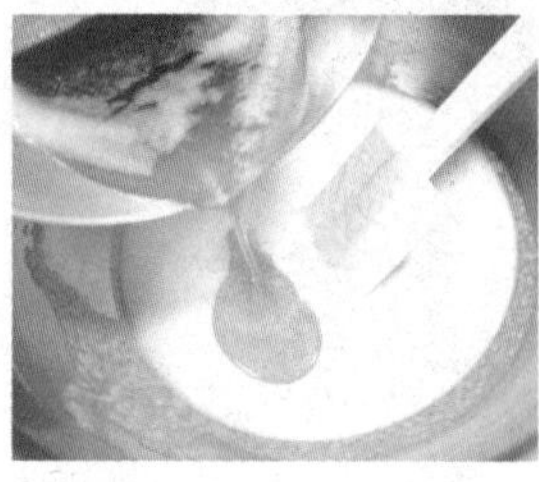

15 加入冷却的黄油！

16 杏仁与黄油的味道已经散发出来了！用刮刀混合均匀。

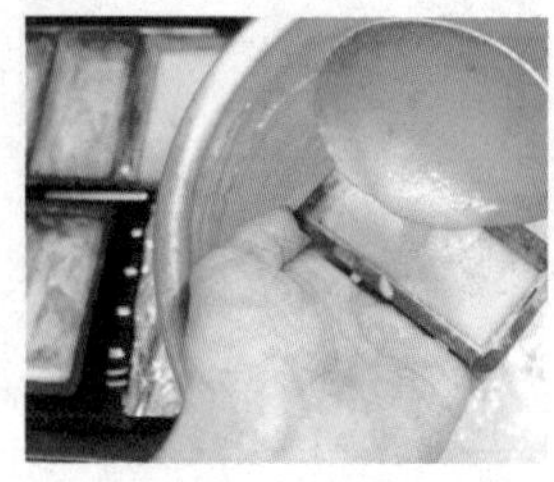

17 用汤匙舀入烤模里。

▸ 如果室温很低，黄油会很快凝固，如果不好倒，可以装入挤花袋挤出来。

18 由于我的费南雪烤模只有10个，所以用了一些不同形状的烤模。同样涂抹黄油并撒粉后，舀入做法16的杏仁黄油焦糖面糊。

19 放入预热至180℃的烤箱，烤15~18分钟，由于烤模很小又很浅，很容易熟。

▸ 烤6~8分钟时，把烤盘转过来继续烤，防止前后烤色不一致！

20 烤好后取出烤模，放在铁架上冷却。

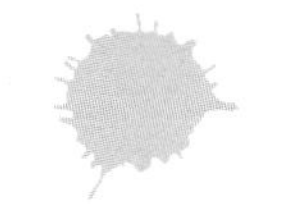

Langue de chat with White Chocolate

像兔子的爱心饼干——白巧克力馅抹茶猫舌饼

份量

18-20个

材料 Ingredients

低筋面粉 Cake flour……60g
抹茶粉 Green tea powder……2小匙
黄油（无盐） Butter……60g
糖粉 Icing sugar……30g
蛋白 Egg whites……2个份
砂糖 Sugar……30g
白巧克力 White chocolate……30g
抹茶粉 Green tea powder……1/4小匙
黑巧克力 Chocolate……20g
白巧克力 White chocolate……20g

MASA's Talk

这种饼干的法文名字叫langue de cha，langue是舌头，cha是猫的意思，台湾也有类似的点心，是的！没错！就像牛舌饼一样，饼干长得很像舌头，可能因为比较小，所以用了“猫”吧！但我这里介绍的饼干形状不是舌头形，而是爱心形，不是用烤模压出来，而是面糊加热后自行散开的效果。结果有的饼干看起来像兔子头，（*¯▽¯*）哈哈！还是一样可爱啦！这款饼干由于加入了打发过的蛋白，口感非常松软！烤好的黄油与抹茶的香味很对味，中间的白巧克力增加了浓郁香味。那么我们一起看看这个名字非常奇怪但味道非常绝妙的饼干吧！♪

1 将低筋面粉过筛到钢盆中。

2 将抹茶粉过筛到钢盆中。

▸ 不加抹茶粉或换成可可粉也不错！其他材料的分量都一样哦！

3 将粉类混合均匀。

4 另一个钢盆里放入黄油，放置在室温下让它变软后，用打蛋器搅拌成乳霜状。

▸ 让黄油与空气充分混合，才会有酥松的口感。

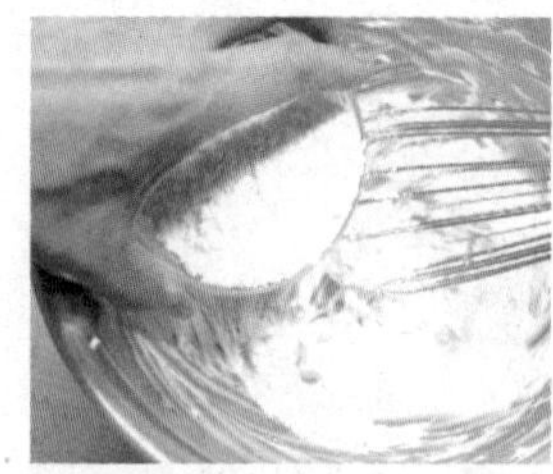

5 加入糖粉，搅拌均匀。

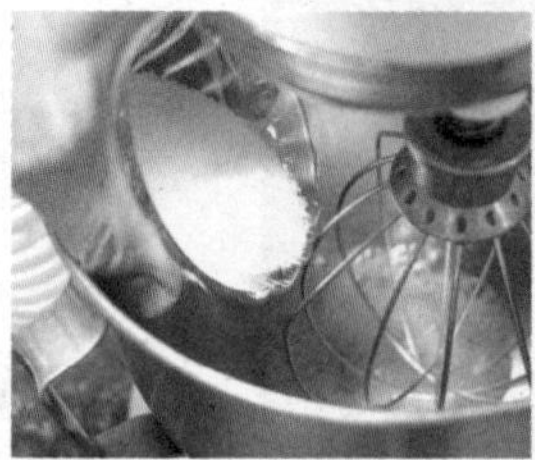

6 将蛋白用电动搅拌器打发，分2或3次加入砂糖。

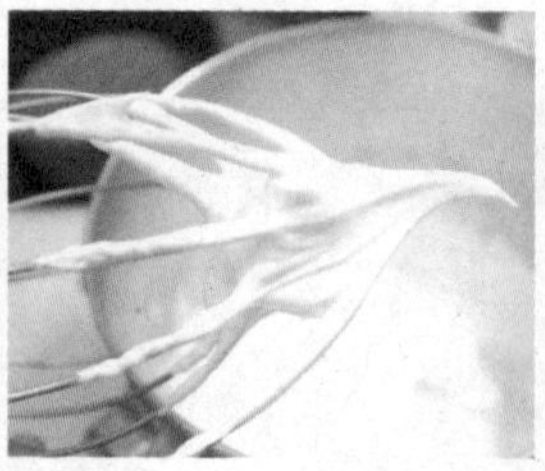

7 打发到大概像图片这样可以立起来的硬度就好了。

8 先将少量蛋白加入到做法5里。

9 大概混合后，再将蛋白分2或3次加入。

10 加入粉类。先加入1/2，用刮刀拌匀。

11 将剩余粉类加入。

12 搅拌至没有干粉的程度即可。

▸ 不要过度搅拌哦！不然会让蛋白霜消泡！

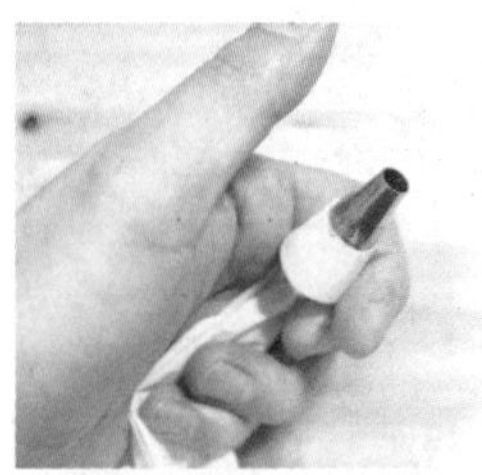

13 这次我选择口径约1cm的挤花嘴。

▸ 可以选更大或更小的挤花嘴，根据自己想挤出的形状与大小决定。

14 将面糊装入挤花袋里。

15 烤盘上铺烘焙纸。这次我要做爱心饼干，所以挤出来两条线形成"V"字形。

▸ 椭圆形的才叫猫舌头，但自己制作时可以选择自己喜欢的形状。

16 放入预热至170℃的烤箱中。

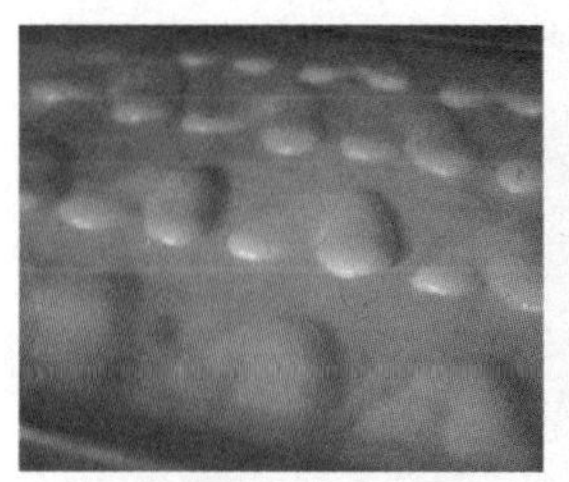

17 我很少挤出这样的面糊，有一点担心成品的形状，结果还不错，烤8~10分钟，看到旁边变成咖啡色时就差不多了！

▸ 这种饼干很薄，不小心很容易烤过头。

18 烤好了！取出放在铁架上冷却。嗯！看起来有一些像爱心，有一些好像兔子头。

19 这种饼干直接吃已经很好吃了，但我决定做些抹茶口味的巧克力放在中间。在白巧克力里放入一点抹茶粉，用打蛋器搅拌均匀。

20 用汤匙涂抹在饼干背面。

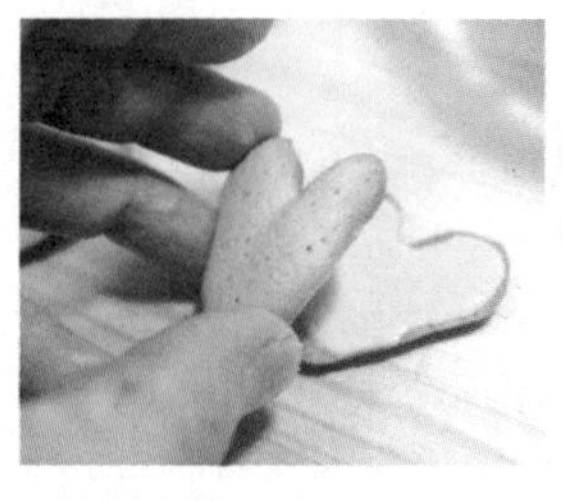

21 找出形状差不多的两片饼干粘在一起。

22 另外准备黑、白巧克力，装入烘焙纸做成的挤花袋里。

▸ 烘焙纸制作挤花袋与巧克力处理的方式参考P.30。

23 将粘好的饼干摆在烘焙纸上，上面挤出巧克力装饰。♪

Tri-colored Churros

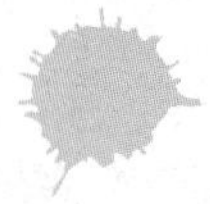

三色 迷你意式炸饼

分量

15-20个

材料 Ingredients

低筋面粉 Cake flour……60g
鸡蛋 Eggs……2或3个
黄油（无盐）Butter……40g
水 Water……100mL
盐 Salt……1g
砂糖 Sugar……2g

［ 蘸粉 ］

砂糖 Sugar……20g
肉桂粉 Cinnamon……1小匙
黄豆粉 Soy bean powder……20g
糖粉 Icing sugar……1大匙
黑芝麻粉 Black sesame powder……20g
砂糖 Sugar……1大匙

第一次吃到这种点心是在电影院里面。样子很特别，从外观完全猜不到口感。一开始我以为是糖果之类，结果看到表面有很多肉桂糖（Cinnamon sugar）。我很喜欢这种口味，买了一个马上咬一口，外面是脆脆的，吃起来很像甜甜圈，里面的口感比较轻，像这种长度很适合看电影的时候吃，不用像吃爆米花那样要一直抓，是一种很方便的点心！但味道有点重，虽然我喜欢肉桂的味道，但这么长的饼干吃到最后有点腻。这次我介绍的意式炸饼（Churros）是比较可爱的那种，除了与肉桂糖搭配，与黄豆粉搭配也很好吃，当然搭配黑芝麻也很香，可以根据自己的口味调配蘸粉。随时享受综合口味的意式饼干吧！

1 将低筋面粉过筛。

▸ 如果喜欢吃口感劲道的炸饼，可以用一半低筋面粉一半高筋面粉代替！

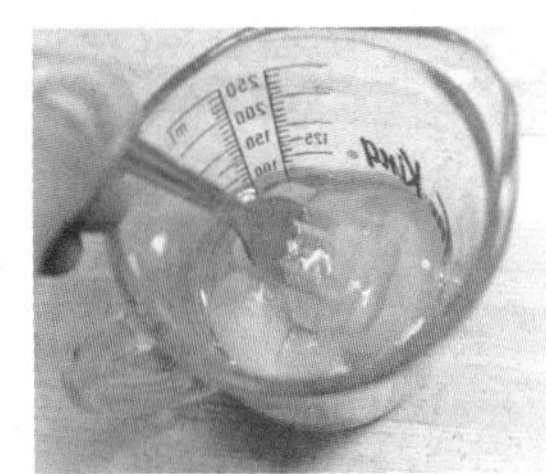

2 将鸡蛋打散。

▸ 蛋液加入面团里面时要分次加入。

3 锅里放入黄油、水、盐和砂糖，开中火，让黄油溶化。

▸ 加热至90℃左右就好了。

4 黄油溶化后熄火，放入过筛的面粉。

5 用木匙搅拌。

▸ 要有耐心哦！

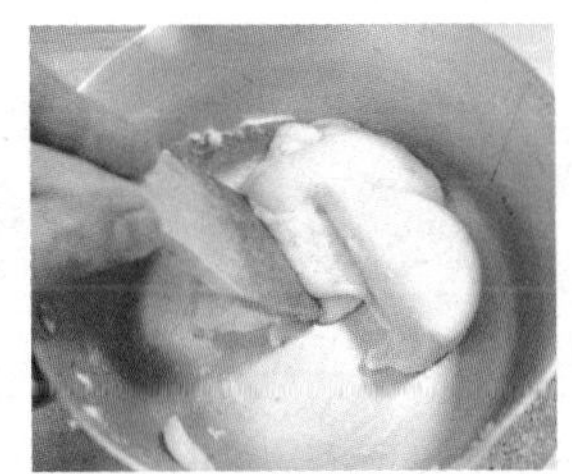

6 拌匀后，表面变光滑。

7 开中火继续搅拌，面糊温度稍微升高后熄火。

8 分次加入蛋液。每次加入后，观察混合的状态，如果太硬，继续加入蛋液调整到适中的浓度。

▸ 蛋液不要全部加入哦！参考分量约100g。

9 加入鸡蛋后搅拌成图片这样的稠度就可以了，用汤匙捞起，面糊成倒三角形滴落。

▸ 这种做法与做泡芙差不多，如果有做泡芙剩余的面糊，也可以这样子用掉！

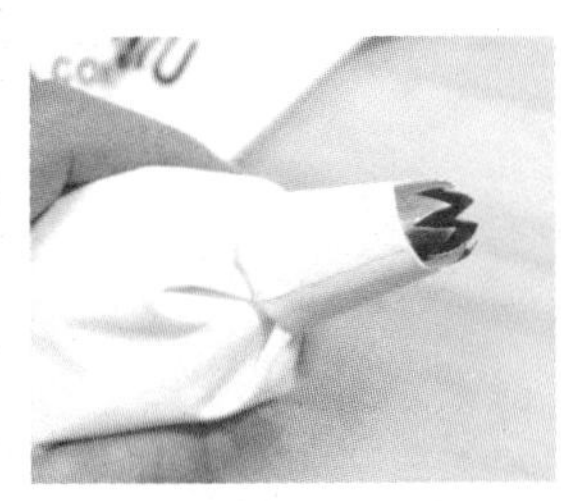

10 开始挤花了！选择星形尖口的挤花嘴。

▸ 由于炸制的时候面糊会膨胀，如果纹路太细，炸完后不会那么明显，所以要用粗一点的星形挤花嘴！

11 炸油的温度差不多到160℃时，在油锅里轻轻把面糊挤出喜欢的长度后，用剪刀剪下来！

12 一次不要挤太多哦！面糊太多，会降低油温，需要炸很久，最后变得油油的。

13 翻面，两面都炸成金黄色。

▸时间不一定，要看颜色的状况，尽量将油温保持在160℃！

14 也可以在烘焙纸上挤出不同的形状。

15 用锅铲托着，连同烘焙纸一起放进油里。

▸加热时烘焙纸自己会掉下来。

16 圆圈形也不错！

17 看起来很像甜甜圈呢！♪

18 炸好的饼干需要先放在纸巾上吸油哦！

19 准备蘸粉！原味的意式炸饼有肉桂糖。因此我这次也在砂糖里加入了肉桂粉。

20 另外准备一些黑芝麻加砂糖的蘸粉。

21 黄豆粉加糖粉。

▸黄豆粉分生的和熟的，如果买到的是生的，需要干炒或放入烤箱先烤一下哦！

22 准备好的意式炸饼有各式各样的形状，要做成什么口味都是自由的！太有趣了！^^

▸蘸粉的口味可以自己调，花生粉也很好！或者从中间切开，填上打发的鲜奶油当做馅料也不错哦！

White Sesame Favored Tofu & Whole Wheat Cookies

分量 30 个

白芝麻风味豆腐全麦饼干

MASA's Talk

我来介绍一种对身体很健康的点心！平常制作饼干的时候，都是通过调整黄油和面粉的比例来调整口感，其实将一部分黄油换成豆腐也是一种方法，而且热量也不会像一般饼干那么高。面粉全部使用全麦面粉（Whole wheat），为了增添风味，我还加入了白芝麻。虽然用了比较少量的糖，但因为有全麦面粉与白芝麻，越嚼越有味儿，非常有满足感！即使多吃也不会有罪恶感。来！一起享受自然健康的点心吧！^^

材料
Ingredients

老豆腐 Firm tofu……200g
全麦面粉 Whole wheat……200g
泡打粉 Baking powder……1.5小匙
黄油（无盐）Butter……50g
砂糖 Sugar……40g
白芝麻 White sesame……1大匙
盐 Salt……适量

1 这次我用了老豆腐。放在有深度的盘子里，上面放有重量的东西约30分钟，将豆腐里的水挤出来。另外将黄油放置室温下，使其变软。

2 这是我个人很喜欢的全麦面粉，可以享受麦粒本身的味道。用网筛过筛。

▸ 由于它的粉粒较大，要用粗一点的网筛。

3 加入泡打粉，增加松软的口感。

▸ 如果不想要松软的口感，不加泡打粉也可以。

4 用打蛋器混合均匀。

5 在另一个钢盆中放入黄油，等黄油变软后，用打蛋器搅拌成乳霜状，然后加入砂糖搅拌均匀。

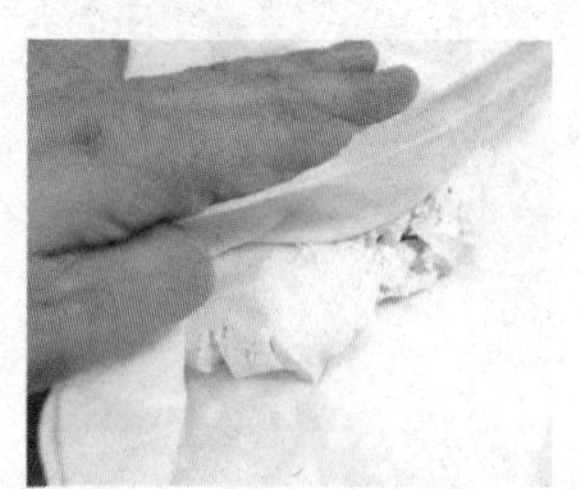

6 将脱过水的老豆腐用纸巾包裹，吸收水分，然后将其压碎。

7 将压碎的豆腐放入黄油里，将豆腐搅拌碎，与黄油充分混合。

8 加入白芝麻和盐。

9 将做法4过筛好的粉类加入。

10 用刮刀混合黄油和粉类。

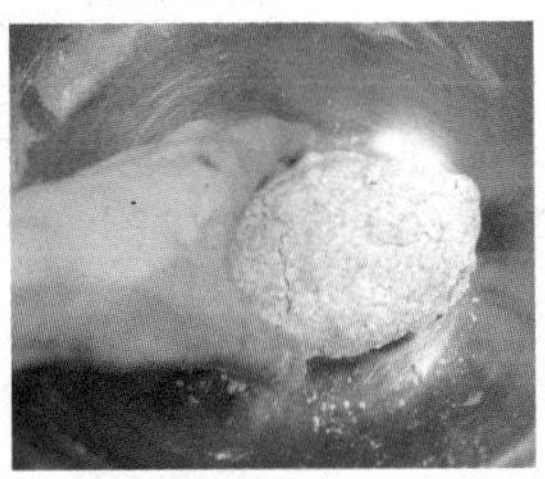

11 混合均匀后用手揉在一起。

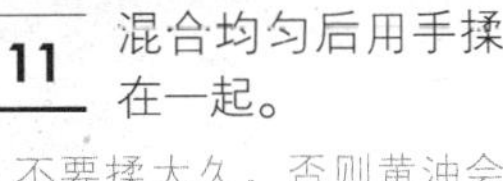

▸ 不要揉太久，否则黄油会溶化。

12 放在保鲜膜上。可以分成两块，比较好定形。

13 用保鲜膜像包糖果那样，将面团包成长圆柱形后放入冰箱约1小时，使其凝固。

14 取出后，切成0.2cm左右的圆片。

15 烤盘上铺一张烘焙纸，将切好的饼干摆好。放入预热至150℃的烤箱，烤18~20分钟。烤好后取出，置于铁架上放凉。

Happy Bear Cookies

要有耐心
慢慢做的
乐乐熊饼干

分量

16-18
片

材料
Ingredients

黄油（无盐） Butter……120g
砂糖 Sugar……80g
盐 Salt……适量
蛋黄 Egg yolks……2个

［脸］

低筋面粉 Cake flour……160g
杏仁粉 Almond powder……20g
可可粉 Coco powder……1.5小匙

［嘴巴、耳朵、眼睛］

低筋面粉 Cake flour……40g
杏仁粉 Almond powder……10g

［装饰、接合用］

蛋白 Egg white……适量
可可粉 Coco powder……适量

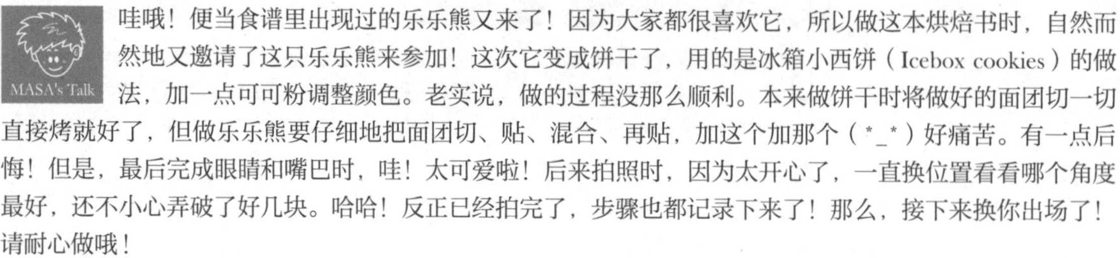

MASA's Talk

哇哦！便当食谱里出现过的乐乐熊又来了！因为大家都很喜欢它，所以做这本烘焙书时，自然而然地又邀请了这只乐乐熊来参加！这次它变成饼干了，用的是冰箱小西饼（Icebox cookies）的做法，加一点可可粉调整颜色。老实说，做的过程没那么顺利。本来做饼干时将做好的面团切一切直接烤就好了，但做乐乐熊要仔细地把面团切、贴、混合、再贴，加这个加那个（*_*）好痛苦。有一点后悔！但是，最后完成眼睛和嘴巴时，哇！太可爱啦！后来拍照时，因为太开心了，一直换位置看看哪个角度最好，还不小心弄破了好几块。哈哈！反正已经拍完了，步骤也都记录下来了！那么，接下来换你出场了！请耐心做哦！

1 将黄油置于室温，使其变软。另外，将两组低筋面粉和杏仁粉分别过筛后搅拌均匀。

2 粉类较多的那碗（脸）加入可可粉搅拌均匀。

3 两种颜色的粉准备好了。

4 将已经变软的黄油搅拌到乳霜状后，加入砂糖和盐搅拌均匀。

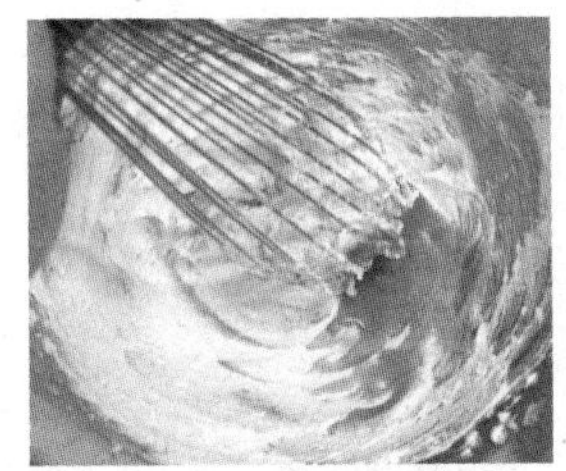

5 放入蛋黄。

6 取大约50g放到另外一个钢盆里。

7 将分量较少的那碗粉（嘴巴、耳朵、眼睛）加入。

8 用刮刀混合均匀。

9 用保鲜膜包起来，放入冰箱使其凝固。

10 将做法6剩下的部分加入另外一个钢盆的面粉中（脸），用刮刀混合均匀。

11 将面团分成两份，一份2/3大、一份1/3大，分别用两张保鲜膜包裹起来。

12 都捏成长圆柱状。

▸ 2/3是脸的部位，1/3是耳朵。

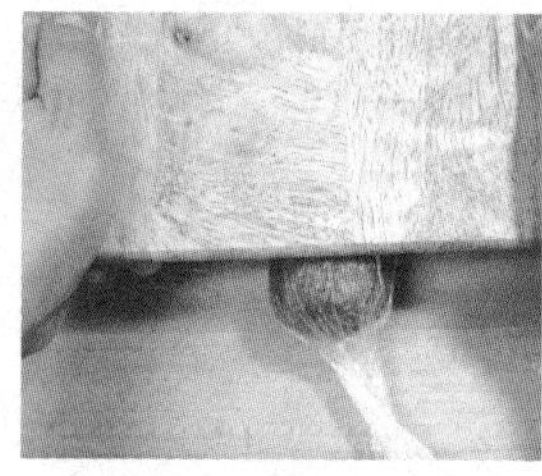

13 如果形状不好做，可以用平的板子放在面团上面滚一滚，再将两端捏好。成形后，放入冰箱使其凝固。

- 这种需要很多面团组合的饼干不要做得太赶，要让面团充分凝固，不然最后变得粘粘油油的！

14 凝固后，将小的可可面团对切成半。在切面上涂一点蛋白。

- 蛋白有很强的粘黏性。

15 贴在可可面团的侧面。

- 耳朵的位置很重要哦！两个不要太靠近，否则看起来会比较像兔子。
- 涂蛋白之前，先确认一下位置！
- 如果面团变软，要放回冰箱里使其凝固哦！

16 切成0.2～0.3cm的薄片，哈哈！看到乐乐熊的脸部线条了！^^v 切好后摆在烤盘上。

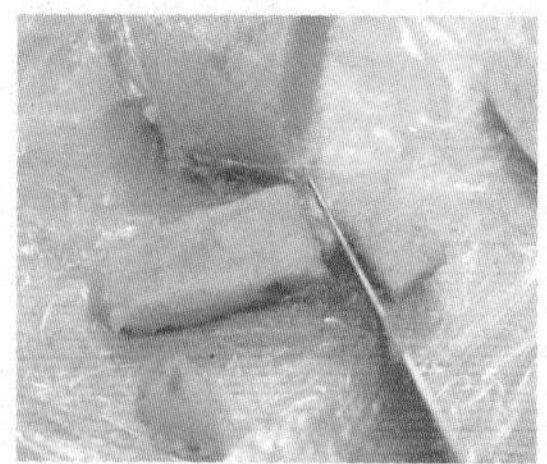

17 将冰箱里白色的面团拿出来，切成小块。

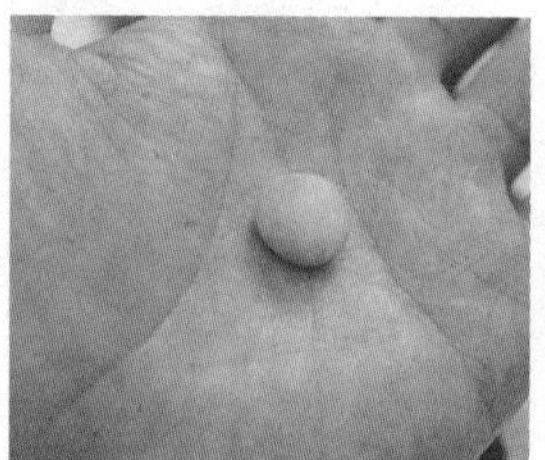

18 捏成小球，蘸一点蛋白。

19 贴在嘴巴的位置，再捏小一点的两粒贴在耳朵上。

20 全部贴好后，将剩下的面团加入可可粉再次混合均匀。

- 要注意看颜色哦！可可粉放太少，会使眼睛跟脸一样，颜色看不清楚，若加入太多，会让面团变得粉粉的，不好调整形状。

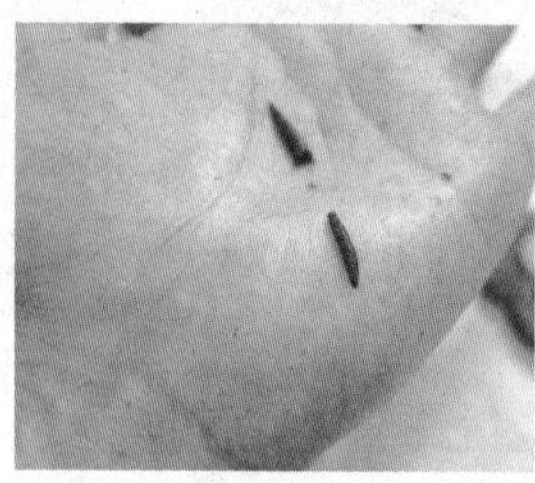

21 在手上搓3个极小的球和2条线。

- 这个动作要有耐心，坐下来慢慢做！（一_一;）

22 用蛋白粘在适当位置。

- 先在大概的位置涂抹蛋白，再粘上去。

23 终于做好了！放入预热至150℃的烤箱，烤10～12分钟。

24 超级可爱的乐乐熊烤好了！放在铁架上冷却。

分量 8-10 个

超酥脆玉米片饼干

已经吃腻了普通口感的饼干吗？我这儿有超酥脆的饼干！一般饼干若没有好好保存，很容易软掉。若自己很开心地烤了很多饼干，当天吃不完，等到隔天再拿出来吃时，发现已经没有那么脆，不好吃了，一定很失落吧！（T_T）我想和大家分享一种很有趣的饼干，这种饼干将酥脆的玉米片粘在面糊表面，口感非常酥脆，还可以吃到里面加入的胡桃，非常奇妙！虽然只是饼干，但用料非常丰富，是一道让人非常满足的甜品！搭配咖啡和红茶都非常适合。这种饼干蘸牛奶吃也很赞！孩子一定会喜欢。多做一点，直接装在托盘里，和朋友或家人来开一场下午茶会吧！全家一起享受超酥脆的饼干！

材料
Ingredients

黄油（无盐）Butter……80g
胡桃 Walnuts……50g
低筋面粉 Cake flour……120g
泡打粉 Baking powder……1/4小匙
砂糖 Sugar……70g
鸡蛋 Egg……1个
玉米脆片（原味）Cereal……80g

1 将黄油放在室温下变软。将胡桃切成小块。

▸ 胡桃大大小小的块儿，可以享受到不同的口感！

2 将胡桃放入不粘锅里，干炒出香味后放凉。

▸ 温度不要太高哦！

3 在低筋面粉里加入一点泡打粉，一起过筛。

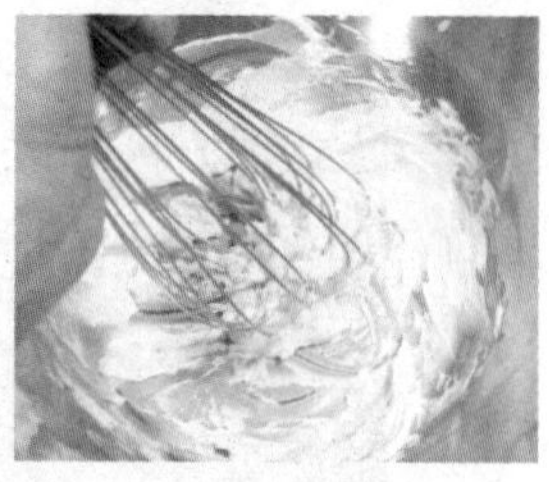

4 将变软的黄油搅拌成乳霜状。

5 放入砂糖搅拌均匀。

6 将鸡蛋打散。

▸ 整颗鸡蛋直接放入黄油里面很容易结块。

7 分次少量地倒入。

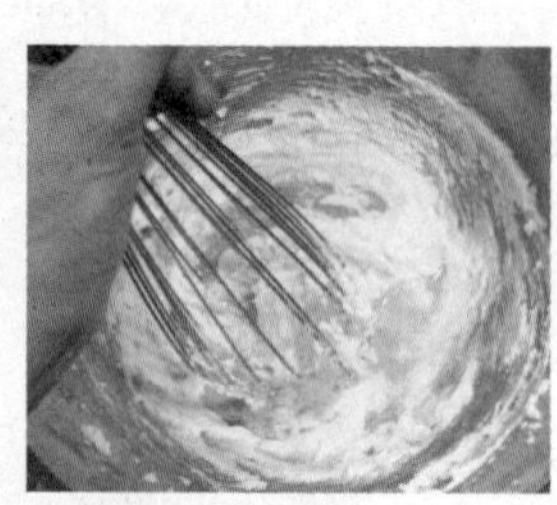

8 每次倒入都充分搅拌。

9 放入过筛后的粉类。

10 放入冷却后的胡桃。

▸ 要确认胡桃已经完全冷却，不然黄油容易溶化。

▸ 加入葡萄干也不错哦！

11 搅拌至材料混合均匀，有一点粘性也没关系。

12 用两支汤匙交互挖出一个大概的圆形面团。

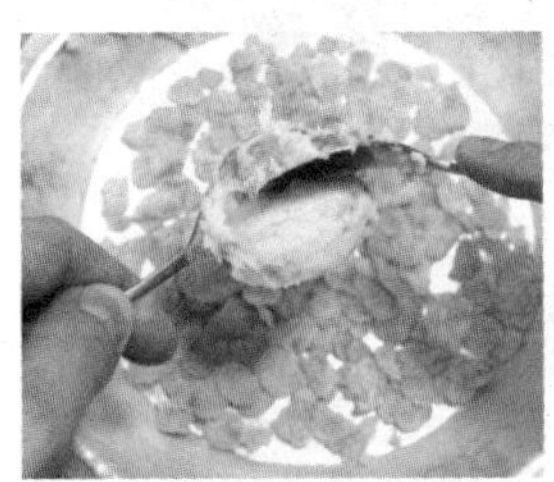

13 放在装玉米脆片的盘子上。

▸ 玉米片也可以换成全麦片！

14 让面糊均匀粘上玉米片，稍微压一下，让玉米片粘牢。

▸ 要让玉米片平贴在上面，因为尖出来的部分很容易烤焦！

15 放入预热至150℃的烤箱，烤20～25分钟。

16 烤好后放在铁架上冷却。

Cream Cheese Muffin with Blueberry Sauce

分量 6 个

蓝莓酱奶酪马芬

第一次吃到的马芬蛋糕就是蓝莓马芬（Blueberry muffin）。我记得在加拿大时经常看到它。聚会时，桌上会有一些免费的点心和饮料，各式各样的马芬是最常出现在这种场合的点心，其中最吸引人的就是这种蓝莓口味的！我不太喜欢吃干果类的点心，所以看到用新鲜蓝莓烤的点心时很开心！这种水果在日本和台湾都卖得很贵，而且也很少看到，只有在产季很短的时间才会出现在超市里。这次介绍的马芬很特别，加入奶酪后味道很浓郁，与蓝莓微酸的味道搭配在一起非常适合，口感也不会腻！一起来享受这款非常珍贵、限量版的水果点心吧！

材料 Ingredients

低筋面粉 Cake flour……250g
泡打粉 Baking powder……2小匙
黄油（无盐）Butter……75g
奶酪 Cream cheese……125g
蓝莓 Blueberries……适量
砂糖 Sugar……120g
鸡蛋 Eggs……2个
牛奶 Milk……100mL
蓝莓酱 Blueberry sauce ……2或3大匙

[蓝莓酱]

蓝莓 Blueberries……500g
砂糖 Sugar……80g
柠檬汁 Lemon juice……80mL

1 制作蓝莓酱。将蓝莓放入锅子里，加入砂糖和柠檬汁后，开中火，煮到水分出来。

▸ 每种蓝莓的甜度不同，因此砂糖与柠檬汁的分量可以自己调整。

2 一开始感觉很干，加热后，水分就会出来，不用煮太久，6~8分钟就好了！

▸ 用其他的冷冻莓类也可以哦！如果能买到新鲜的最好，做法一样！

3 蓝莓煮好了！用电动搅拌器搅打成泥，倒在钢盆里冷却。

▸ 这次用了500g做蓝莓酱。一次可以煮多一点，冷冻起来保存哦！

▸ 用果汁机打也可以，不用打太细，块状的颗粒可以享受果肉的口感。

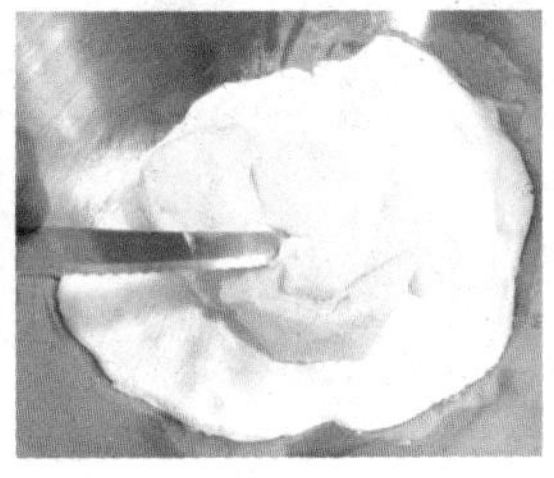

4 将黄油和奶酪放在钢盆里，置于室温下，让其变软。如果使用时还很硬，可以像图片一样，下面铺奶酪，上面放黄油，隔温水加热。

▸ 隔温水加热时要注意，不要让上面的黄油溶化。

5 将低筋面粉过筛。

6 加入泡打粉后搅拌均匀。

7 将鸡蛋打散。

▸ 蛋液要分次倒入，因此我用了方便倒出的尖嘴量杯。

8 将变软的奶酪与黄油用打蛋器搅拌成乳霜状。

9 加入砂糖搅拌均匀。

10 将蛋液分次少量加入，每次加入都搅拌均匀。

▸ 一次倒入太多蛋液，会使黄油和奶酪结块哦！

11 放入粉类和牛奶。两种材料交互加入，搅拌均匀。

13 倒入牛奶混合均匀后，再放入剩下的粉类混合均匀。

14 放入蓝莓酱。

15 如果有新鲜的蓝莓，一起放进去。

▸ 冷冻的也可以哦！

16 搅拌，让材料大致混合就可以了，可以看到漂亮的纹路！

17 这次我用的是一次性纸模，用汤匙将材料放入约八分满。

▸ 烧烤后会膨胀，所以要留出一点空间哦！

▸ 可以用铁的马芬烤模。

18 放在烤盘上，再放入预热至180℃的烤箱，烤25~28分钟。

▸ 将竹签插进去，如果有粘粘的面糊留在竹签上，继续烤！

19 烤好后取出，放在铁架上冷却。可以直接吃或搭配黄油、蓝莓酱、马斯卡朋奶酪（Mascarpone）等。♪

MASA的点心教室2

认识饼干

传说，一艘英国船只航行到法国附近的比斯开湾时，遇到狂风暴雨，不幸触礁搁浅。船员们急忙逃生，来到一个无人小岛躲避，等狂风暴雨过后，船员们再度回到船上，发现船上储存的所有面粉、黄油、糖等食物全部被海水和雨水打湿，船员们只好把这些东西全部装进袋子里带回岛上，把这些东西混合在一起，揉成一个个小面团，用火烘烤后食用，出乎意料的是，这些混合后的小面团烤完后变得非常美味可口。船员们回到英国后，精明能干的商人照此办法做出类似的小饼出售，这就是后来大家所熟悉的饼干的鼻祖了。

饼干的主要材料是面粉、鸡蛋、黄油和糖。它的形状多种多样，口感也是多样化，由于其易保存和易携带的特性，是古代军队行军或乘船时的主要食物。饼干可分为以下几类：

- **硬质类饼干**：脂肪含量少，含水量少，口感较硬。

  比司吉（Biscuit）：P.72巧克力＆坚果香酒比司吉。

  小西饼（Cookies）：P.87巧克力卡仕达酱杏仁蛋白饼、P.93白巧克力馅抹茶猫舌饼、P.99白芝麻风味豆腐全麦饼干、P.102乐乐熊饼干、P.105超酥脆玉米片饼干。

  司康（Scone）：P.66抹茶司康、P.75英式饼干、P.108蓝莓酱奶酪马芬。

- **柔韧类饼干**：含糖量和含水量多，口感柔韧。

  可丽饼（Galette）：P.81草莓蛋糕抹茶可丽饼卷、P.84抹茶咸可丽饼杯佐当季水果。

- **其他**：P.69快速奶酪酥皮棒、P.78咖啡糖衣黑巧克力与坚果布朗尼、P.90费南雪、P.96三色迷你意式炸饼。

Part **3**

Let's have a happy sweet time

Senbei, Daifuku, Mochi and Snack

优雅香甜的和果子

Black Sesame & Red Bean Rice Crape
Sesame & Dried Shrimp Senbei
Easy Baked Mochi with Brown Sugar Syrup
Two-colored Strawberry Daifuku
Homemade Dora-Yaki with Red Bean & Almond Chocolate Filling
Healthy Potato Cake with Mitarashi Sauce
Super Crunchy Brown Sugar Snack
Tri-colored Sweet Rice Snack
Odawara or Nagoya Style Rice Cake
Sweet Potato Steamed Buns
Sakura Mochi & Green Tea Mochi
Sweet Potato Kin-tsuba

Black Sesame
& Red Bean Rice Crape

黑芝麻
& 红豆馅
薄饼

分量

6
个

材料
Ingredients

低筋面粉 Cake flour……50g
黄豆粉 Soy beans powder……适量
糯米粉 Glutinous rice flour……15g
砂糖 Sugar……10g
水 Water……120mL
红豆馅 Red beans paste……100g
▸ 做法参考P.116。
黑芝麻粉 Black sesame powder……35g
黑芝麻 Black sesame……适量
蜂蜜 Honey……10g

这款点心原本是关东风味樱饼的做法，薄饼皮的口感很好，软软的，有一点弹性，不仅可以用来做樱饼，也可以制作其他甜点！我本来没那么喜欢吃红豆馅，但因为很多朋友喜欢，所以开始研究并调整做法，结果现在也经常吃红豆馅了。这次我又调整了配方，加入了黑芝麻粉，变成香喷喷的馅料，因为皮很薄，红豆馅的味道也不会太重，结果不小心我又吃了很多片！除了原味以外，我这次还做了一款蘸黄豆粉的，味道也很香！由于这种甜点不容易坏掉，可以装在漂亮的饼干盒中作为伴手礼，或者放在便当盒里作为餐后点心，搭配苦一点的茶一起吃，就可以享受幸福的便当时刻哦！

1 将粉类过筛，加入砂糖混合均匀。

2 加入水，用打蛋器混合均匀。

3 在平底不粘锅表面涂一点色拉油，开小火，倒入一点面糊，用汤匙底将面糊均匀摊开，变成很薄的圆形。

▸ 越薄凝固越快，摊成自己喜欢的大小，就把汤匙拿开。

4 趁皮还没有熟之前，在中间撒上黑芝麻。

▸ 动作要快一点哦！若皮干掉，黑芝麻就粘不住了。

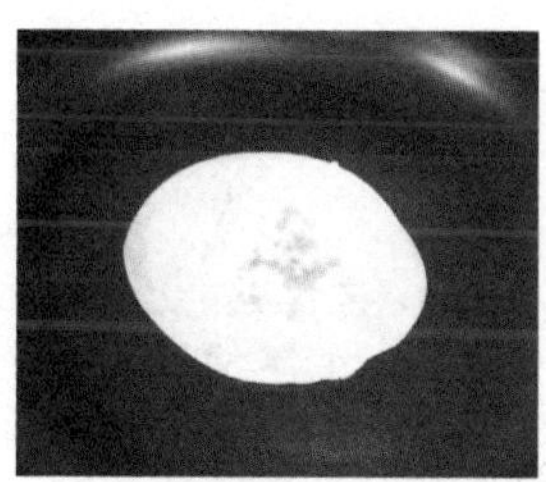

5 翻面后另外一面不需要煎太久就熟了。

▸ 煎太久容易干掉，而且折起来时容易裂开。

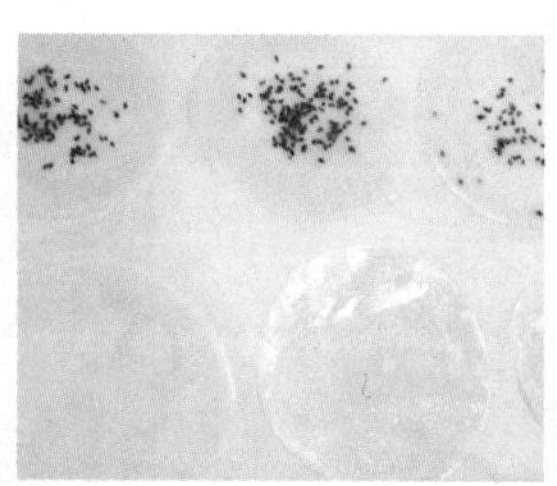

6 煎好后直接放在烘焙纸上冷却。我还煎了一些不加黑芝麻的。

▸ 煎好的皮有一点像麻薯，容易黏住，要注意哦！

7 在红豆馅里放入黑芝麻粉。

▸ 黑芝麻粉的分量可以自己调整！

8 加入蜂蜜或黑糖蜜搅拌均匀。

▸ 加上另外一种甜味，会让红豆馅更香。

9 将红豆馅捏成方形，放在煎好的皮中间。

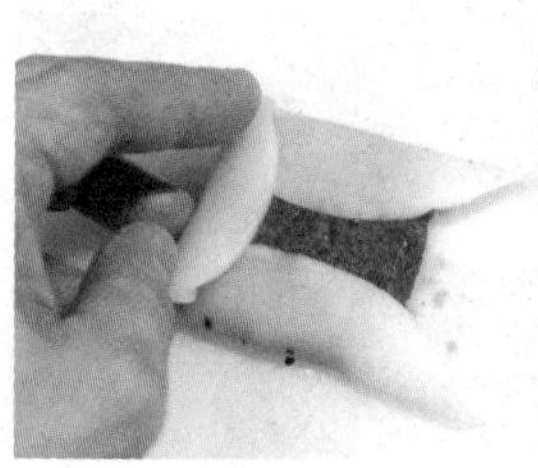

10 将旁边折起来，稍微按压让它粘住。

11 这是原味的。

12 另外一种没放黑芝麻，只撒了黄豆粉。

▸ 请注意！超市卖的黄豆粉有生的和熟的两种，如果买的是生的黄豆粉，先用平底锅干炒到有一点金黄色再用哦！

如何制作红豆馅?

红豆馅是和果子的基本馅料，外面可以买到现成的，但比较甜。由于红豆馅的做法很简单，还可以自己调整甜味，所以有空可以自己做。可以改变“和果子＝很甜”的这个印象!

1 我买了普通的红豆。

分量 Quantity	600g

材料 Ingredients

红豆 Red beans……200g

冰糖 Crystal sugar……100g

▸比例为2：1，也可以根据自己口味调整甜度。

2 将红豆放进锅子里，加入大量的水（至少1500mL）。

▸红豆会吸收大量水分，因此水量一定要充足!

3 用大火煮。

▸这种做法的红豆不用事先浸泡。

4 煮20～30分钟，红豆已吸收很多水，捞出来看一下有没有全部变软。

5 全部变软后，放入网筛中，沥除水分。

▸这个步骤是为了去除红豆的涩味。

6 大概沥干后，再放回锅子里，加入水（约1000mL），用大火继续煮。

7 红豆皮开始破开，将火关小，继续煮到全部破开。

8 熄火，将锅子放在水龙头下，慢慢冲水，直至水变透明。

▸ 这个程度是为了去除红豆中的杂物。

9 把红豆放进网筛中，沥掉水分。

10 再把红豆放回锅子里，加入冰糖。

▸ 这次不用加水，因为它已经吸收了很多水分。

11 用木头汤匙拌一下，用中火开始煮。图片为刚开始很干的样子。（・_・;）

12 Don't worry（别担心）！红豆的水分一下子都出来了！好神奇！

13 继续搅拌，让水分蒸发。

14 如果你喜欢红豆泥，可以用食物料理机或果汁机打成泥。

▸ 传统做法是用纱布过滤，但需要花很长时间，也比较麻烦。（一_一;）

15 将处理好的红豆铺在盘子上，待冷却。

16 冷却后装入密封袋里，放入冰箱冷冻。

* ▶ 这是煮红豆馅的其中一种方法，还有很多不同的做法。有人会先用水浸泡后再煮。不过第一次煮的水要倒掉哦！可去除涩味。有空可以多做一点，冷冻保存很方便！^O^）/

Sesame & Dried Shrimp Senbei

分量 各20片

芝麻&虾米特脆仙贝

男女老少都喜欢仙贝，我小时候也经常吃，大概是妈妈们都觉得这种点心比较适合小孩子吃吧！我最喜欢的是芝麻硬烧仙贝（日本仙贝的一种），芳香的芝麻与酥脆的口感，很适合搭配绿茶食用。我这次介绍的是一种炸仙贝，因为用烤或煎的方法，需要持续加热，并要不断翻面，在家里做有点麻烦。用炸的方法，也可以享受很好吃的仙贝，因为炸制过程较快，而且面糊本身也比较不容易吸油，虽然是炸过的，但不会很油腻，口感和烤的一样酥脆。我特地做了芝麻和虾米两种口味，尤其是虾米，加热后可以闻到很香的海鲜味，再加入一点七味粉，就变成微辣的成人口味点心，搭配下午茶，或当做下酒菜都很不错。

材料 Ingredients

[芝麻口味]

低筋面粉 Cake flour……50g
高筋面粉 Bread flour……25g
泡打粉 Baking powder……1/4小匙
黑糖 Brown sugar……10g
盐 Salt……1/4小匙
白芝麻 White sesame……2大匙
黑芝麻 Black sesame……1大匙
温水 Warm water……40mL

[虾米口味]

低筋面粉 Cake flour……50g
高筋面粉 Bread flour……25g
泡打粉 Baking powder……1/4小匙
黑糖 Brown sugar……10g
盐 Salt……1/4小匙
白芝麻 White sesame……1大匙
海苔粉 Seaweed powder……1/2大匙
虾米 Dried shrimps……10g
七味粉 Nanami powder……1/2大匙
温水 Warm water……45mL

1 将低筋面粉、高筋面粉、泡打粉、黑糖一起过筛。

▸ 用黑糖不仅能增加甜味，还能增加香味，如果不喜欢黑糖的口味，或颜色不想太深，可以用白糖。

2 这次我要做两种口味，先做芝麻口味的。在钢盆中放入做法1过筛的材料，再加入盐、白芝麻和黑芝麻。

3 用打蛋器混合均匀。

4 加入温水，用刮刀搅拌。

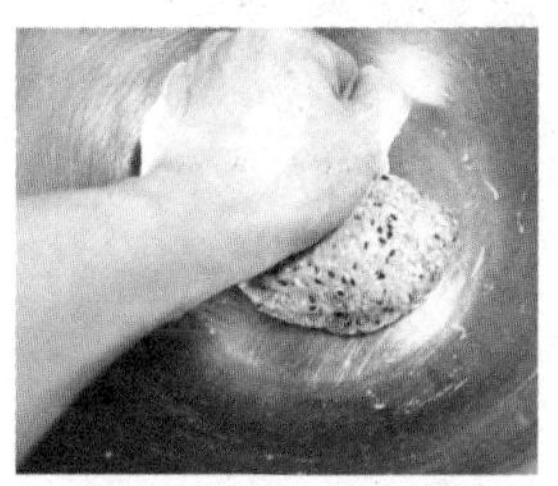

5 充分混合后，用手揉成团。

6 另外一种口味，虾米！这次用的虾米比较大，先用刀子切一下。

▸ 不用切得很细，有大有小的口感比较好。

7 与芝麻口味的做法一样，先将粉类过筛，再加入其他材料。

▸ 虾米口味中我将黑芝麻改为海苔粉！

8 如果想做成辣味的，可以加入一点七味粉或辣椒粉。

▸ 接下来的做法与前面的一样哦！

9 两种口味的面团都准备好了！用保鲜膜包起来放在冰箱约1小时，让面筋稳定。

10 将休息好的面团拿出来，搓成筒状。

11 用刀切成0.3cm左右的薄片。

▸ 厚度可以自己调整，切厚一点可以做成大一点的饼干！

12 在工作台上铺一张保鲜膜，放一片面团后，再铺一张保鲜膜。

13 我来介绍两种方式！方式A，用擀面棍擀大。

14 方式B，找一个底部平的容器压扁。

▸ 这种方式比较快，而且简单！^^；如果用的是透明的碗，可以看到面团变大的状况！

15 各做20片左右。

16 起油锅。将油温烧至130℃左右，依续放入面团慢慢炸。

▸ 让水分完全蒸发才会有脆脆的口感！

17 油炸过程中注意翻面，并注意观察颜色。

▸ 如果短时间内颜色太深，表示油温太高，可以一次多放入几片一起炸，这样可以把油温降下来。

18 炸好后，放在纸巾上将多余油分吸掉。

分量 4-6 人份

手作简单熔岩风麻薯和果子

很早就想吃这款点心，烤成熔岩的样子再淋点蘸酱来吃。但是做这种点心，需要用到一种特别的日本材料，它叫Mochi（日本麻薯），通常切成小方形，一块一块单独包装，通常要去进口食品超市或网站上购买，但是为了一种小点心而购买大包装的昂贵进口食材，想到这些会觉得烦恼，就一直没有介绍这种点心。但我这个住在台湾的日本人最擅长的就是不管到哪里做什么料理，就会找替代品来使用！我在网络上查到，在日本，这种小方形包装麻薯是用糯米粉加水一起蒸出来的，也就是说，在家里做也不会很难！而且在台湾很容易买到糯米粉，我自己也经常制作糯米粉点心。好吧！既然做法这么简单，那我就马上来和大家一起分享这款点心！重点是，要准备好吃的黑糖蜜蘸酱和黄豆粉。因为这种点心味道不重，或者说根本没有味道，其实重点是享受它的口感，与甜的或咸的配餐搭配都适合，不管是红豆馅，还是酱油、海苔片，可以根据自己的喜好选择。这么简单就可以做日式麻薯，有空一定要试试看哦！

材料
Ingredients

糯米粉 Glutinous rice flour……50g
水 Water……70mL
黄豆粉 Soy bean powder……2大匙

［黑糖蜜］

黑糖 Brown sugar……50g
砂糖 Sugar……50g
水 Water……50mL

1 超市买的糯米粉。随时都买得到，便宜又方便！

▸ 糯米粉不会结块，不需过筛，可直接使用。

2 加入水。

▸ 这次我要做原味的麻薯，除了糖，不再加其他调味料。

3 用打蛋器混合均匀。

4 在电锅里放入蒸盘，加入约80mL的水。

▸ 水量可以自己调整，建议用开水。

5 放入搅拌好的糯米糊。

6 盖上锅盖，按下开关。

▸ 也可以用蒸笼哦！^^v

7 另外一个锅子里准备黑糖蜜。在锅子里加入黑糖和砂糖。

▸ 比例我用了1:1，如果只用黑糖，味道太重。

8 加入水。

9 开中火，煮沸后将火调小一点，煮到有一定的稠度。

10 用手指在汤匙背部划线，如果留有线条痕迹，表示已经熬煮完成。

- 冷却后，可将黑糖蜜装在瓶子里，常温保存。

11 电锅的开关跳起来了！打开看看是否已经熟了。

- 如果全部呈半透明的颜色，就表示已经好了。
- 如果中间还是白白的，就在蒸锅中再加点水继续蒸。

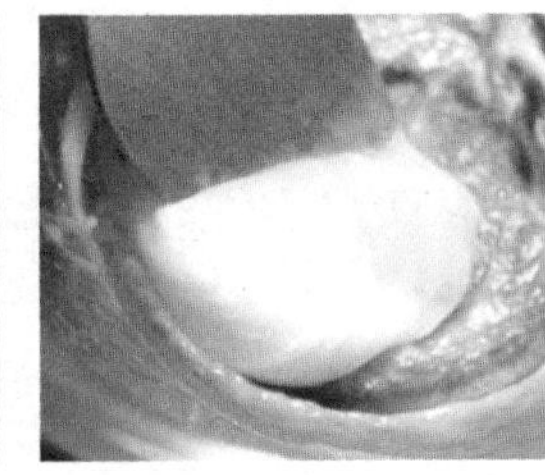

12 蒸好后取出，用湿的木匙搅拌。

- 锅子很烫！要小心哦！（；><）//
- 搅拌到麻薯有光泽为止。

13 放在烘焙纸上。

- 麻薯非常黏，将手浸湿后再拿比较好处理！

14 放置冷却后，不用覆盖，直接放入冰箱使其干燥。

- 重点是要让它干燥，放在室温下也可以。
- 干燥成硬硬的烤起来才有脆脆的口感。

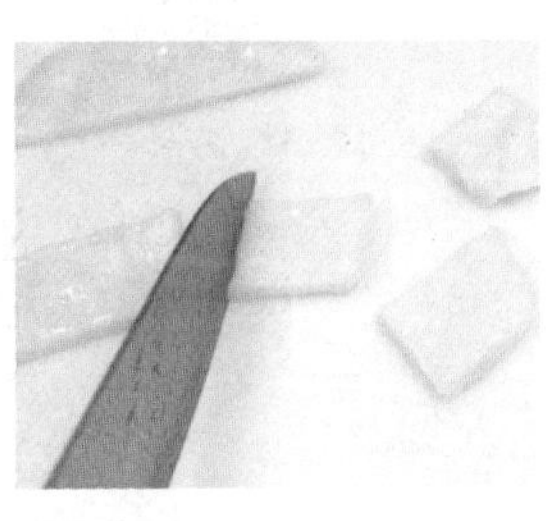

15 我放了2天，拿出来切成容易入口的大小。

16 放入预热至250℃的烤箱，烤至膨胀。

17 蘸粉我这次用的是黄豆粉。图片上是熟的黄豆粉，可以直接使用。如果你买的是生的黄豆粉，用平底锅干炒（不需加油）到有香味散出来再用！

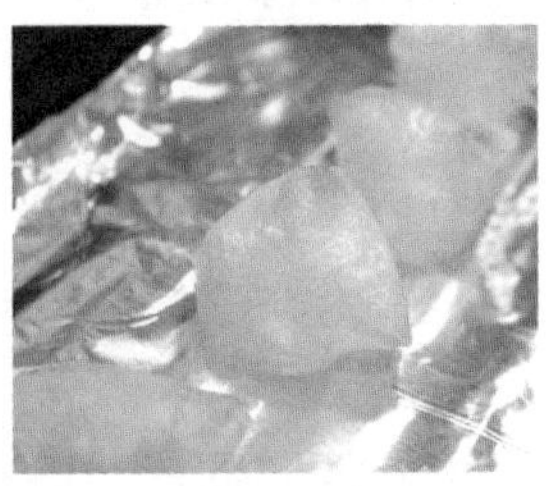

18 烤到表面有一点焦色时就可以拿出来（6~8分钟）。撒上黄豆粉，并淋上黑糖蜜。

- 其他口味如花生粉、黑芝麻粉也很好。哦！还可以和冰激凌一起吃，也很好吃哦！♪

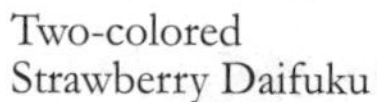

Two-colored
Strawberry Daifuku

国际级人气和果子草莓双色“大福”

分量

各8个

材料
Ingredients

红豆馅 Red beans paste……320g
草莓 Strawberries……16个
淀粉 Potato starch……适量

[抹茶口味]

糯米粉 Glutinous rice flour……100g
抹茶粉 Green tea powder……3g
砂糖 Sugar……50g
水 Water……120mL

[原味]

糯米粉 Glutinous rice flour……100g
砂糖 Sugar……50g
水 Water……120mL

终于有机会介绍这道甜点了！虽然草莓大福不是传统的和果子，但现在很多人知道这种点心。即使对和果子一点兴趣都没有的朋友也会挑这款可爱的甜点。其实它不仅长得可爱，味道也很受欢迎。这里我做了两种口味：一种是大家常看到的原味（白色），另外一种是抹茶口味（绿色），两种都很好吃。抹茶口味的还可以享受红豆馅的甜味与抹茶的微苦味。做法很简单，两种口味的大福皮可以一起做，也可以邀请朋友或家人一起来包草莓或红豆馅哦！

1 准备红豆馅，做法参考P.116。

2 将草莓洗净后切掉蒂。

3 取约20g红豆馅，覆盖在草莓底部（尖的部位）。

▸ 要做一个正圆形的馅。

4 将红豆馅沿着草莓外形包好。

5 将切掉蒂的部位也包起来。

▸ 如果红豆馅不够，可以再拿一点补上！

6 全部包好后，尖的部位朝上摆放。

▸ 要记得哪头是尖的部分，哪头是切掉蒂的部分哦！（*¯▽¯*）

7 要准备大福皮啦！♪准备足量的糯米粉。

8 将抹茶粉筛入。

▸ 如果不加抹茶粉，就可以做成原味（白色）的！

9 加入砂糖搅拌均匀。

10 加入水。

11 搅拌均匀。

12 另外我准备了原味的面糊，做法一样，只是不加抹茶粉。

13 这次我是用蒸的方式加热。准备蒸笼，水煮沸后放入做法12的抹茶面糊，盖上盖子。中火煮约5分钟。

▸ 也可以覆盖保鲜膜后，用微波炉加热2～3分钟。

14 时间到！打开盖子，用湿的木匙将凝固在侧面的部分刮下来，与中间还没凝固的面糊混合均匀后，盖上盖子再蒸2～3分钟。

▸ 微波炉也同样操作，第一次加热后搅拌均匀，再加热1～2分钟。当然也可以用电锅加热。

15 打开盖子，用汤匙试一下，如果中间也有弹性，表示已经熟了！

16 把碗从锅子里小心地拿出来。用木匙再次搅拌至表面泛出光泽。

▸ 一定要有这个程序才会有软弹的口感！

17 搅拌均匀后，用蘸过水的汤匙挖出1大汤匙的麻薯放在铺有淀粉的盘子上。

▸ 麻薯的黏性很大，蘸水后比较好处理。

18 上面也撒一点淀粉，将麻薯压成薄薄的片状。

19 用刷子刷掉表面多余的淀粉。

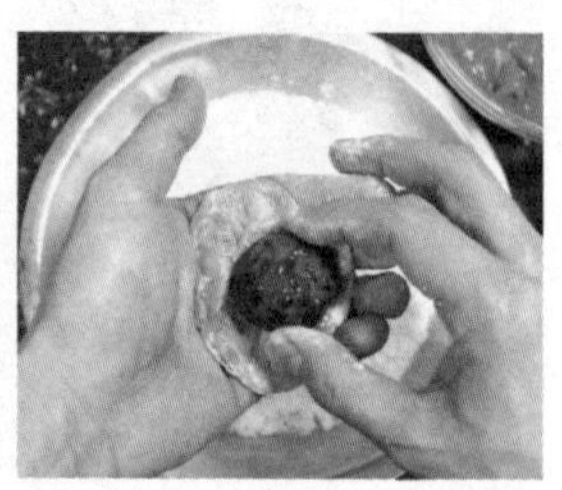

20 将准备好的草莓红豆馅尖头朝下包进大福皮里。

▸ 因为皮封好后要倒置。

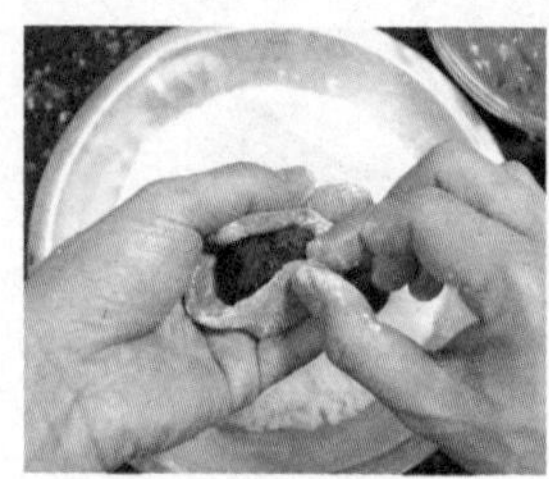

21 将旁边的皮轻轻拉起，在中间聚集。

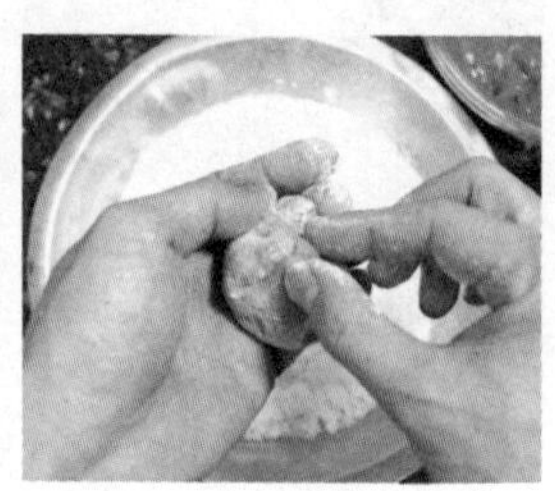

22 把皮捏合在一起。

▸ 大概就好了，不漂亮没关系，反正它是底部，没人注意。

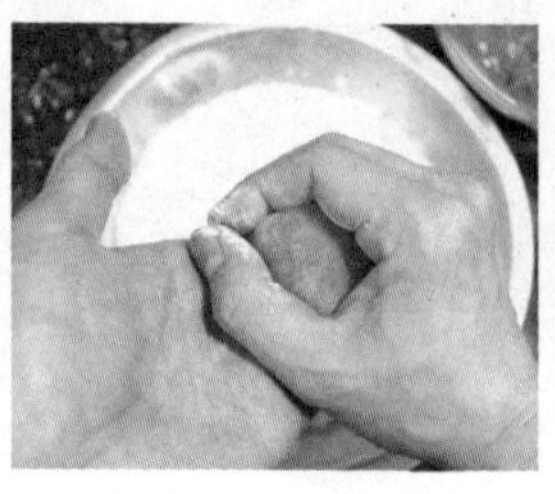

23 翻过来，稍微调整一下形状。

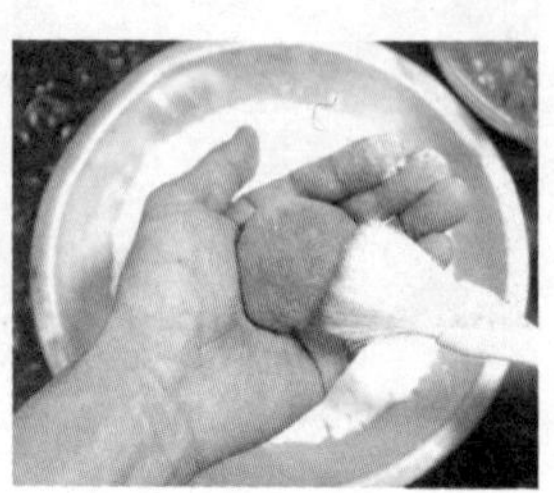

24 再一次用刷子刷掉表面多余的淀粉。

▸ 如果要展现剖面秀，要将刀子蘸水后再切！

分量 各3个

微甜自制红豆 & 杏仁巧克力铜锣烧

哆啦A梦最喜欢的食物来了！小时候只看过它的漫画，因为那是一个还没有卡通片的年代。（´・ω・`）每次看到哆啦A梦吃得那么开心，我就口水直流。有一次妈妈买了铜锣烧回来，超开心，吃了一大口！嗯∽很甜！（￣‥￣；）虽然好吃，但无法像哆啦A梦似的有那么“嗨”的感觉。从那次以后，我们家就再没有特意买过这种和果子。现在终于有机会介绍和果子，铜锣烧一定不能少。我不是“铜锣烧”的粉丝，自己做的时候，可以减少它的甜度，所以我保留了它的传统风味，另外做了一种不同口味。其实之前介绍过类似的点心，用松饼粉做的，结果味道还是很甜，所以这次我决定从面粉开始调制。我没有和果子专卖店用的铜制方形加热板，所以决定用平底锅来做，刚开始有一点担心在家里煎是否可以成功，结果成品的颜色与外面卖的和果子一模一样呢！中间铺上自己做的红豆馅，咬上一口，Yes（是的）！实在太好吃了，另外做了杏仁风味皮与巧克力馅的，我的心情也“嗨”了起来！

材料
Ingredients

红豆馅 Red beans paste……90g

［ 铜锣烧 ］

鸡蛋 Eggs……2个
砂糖 Sugar……60g
蜂蜜 Honey……30g
水 Water……50mL
低筋面粉 Cake flour……120g

［ 杏仁巧克力馅 ］

巧克力 Chocolate……30g（切碎）
牛奶 Milk……25mL
鲜奶油 Whipping cream……100mL
杏仁片 Sliced almond……适量

1 将红豆馅煮好后放置冷却。

▸ 红豆馅做法参考P.116。

2 将鸡蛋打散后，放入砂糖。

3 将蛋液隔温水加热，稍微有点温度时离火，开始打发。

▸ 蛋液有一点温度比较好打发哦！

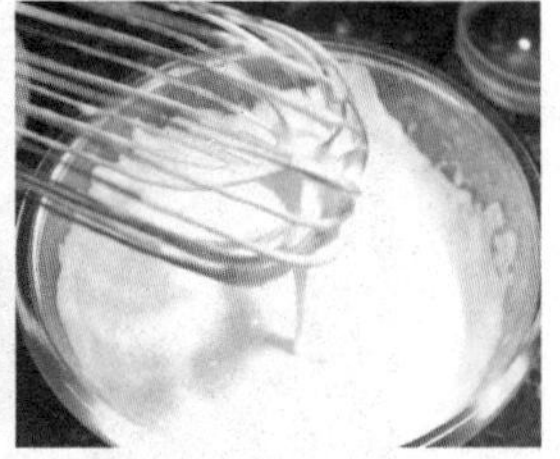

4 打至打蛋器拿起来可以画线的程度。

▸ 因为蛋的比例不多，不需要打到很硬，所以我用打蛋器打发。

▸ 如果不喜欢手动打发，当然可以用电动搅拌器哦！

5 将蜂蜜与水混合均匀。

6 加入打发好的蛋液里搅拌。

▸ 这种做法与之前书里介绍过的蜂蜜蛋糕有一点像。

7 加入过筛的低筋面粉。

8 由于面糊比较稀，用打蛋器混合可以防止结块。

9 混合均匀后，用保鲜膜覆盖，放入冰箱让面糊休息30分钟左右。

Q：加入面粉后不用马上烤吗?

A：不用！这不是蛋糕，不需要让面糊膨胀得很高。放入冰箱，让大气泡消掉后煎起来比较绵密！

10 另外准备杏仁巧克力馅！在切成碎末的巧克力里加入煮好的牛奶。

11 搅拌均匀后，静置使其冷却。

▸ 如果还有巧克力块，隔温水加热让巧克力完全溶化。

12 将冷却的巧克力酱放入鲜奶油里，开始打发。

▸ 要记得加入“冷却的”巧克力酱哦！否则鲜奶油打发不了。

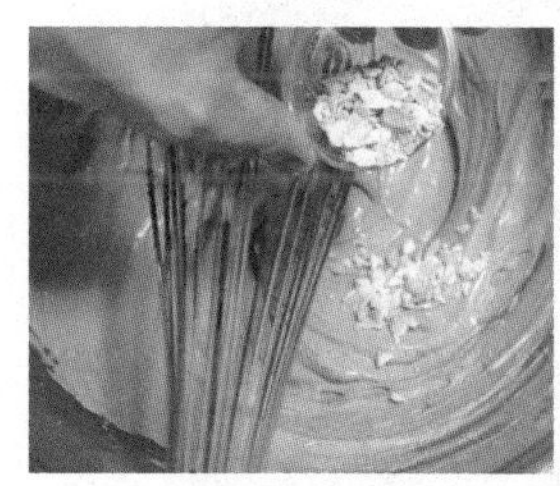

13 打发好后，放入烤过的杏仁片，搅拌均匀后放入冰箱，让它再凝固一下。

14 在平底锅表面涂一点油，开小火，将做法9的面糊从高一点的地方滴进去，让它自然散成圆形。

▸ 不需要用汤匙底调整形状，让面糊自然散开就好了！

15 看到中间有泡泡冒出来，旁边有一点干燥的时候就可以翻面了！用锅铲轻轻地翻过来。

16 煎杏仁铜锣烧皮。先在锅子上放一点杏仁片，再滴落面糊。

17 翻过来，将另外一面也煎熟。将铜锣烧皮取出冷却。

18 在其中一片皮上均匀涂抹红豆馅，再拿另外一片皮夹好！

▸ 如果做红豆馅的，不需要等到皮完全冷却，可以直接涂馅！

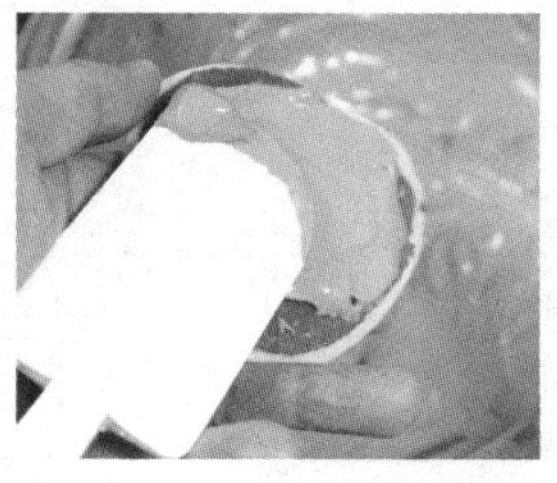

19 巧克力口味的也同样把馅涂在皮上面，再夹上另一片！

Healthy Potato Cake with Mitarashi Sauce

分量 6 个

健康土豆叶形饼佐和露 Mitarashi 酱

和果子有一种佐酱叫Mitarashi，味道咸咸甜甜的，平常是用糯米做的团子蘸着吃。我一直很喜欢这种味道，小时候不知道这么好吃的酱是用什么做的，后来才知道原来它是用酱油做的。酱油竟然可以做甜点，真是太厉害了！我曾经在给孩子们上料理课时，介绍说要用酱油来做和果子，没想到孩子们竟然大叫："用酱油做甜点？不会吧！"好像没有人想吃，我心里有点担心："糟糕！万一台湾的孩子们不喜欢这种酱，回家跟父母抱怨说'那个日本厨师给我吃怪怪的食物！'怎么办？"随后就有点心虚地开始示范。MASA："OK！做好了！把刚刚自己做的团子蘸酱吃吃看！"孩子："哇！好好吃呢！老师，剩下的酱我要带回家！"听到孩子们有这样的反馈，我超开心！所以这次我来介绍这款非常不一样的和果子，材料有土豆，还有龟甲万（Kikkoman）的"和露"。本来"和露"是用来做料理的，但这款海带风味的和露用来做和果子很适合。自然温和的海带味道与煎得香喷喷的土豆一起吃，实在太美味了！接下来，就让我们一起来开心地做点心吧！

材料 Ingredients

土豆 Potatoes……300g
淀粉 Potato starch……1大匙

[Mitarashi酱]

海带风味和露 Soba tsuyu（Konbu flavored）……100mL
砂糖 Sugar……1大匙
水 Water……80mL
淀粉＋水 Potato starch +Water……各1大匙

1 将土豆洗净，放入锅子里，加入水，煮熟。

▸ 筷子插得进去，表示已经熟了！
▸ 也可以蒸熟。

2 趁热用毛巾或纸巾包裹住剥皮。

3 放入钢盆里，用擀面棍捣碎。

▸ 因为要在表面画纹路，所以最好捣碎一点哦！

4 加入一大匙淀粉。

▸ 加入淀粉，可以防止煎的时候散开。

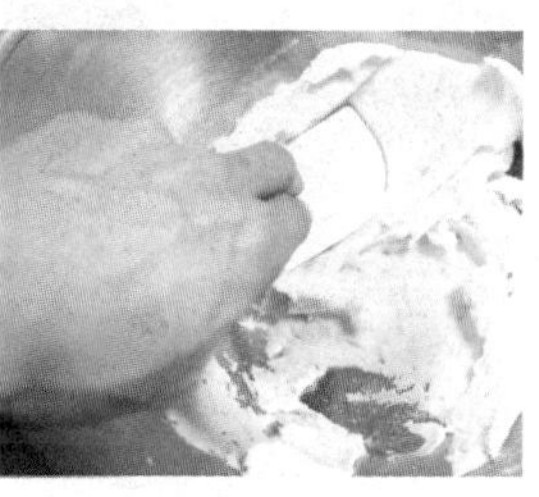

5 用刮刀搅拌至有点黏度的状态。

▸ 黏黏的煎出来口感比较好！

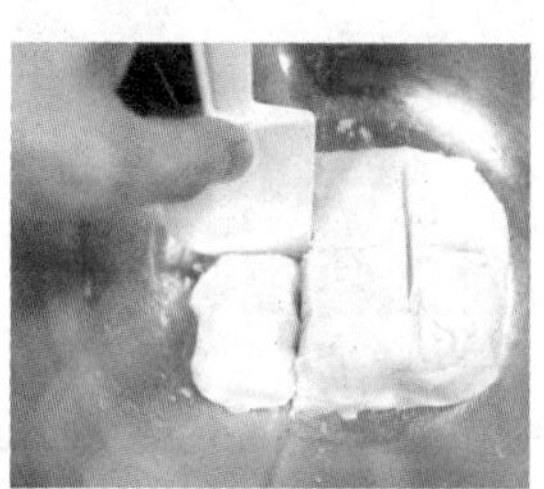

6 在土豆泥上画线，平均分成6块。

▸ 也可以分成8块或10块。

7 最好玩的捏捏时间来了！把土豆泥捏成叶子的形状。

▸ 可以跟孩子一起玩（做）哦！

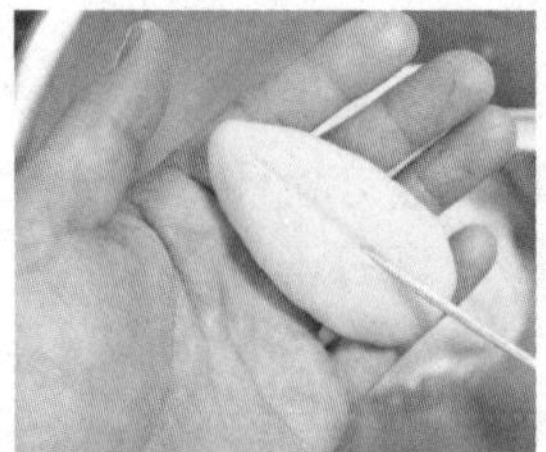

8 用竹签或牙签在中间画一条线。

9 在旁边画上叶脉。

10 在平底锅涂一点油，放入土豆饼，用小火慢慢煎。

▸ 要注意！表面有纹路，不要用力压哦！

11 煎到大概像图片这个颜色就好了！装在盘子里。

12 开始做Mitarashi酱！这次特意用海带风味的和露，因为海带的风味与土豆非常搭配！

13 加入砂糖和水，调整一下味道。

14 加入水淀粉勾芡就好了！

15 为了避免结块，加入淀粉时要先熄火，搅拌均匀后再开火煮到浓稠。直接涂在饼表面或放在旁边都可以！

Super Crunchy Brown Sugar Snack

分量 4或5人份

酥松黑糖饼干

这种饼干日文叫“かりんとう”（Karintou，可译成“江米条”或“花林糖”），这种饼干虽然外形不像西洋饼干那么可爱，但每次吃到它时都有很怀念的心情。这次做的饼干只有黑糖口味，没加其他特别香料，脆脆的口感非常纯粹，一旦吃上就很难停止。其实这种饼干自己做也非常方便，不需要准备什么特别材料，也不会花费很多时间。所以，就时间与成本上来说，这是一种很“经济”的点心。

材料
Ingredients

低筋面粉 Cake flour……150g
高筋面粉 Bread flour……50g
泡打粉 Baking powder……1.5小匙
砂糖 Sugar……1大匙
盐 Salt……1/4小匙
鸡蛋 Egg……1个（60g）
水 Water……50mL
色拉油 Vegetable oil……足量

［黑糖蜜］

黑糖 Brown sugar……200g
水 Water……50mL

1 这次我要调两种粉，一种是低筋面粉，另外一种为了凸显脆脆的口感，加入了一些高筋面粉。

2 将粉类过筛。

3 加入泡打粉、砂糖和盐。

4 将所有粉类都混合均匀。

▸ 如果想多品尝一种香味，加入一点黑芝麻也不错哦！

5 蛋糊的分量需要110mL左右，约是1个60mL的鸡蛋，再加入50mL的水。

▸ 先少加一点水，然后慢慢调整。

6 倒入调好的粉类里。

7 用刮刀搅拌。

▸ 只需要稍微混合就好了。如果混合得太均匀，炸起来会没有酥松的口感，变得很硬！

▸ 如果感觉太干，可以加一点水分哦！

8 用手搓成一条一条的。

▸ 这个动作也不要过度，松松地做出大概形状就可以了。

9 完成的样子，感觉像是随便做的。

▸ 有大的、小的，还有断掉的，可以享受不同的口感！

10 逐个小心地放入低温油锅中（160℃左右）油炸。

11 炸10～15分钟，慢慢炸至脆脆的样子。

▸ 因为量不少，可以分几次炸哦！

12 将炸好的饼干放在吸油纸上。

13 准备黑糖蜜。将黑糖放入锅子里，加入水。

▸ 这次我用的黑糖颜色比较深，用黄一点的也可以，根据自己的习惯使用！

14 用中火煮到水分变少开始浓稠的样子。

▸ 像图片这样，用木头汤匙刮一下锅底，能留下痕迹的程度。

15 加入做法12炸好的饼干。♪

16 搅拌至每块饼干裹满黑糖蜜。

▸ 火还没有关掉哦！趁黑糖还稀稀的时候赶快蘸好。

17 全部蘸好后熄火，继续搅拌至表面略干、糖分开始结晶为止。

▸ 一开始会比较粘，一直搅拌到每块饼干可以独立分开！

18 结晶之后，放在烘焙纸上冷却。搭配苦一点的绿茶一起吃，味道很棒哦！^b

Tri-colored
Sweet Rice Snack

三色
"御饭霰饼"

分量

3
碗

材料
Ingredients

米饭 Steamed rice
……200g（干燥后90g）
色拉油 Vegetable oil……足量

［原味（白色）］

砂糖 Sugar……1大匙
水 Water……1/2～1大匙

［抹茶（绿色）］

砂糖 Sugar……1大匙
水 Water……1/2～1大匙
抹茶粉 Green tea powder……1/2小匙

［粉红色］

砂糖 Sugar……1大匙
水 Water……1/2～1大匙
红色食用色素（7号）Food color No.7……适量

MASA's Talk

在日本，每年的3月3日有个"女儿节"（雏祭，Hinamatsuri，是家人为女儿祝福的节日），因为我们家只有我和哥哥两个男孩，所以小时候家里并没有过过这个特别的节日，但妈妈还是会买一些这种"霰饼"给我们吃。虽然我是男生，但我也很喜欢这种脆脆的和果子。其实这种点心不一定只能在女儿节吃，一整年都买得到，算是日本的"爆米花"吧！"霰饼"的简称叫"あられ"（Arare），就是那种像冰雹小小白白的东西。"霰饼"是很有历史的日本点心，有各种颜色，装在袋子里一包一包地卖。其实做法并不难，只要准备米饭与砂糖就可以了，还可以看到砂糖结晶的过程，就像在做科学实验那么好玩！学会这种做法，还可以自己调整味道，做出不同的口味与颜色，尽情享受可以吃的"冰雹"吧！

1 将煮过的米饭放在网筛里冲水，洗掉表面的面糊。

- 米饭可以用吃剩下的，电锅侧面粘住的饭粒也可以用！
- 面糊太多的米饭容易粘黏，不好处理。

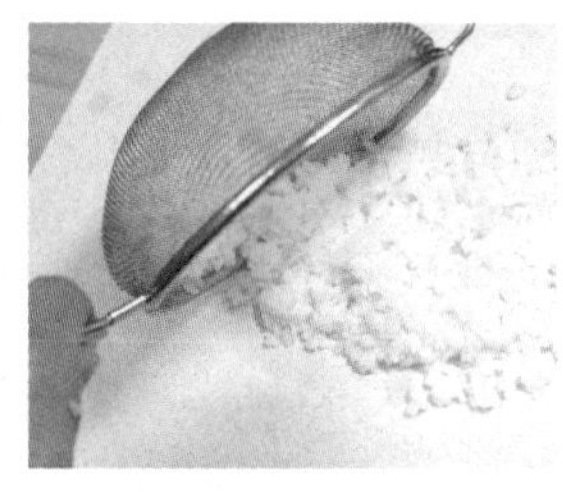

2 大概洗好后，放在纸巾或纱布上。

- 冲水的时间不要太久哦！不然饭粒会吸收太多水分。

3 上面盖一张纸巾，轻轻压一下。

- 不要太用力哦！也不要放太久，免得等一下纸巾不容易拿掉。

4 在烤盘上铺一张烘焙纸，将处理好的饭粒放入烘焙纸上，尽量不要让米粒粘在一起，均匀散开。

- 如果纸巾或沙布上有饭粒粘住，可以用刮刀刮下来。

5 烤箱设定为最低温度（大部分烤箱应该是上下火100℃），放入烤盘，烘烤30分钟左右。

- 目的是让饭粒干燥，不是要加热。

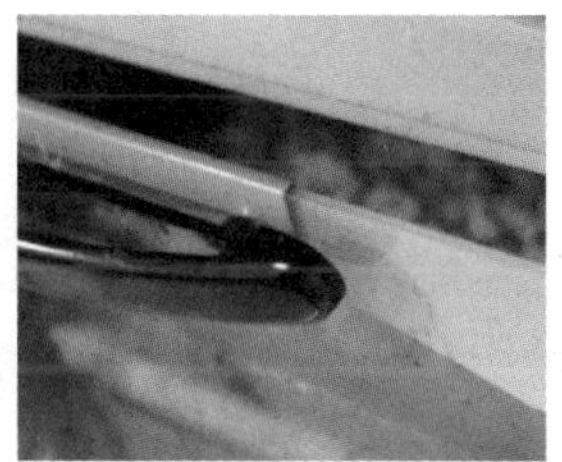

6 烤箱门不用完全关闭，稍微打开一点，让水蒸汽出来。

- 也可以直接放在外面风干哦！放置1～2天也会有相同效果。只是要注意，不要被小鸟吃掉了！（≧∀≦;）

7 时间到了。戴上手套，把粘住的饭粒散开。再放入烤箱，放置30分钟左右让它完全干燥。

8 将完全干燥的饭粒放在烤盘上让它冷却。

- 这样可以保存很久，可以多做一点，装在瓶子或保鲜盒里保存。

9 开始油炸了！准备高温的炸油（190℃左右），放入饭粒。看！会发生什么?

10 哇哇哇！膨胀了！将膨胀后的饭粒捞出来。

- 温度一定要比正常油炸时还高哦！这样才会有膨胀的效果！
- 油炸的时间可以自己调整。如果喜欢白色，可以马上拿出来。若想要仙贝的颜色与香味，可以炸久一点。

11 炸好后捞出，放在吸油纸上。

- 撒一点盐也很好吃哦！

12 这次我要做3种口味，所以分成3盘。

13 先做白色！锅子里加入砂糖和水，开小火，煮至有一点稠度。

▸ 不用煮到颜色出来哦！这不是焦糖！

14 放入1/3膨胀的饭粒。

15 搅拌至每颗饭粒都均匀裹上糖浆。

16 熄火，继续搅拌。很神奇！一开始粘粘的米，变成沙沙的了！

▸ 这是糖分结晶化过程，太好玩了！

17 将饭粒倒出来，放置冷却。

18 接着要做绿色的！不需要洗锅子，与原味做法一样，做好后装进袋子里，再撒入一点抹茶粉。

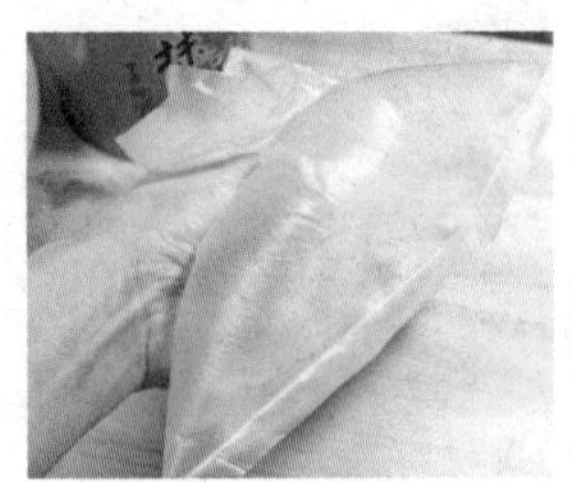

19 捏紧袋子的封口，摇一摇，让抹茶粉均匀散开、上色。

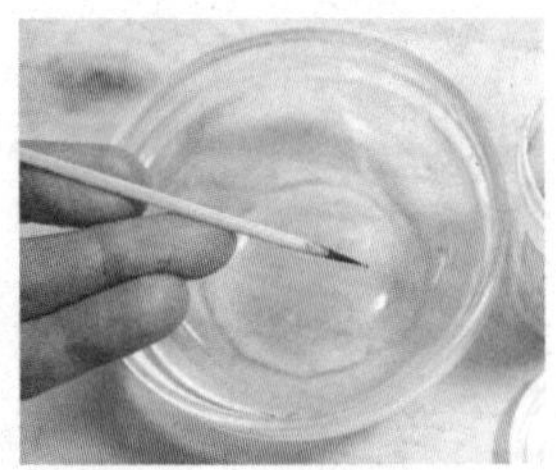

20 最后要做粉红色！用竹签蘸一点色素放入水里。

▸ 注意！颜色非常浓！不要放太多变成大红色！

21 接下来的做法都一样。在锅里放入红色水和砂糖。

22 放入膨胀饭粒炒干。

23 看！可爱又漂亮的“霰饼”（Arare）做好了！享受日本传统的和果子吧！

▸ 分开装或混合在一起都可以，看你喜欢什么样子！

▸ 学会这种做法后，就可以做各种不同口味，咸味、肉桂粉风味、梅子粉风味都很好！

分量 2 个（19cmX7cm的牛奶盒）

小田原或名古屋特产——“外郎”

"外郎"（ういろう，Uirou）是我家乡附近神奈川县小田原市非常有名的点心（也有另外一说是名古屋的点心）！难怪小时候我常吃到这种甜点。第一次看到这种甜点时，因为它很像羊羹，所以我以为它很甜，吃了之后觉得和羊羹口感不一样，比较有弹性，也没那么甜。所以我决定来跟大家分享这款点心。"外郎"的传统做法是用和果子常用的"上新粉"来制作的，但在日本以外的国家很难买到，于是我就开始调查用什么东西可以代替，结果发现可以用一般家里都有的低筋面粉，完成品吃起来口感也差不多。寻找羊羹专用的那种四方烤模来做也很麻烦，所以我决定自己动手做替代品。这次我做了两种口味，还加入了地瓜丁。"外郎"的热量不高，除了享受甜点外，还可以摄取膳食纤维哦！

材料 Ingredients

[黑糖口味]

地瓜 Sweet potato……120g
低筋面粉 Cake flour……80g
黑糖 Brown sugar……70g
水 Water……300mL

[抹茶口味]

地瓜 Sweet potato……120g
低筋面粉 Cake flour……80g
抹茶粉 Green tea powder……1/2大匙
砂糖 Sugar……70g
水 Water……300mL

1 这次用的是黄地瓜，因为它的水分较少，做这种点心很适合。削皮后切丁。

▸ 红地瓜比较适合制成泥再混合的点心。不过如果买到的是水分不多的红地瓜，也可以用哦！

2 将地瓜丁放入水中煮熟，呈现出漂亮的黄色。煮好后，在网筛中沥除水分，放置冷却。

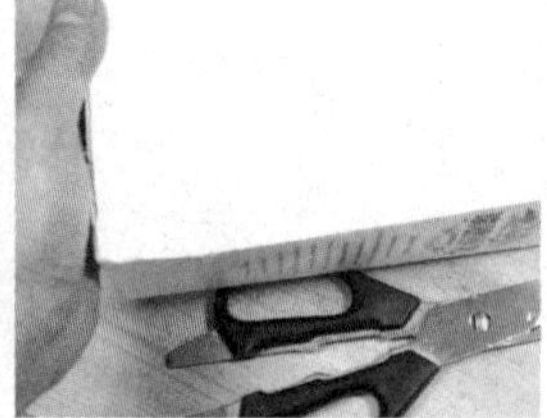

3 要准备模具了！将普通的牛奶纸盒洗好，从侧面剪开。

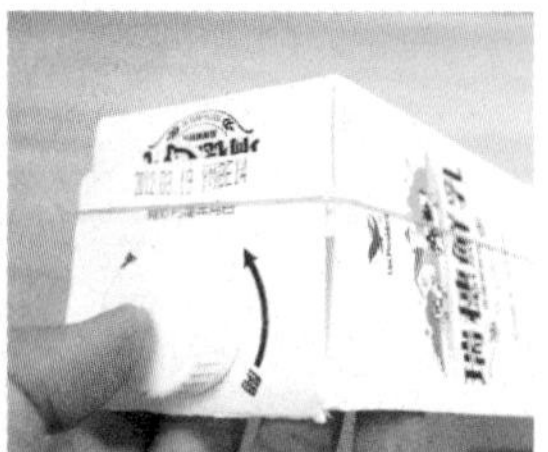

4 盒子开口的一端是斜的，用橡皮筋绑起来，做成一个方形模具。

▸ 用牛奶纸盒的好处是，不仅环保节约，而且里面滑滑的一层膜可以防止粘黏！

5 将低筋面粉过筛，确认没有结块。

6 我要做两种口味。第一种是抹茶口味，抹茶粉很容易结块，一定要过筛！

▸ 抹茶粉也可以用可可粉代替。

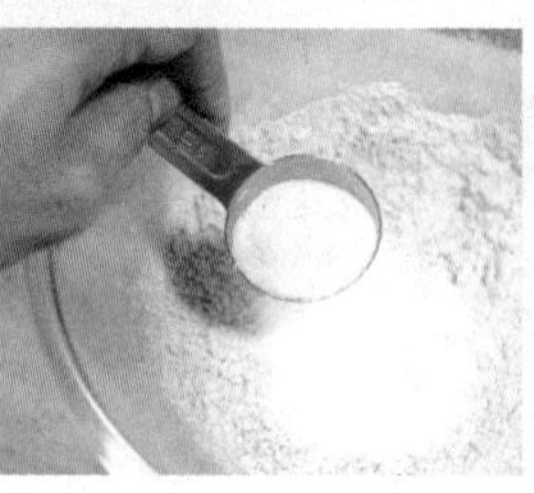

7 加入砂糖，与粉类混合均匀。

8 加入水，分次少量地倒入。

9 一边搅拌一边加水。

10 用网筛过滤，确认没有结块的粉类。

11 放入煮好的黄地瓜搅拌。

12 倒入牛奶盒模具里。

13 将剪开的侧面纸稍微盖好，放在微波炉里加热4～5分钟。

- 不用完全封起来哦！不然水蒸汽出不去，让模具表面湿湿的。
- 也可以用蒸笼哦！方式一样，将侧面纸盖起来，再放入蒸笼蒸熟。时间会比微波炉久一点！

14 打开微波炉看看状况，并调整位置，再加热4～5分钟。

- 共加热8～10分钟，但也要看微波炉的状况，如果还没有熟要继续加热哦！

15 已经熟了！放在铁架上冷却。

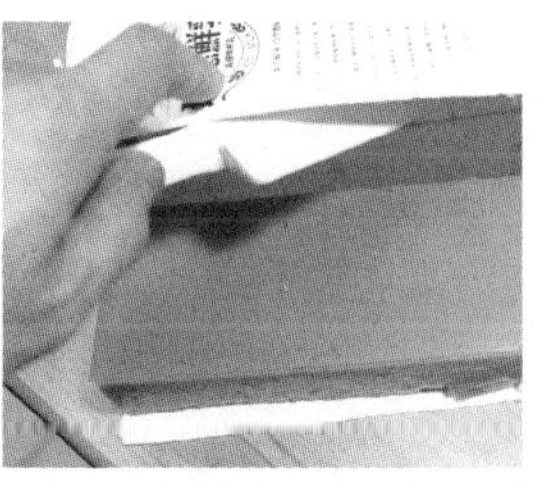

16 完全冷却后，用刮刀将侧面稍微分离，“外郎”会自动脱膜。

- 刚做完时，看起来皱皱的，感觉很粘，不太好看。（一_一;）但冷却后会变得很有弹性，而且表面光滑，就很漂亮了！

17 使用同样做法，我另外做了黑糖口味的！参考上面的分量，加入黄地瓜后蒸熟！可以享受两种颜色漂亮，又不像羊羹那么甜的美味和果子！泡壶绿茶一起享用吧！

- 切的时候，将刀子稍微蘸水后再切，比较好处理哦！

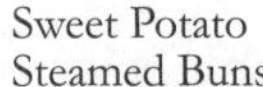

Sweet Potato
Steamed Buns

“田园风”地瓜茶馒头

分量

10个

材料
Ingredients

[内馅]

红豆馅 Red beans paste……130g
黄地瓜（丁）Diced sweet potato……120g
黑糖 Brown sugar……50g
水 Water……30~35mL
黑芝麻 Black sesame……适量（装饰用）

[馒头皮]

低筋面粉 Cake flour……110g
泡打粉 Baking powder……1小匙（2g）
▸ 可以用小苏打粉 Baking soda……3g

馒头，好像台湾也有这种点心，但长得不太一样，我很少用汉字来写这道点心，平常直接用平假名写成“まんじゅう”（Manjyu），后来才发现原来这是中文翻译过来的！那么，“茶”的部分呢？因为只要是咖啡色的东西，日文就叫“茶色”，所以并不是指用茶叶做成的馒头哦！材料就用黑糖来做吧！加入黑糖的馒头不仅颜色漂亮，味道也很香。另外，我在馅里面加入了地瓜，为了平衡口感，还特意加了红豆沙。红豆沙也是一种红豆馅，但没有颗粒感，比较细腻，吃起来滑滑的。馒头蒸好后，香香软软的，咬一口，质地非常绵密，红豆馅和地瓜的天然甜味非常搭配！来！赶快来享受田园风、非常温馨的日本传统点心吧！

1 我这次要把红豆馅做成绵细的红豆沙。传统做法是用纱布过滤制作的，但要花很长时间，所以我决定用比较简便的方式，使用食物料理机打成泥！其实口感也是滑滑的！^^v

▸ 红豆馅的做法参考P.116。

2 如果水分还是很多，要放回锅子里再次加热，让水分蒸发到稍微硬一点的程度，倒出来冷却。

▸ 冷却时也会蒸发水分，不要煮得太干哦！

3 将黄地瓜削皮后切丁。

4 煮到颜色变深一点，口感刚熟的状态时，把水倒掉，将地瓜放在网筛上冷却。

▸ 不要煮得太软哦！因为还要与红豆馅混合，太软容易散掉。

5 将两种冷却的材料混合。

6 捏成圆形。每个大约25g，做10个！

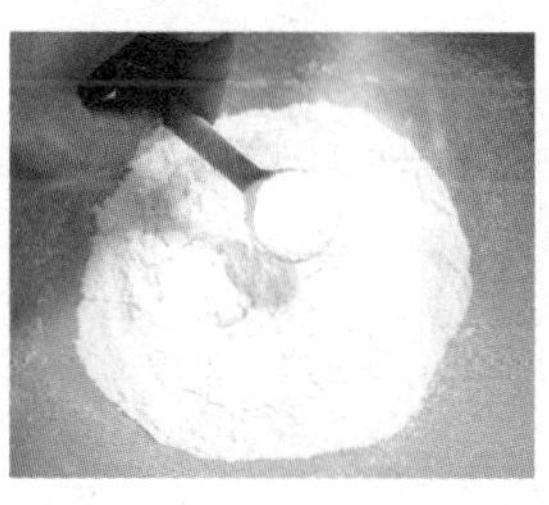

7 准备馒头皮。在低筋面粉里放入泡打粉。

8 制作黑糖蜜。将黑糖和水放入锅子里。

9 开中火加热，让黑糖溶化，煮出稠度。

10 将煮好的黑糖蜜用网筛过滤进调好的粉类里面。

11 用手搅拌。

12 如果煮黑糖的时间过久，水分可能会不够，此时可以再补一点水。

▸ 如果太干，不好包馅哦！

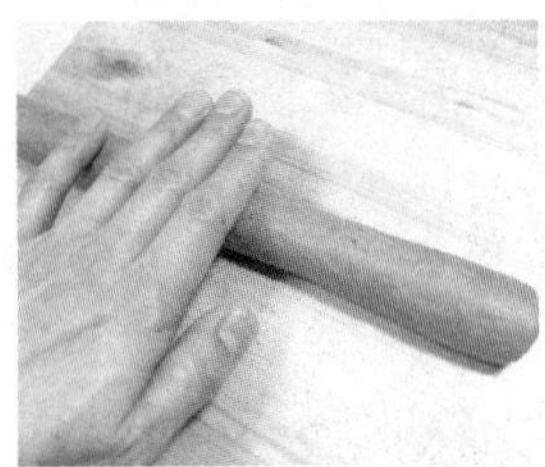

13 将面团揉搓成长条状。

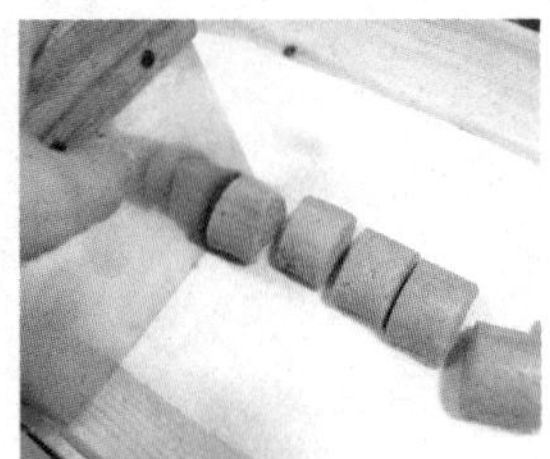

14 切成10等份。

▸ 先从中间切开，再将每份5等分。

15 开始包馅了！把面团压成圆片。

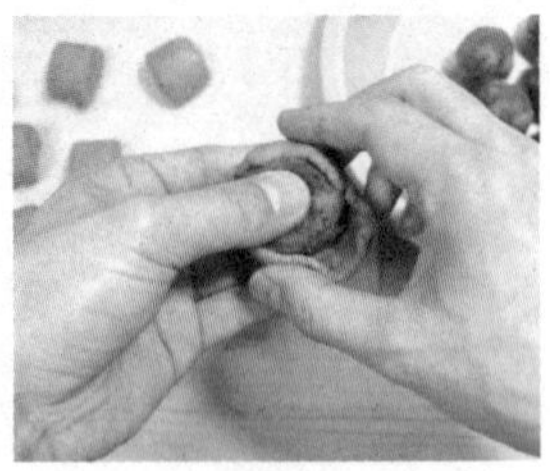

16 中间放入捏好的红豆地瓜馅。

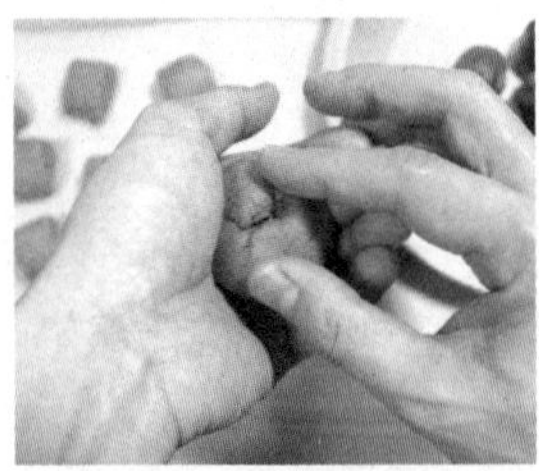

17 将周边的皮覆盖上来。

18 把馅料稍微压进去，将皮封起来。

19 翻过来，整理成馒头的形状。

▸ 一开始可能不太熟练，慢慢来，包成大概的样子就好了！

20 将烘焙纸剪成小的正方形，将包好的馒头放在上面。

21 在上面放一点黑芝麻作为装饰，并增加口感。

22 蒸锅里的水沸腾了之后，在蒸盘上铺上屉巾，放上5个馒头，盖好锅盖，用大火蒸6～7分钟。（用电锅蒸也可以！）

▸ 图片是第一次蒸的，因为那时还没想到放上黑芝麻。（一_一;）

23 蒸到像图片这个程度就可以了！摸起来很有弹性！

24 放在架子上，用扇子扇风，让表皮快速冷却，变成亮亮的！

▸ 这与做寿司的原理是一样的。蒸好后马上冷却，才能让表皮有光泽。但不需要扇到干燥或冷掉哦，有亮泽就可以了！

Sakura Mochi
& Green Tea Mochi

创意樱饼 & 抹茶饼

分量

各10个

材料 Ingredients

[粉红色]

糯米 Glutinous rice……2杯 (300g)
水 Water……300mL
红色食用色素（7号）Food color No.7……适量
砂糖 Sugar……2大匙
腌樱花叶 Preserved Sakura leaves……10片
红豆馅 Red beans paste……250g

[抹茶]

糯米 Glutinous rice……2杯 (300g)
水 Water……300mL
砂糖 Sugar……2大匙
抹茶粉 Green tea powder……适量
黄地瓜（削皮）Sweet potato……250g
蜂蜜 Honey……1小匙
▸视地瓜的甜度调整甜味！

终于有机会介绍樱饼啦！其实我在料理教室教过很多次，但因为道明寺粉和腌樱花叶这两种材料不容易购得，所以一直没有介绍。不过后来发现，有许多朋友对这种甜点非常有兴趣，更何况它还是用最象征日本的樱花来做的，所以就更想介绍给大家了！MASA的食谱绝对不会只单纯地介绍做法，一定还会加入许多诀窍与技巧。就算你不太喜欢红豆馅，也可以试试这款点心！地瓜的自然甜味加上蜂蜜，外皮里还加入了我很爱用的抹茶粉，味道非常香！虽然这是日本传统的和果子，但你可以根据自己的口味随意组合材料！欢迎大家一起来做创意点心！

1 本来皮的部分要用“道明寺粉”来做，但也可以用糯米代替！将圆糯米洗好，放入水里浸泡30分钟。

- 如果没买到圆糯米，用长糯米也可以，只是口感略有一点不同而已。
- 基本上水量与糯米的比例是1：1，但要看糯米的状态，如果用的是陈米，水分可以增加。

2 先做粉红色麻薯。用牙签挖一点红色色素7号放进糯米中。

- 注意看号码哦！同样是红色，但号码不同，加入水后颜色就会完全不一样。
- 它是浓缩的色粉，一次不要加太多哦！否则颜色会过重。

3 加入砂糖，搅拌均匀。

- 加入调味料后要马上开始煮哦！由于糖的浸透力关系，若放置太久再煮，口感会有一点硬。

4 这次我用电锅煮。在外锅里加入开水（60mL左右），将准备好的糯米放进内锅，盖上锅盖开始煮。

- 也可以用电子锅或蒸笼煮哦！

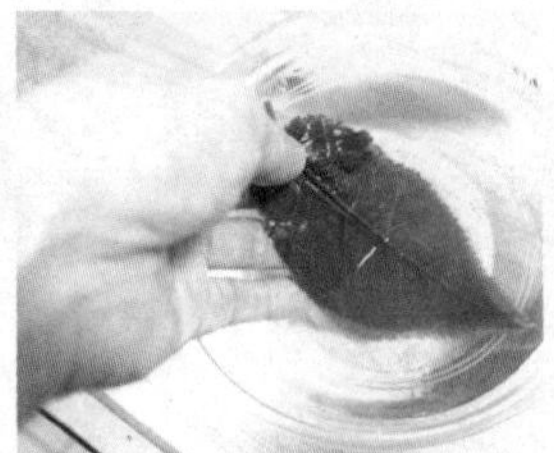

5 煮糯米的同时准备其他材料。看！樱花饼的必备材料，樱花叶！可以在烘焙材料店购买。它是腌过的，很咸。放在水中浸泡10~15分钟，洗掉盐分。

6 准备黄地瓜馅。将地瓜削皮，切成小块，放进电锅加热。

- 用蒸、水煮、微波炉都可以。

7 米煮好了。不要马上打开锅盖，再焖15分钟左右。

- 刚煮好时还有些没全熟的部位，焖一下让它完全熟透。

8 筷子可以轻松插进去，表示已经熟了。

- 如果担心营养与风味跑出来，可以连皮一起加热，只是会花更多时间。

9 将地瓜放入钢盆里，用擀面棍捣碎。

10 若要补充甜味，可以加入一点蜂蜜。

- 如果地瓜已经很甜，不需要再加任何糖分。哦！另外，用黑糖代替蜂蜜也可以。

11 将糯米连同内锅拿出来。用擀面棍稍微捣一下，然后移到碗里保温。

- 不用完全捣成泥状，留一点颗粒的口感，更像用“道明寺粉”做的。
- 如果怕内锅变形，可以将煮熟的糯米移到钢盆里再捣哦！

12 接下来要做抹茶口味的。在抹茶粉里加入一点水搅拌，做成抹茶泥。

- 将抹茶粉直接放入水里煮很容易结块，因此先弄稀一点，比较好处理。

13 将抹茶泥倒入糯米里，并加入砂糖。同样煮好后焖一下。

14 煮熟的抹茶风味麻薯！颜色没有煮之前那么亮，但可以闻到抹茶的香味。同样用擀面棍稍微捣碎。

15 两种麻薯都准备好了，开始包馅了！将汤匙蘸水后，挖大约60g的麻薯放在保鲜膜中间，用手压成椭圆形。

- 麻薯非常黏，做每个动作前一定要蘸水哦！

16 取大约25g红豆馅捏成椭圆形后，放在中间。

- 红豆馅的做法参考P.116。

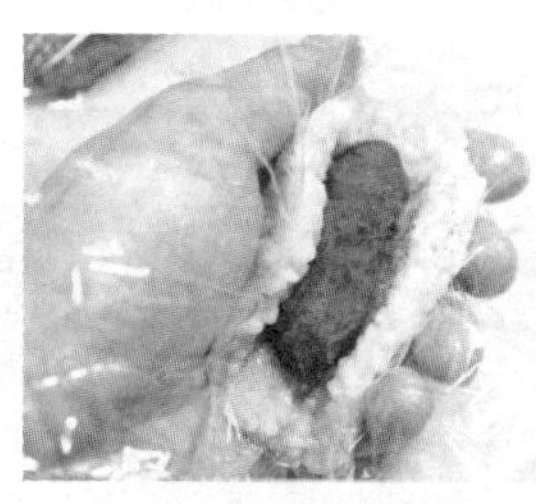

17 利用保鲜膜从下面包起来。

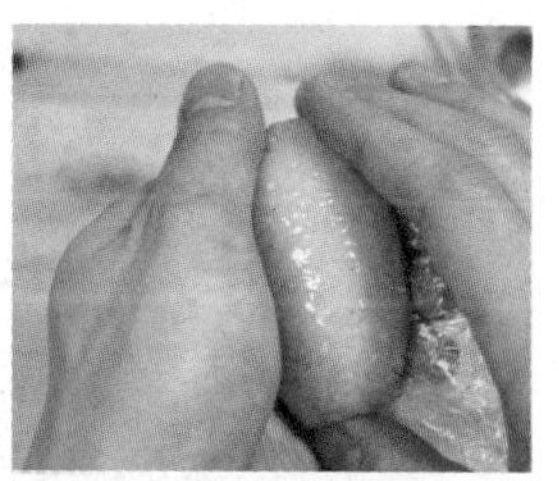

18 将形状调整为橄榄球状。

19 打开保鲜膜，让捏好的麻薯滚到叶子上。

- 叶子很容易粘住，因此要小心处理。

20 做另外一个组合。在抹茶麻薯中间放上地瓜馅，剩下步骤都一样。

- 组合非常自由，你也可以做抹茶皮＋红豆馅或粉红色皮＋地瓜馅，也可以不包叶子！

分量 1 个（15cm×15cm的正方形烤模）

地瓜软弹薄皮煎羊羹

一听到“羊羹”这个名字，很多人（包括我自己）就觉得这应该是日本最甜的和果子。从小我就不太喜欢吃，如果去买和果子，羊羹一定是最后的选择。既然我不爱吃羊羹，为什么还要介绍羊羹的食谱呢？因为自己做可以调整甜度，而且还可以用我很爱的地瓜！大部分羊羹都是用红豆来做，用地瓜做的非常少。主要是因为很多地方的地瓜水分较多，不太好处理，后来我研究了台湾的地瓜，发现黄地瓜和日本的地瓜很接近，很适合来做羊羹。此外，为了做这款地瓜羊羹，在做法中我还加了一个动作，让它变成另一款和果子“きんつば”（Kintsuba，汉字写成“金锷”），我特别喜欢面粉与糯米粉制作出的软弹薄皮，不管是温的还是冰的都很好吃。如果你已经吃腻了用鸡蛋与黄油做成的甜点，就不妨来试试看这款富含膳食纤维的和果子吧！

材料 Ingredients

黄地瓜 Sweet potato……500g
琼脂粉 Agar……4g
水 Water……200mL
砂糖 Sugar……120~150g

［面糊］

低筋面粉 Cake flour……50g
糯米粉 Glutinous rice flour……10g
水 Water……100mL

1 将黄地瓜洗净，削皮后切成小块。

▸ 如果买到皮比较薄的日本地瓜，可以不用削皮直接切块。

2 将地瓜块放入锅子里用冷水开始煮。煮至筷子插得进去时，表示已经熟了，熄火，沥干水分。

3 将煮好的黄地瓜放入钢盆里，用擀面棍捣碎。

▸ 如果喜欢细腻的口感，可以放入食物料理机里打细。

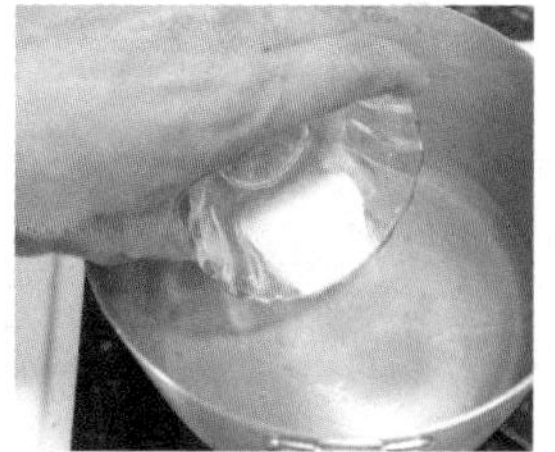

4 在锅子里加入水和琼脂粉，开中火，开始沸腾时，用打蛋器不停地搅拌。

5 再煮1~2分钟，确认琼脂粉完全溶化。

▸ 琼脂粉不像吉利丁，需要高温煮久一点才会溶化哦！

6 放入砂糖，继续煮到砂糖溶化。

7 倒入地瓜泥里。

8 用打蛋器搅拌均匀。

▸ 这个动作要稍微快一点哦！因为琼脂粉温度还没下降时就会开始凝固。

9 将烤模冲一下水，倒入准备好的地瓜泥。

- 烤模表面湿湿的，可以防止粘黏。
- 可以用磅蛋糕烤模铺上保鲜膜或牛奶纸盒代替。

10 敲打烤模底部，将空气震出来，再用刮刀将表面抹平。放入冰箱1~2小时使其凝固

11 准备薄皮。将低筋面粉和糯米粉混合均匀。

12 先倒入一点水搅拌，确认没有结块，再慢慢倒入剩下的水。

13 时间到了！将羊羹从烤模里拿出来。

14 怎么切都可以。我这次切成了3个长条。

15 再切成小块。

- 因为要蘸面糊，所以不要切得太薄，否则立不起来。
- 其实不蘸裹面糊，直接吃也可以！

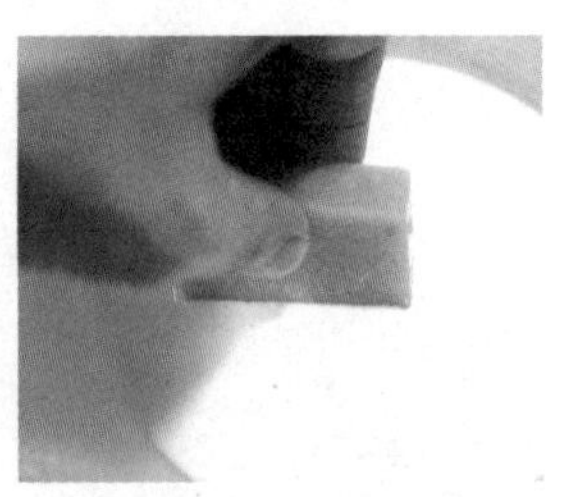

16 准备一个不粘平底锅，开小火，将羊羹的一面蘸一下面糊。

- 不是将羊羹整个放进面糊里去哦！而是一次蘸一面，煎好之后，再蘸其他面煎。

17 将一面煎成白色后，再蘸其他面继续煎。

- 皮很薄，很快就会变成白色。

18 可以同时煎几个。

- 后来想到在面糊里再加入一点抹茶粉会很漂亮！

19 煎好后放在烘焙纸上避免粘黏，可以趁着温温的时候吃，也可以放冷了再吃。

MASA的点心教室3

认识和果子

日本和果子是用传统方法制成，具有日本特色的点心。在制作时大多以糯米和红豆馅作为主要材料，甜度较为强烈，所以常与茶饮搭配。一般浓茶搭配生果子、淡茶搭配干果子，这对日本人而言是一种享受。

和果子可分为三大类型：水分含量20％以下的是干果子，水分较少，呈现较干状态，如煎饼、仙贝、米果、糖球等。40％以上的生果子，如麻薯、馒头、铜锣烧等。介于两者之间的叫半生果子，如羊羹等。日本和果子也会依日本的四季变化、节日等，将自然美景、文学、历史等中取得的灵感，表现在这类精巧的日式点心中，并赋予它深奥的内涵。

在台湾，日本和果子也相当普及，许多台湾民众对日式点心也有一定程度的喜爱，如馒头、大福、麻薯等在市面上都容易购买得到。煎饼、铜锣烧、今川烧也有出售，但由于调味与材料稍有不同，口味与日本有些许差异。

- **干果子**：P.118芝麻＆虾米特脆仙贝、P.133酥松黑糖饼干、P.136三色“御饭霰饼”。
- **生果子**：P.114黑芝麻＆红豆馅薄饼、P.121熔岩风麻薯和果子、P.124草莓双色“大福”、P.127红豆＆杏仁巧克力铜锣烧、P.130健康土豆叶形饼佐和露Mitarashi酱、P.139“外郎”、P.142地瓜茶馒头、P.145樱饼＆抹茶饼。
- **半生果子**：P.148地瓜软弹薄皮煎羊羹。

Part 4

Let's have a happy sweet time

Sponge Cake, Chiffon Cake and Pound Cake

下午茶的最佳主角——蛋糕

Kyoto Green tea Sponge Cake
Earl Grey Pound Cake
Squash & Green Tea Tiramisu
Almond Sponge Cake with Strawberry
Green Tea & Cream Cheese Soufflé
Super Rich Chocolate Banana Cake
Banana & Burdock Root Pound Cake
Marble Pan-fried Strawberry Cake
Basil & Cherry Tomatoes Short Cake
Fresh Strawberry Mousse Cake
Fondant au Chocolat
Black & White Sesame Cream Cheese Cake
Coffee Flavored Chiffon Cake with Caramel Cream
Banana Nut Chiffon Cake
Double Berry Decorated Chiffon Cake
Hearty Roll Cake
Christmas Chocolate Cake

分量 1 个（直径8英寸烤模）

抹茶海绵蛋糕

海绵蛋糕不仅可以直接吃，还可以用来作为其他蛋糕的基底，搭配出许多好吃的甜点。之前我曾经介绍过原味的海绵蛋糕，这次我来介绍加入抹茶粉的海绵蛋糕！做法其实不复杂，与原味海绵蛋糕做法差不多，只要将各种粉的分量稍微调整一下就好了。抹茶粉尽量选择可以直接加入热水喝的那种，我平常用的是京都的宇治抹茶，味道很香，颜色也是很自然的绿色。如果买不到，用烘焙店专用的抹茶粉也可以，有的地方可能只能买到绿茶粉。因为二者之间的原料有一点不一样，所以颜色也有些许差异，其实享受绿茶味道的蛋糕也不错。重点是，使用手头方便的材料来制作就可以了！参考这种方法还可以做出不同的口味哦！^^b

材料
Ingredients

低筋面粉 Cake flour······85g
抹茶粉 Green tea powder······5g
鸡蛋 Eggs······3个
砂糖 Sugar······80g
黄油（无盐） Butter······10g
（隔温水加热至溶化备用）

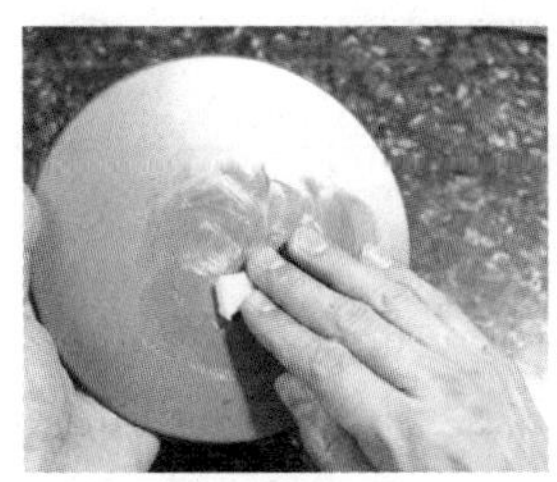

1 预防粘黏，先在烤模底部涂抹黄油。

▸ 我习惯用手直接涂，也可以用刷子涂哦！

2 侧面也要涂抹。

3 在侧面撒一点高筋面粉，摇一摇使面粉均匀散开。

▸ 高筋面粉不容易结块，容易散开。

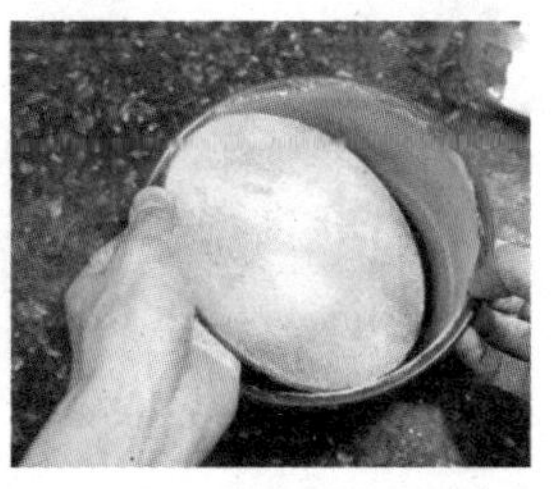

4 在烤模底部同样均匀撒上面粉后，将烤模敲一敲，让多余的面粉掉下来后，将烤模组合好放入冰箱，开始准备其他材料。

5 将低筋面粉与抹茶粉过筛。

▸ 抹茶粉开封后，需要冷藏保存，才能保留它的香味与颜色。

6 将粉类混合均匀。

▸ 如果做可可口味，也是同样做法，先将面粉和可可粉混合均匀。

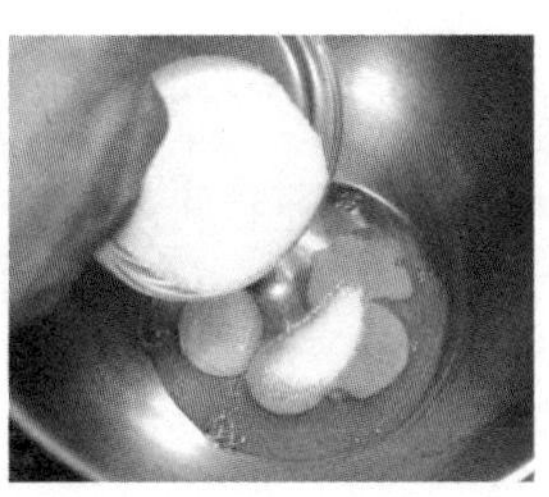

7 在鸡蛋里加入砂糖，搅拌混合。

8 隔温水搅拌均匀。

▸ 全蛋加温后比较好打发。

▸ 鸡蛋里加了砂糖，因此加热时不容易凝固。

9 将手指放进去感觉到温温的时候离开温水，用电动搅拌器（设定高速）开始打发！

▸ 为了度过快乐的烘焙时光，我不太推荐用手动打蛋器打发，（*_*;）很累，因此不快乐。

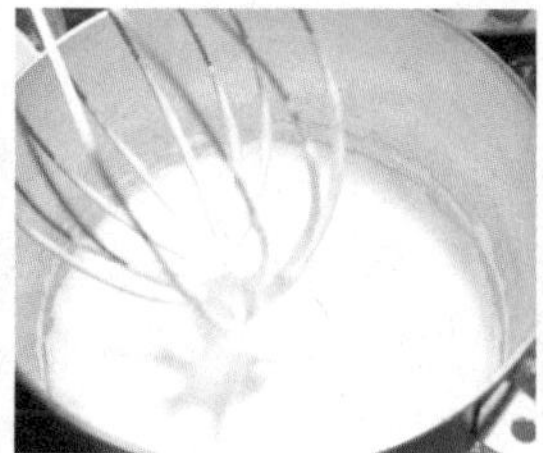

10 打发到像图片这样的程度就差不多了。设定低速继续搅拌1分钟左右，让泡沫更小、更细致。

▸ 搅拌到蛋糊可以画出图案的样子。

11 加入1/2混合好的粉类。

▸ 若一次将粉类全部加入，打发好的泡泡会很快消掉！

12 拿起刮刀用切的动作均匀混合。

▸ 因为是第一次加入粉类，稍微搅拌就好了。

13 放入剩余的粉类，同样用切的动作混合均匀。

14 加入溶化的黄油，再次搅拌。

▸ 加入黄油可以增加浓郁的味道。

15 倒入准备好的烤模里。

16 放入预热至180℃的烤箱，烤约15分钟。膨胀后，把温度调到160℃左右，再烤5～8分钟定形。

▸ 先用高温烘烤让面糊膨胀，再根据高度及表面焦色的状况调整温度。

17 时间到了，将竹签插进去，完全没有粘黏后就可以取出，拿掉烤模，放在铁架上，盖上布巾避免干掉，让蛋糕自行冷却。

▸ 冷却后可以立即食用，如有剩余，可放在密封袋冷冻保存！（可保存2～3个星期）。

18 不要直接切进去，先在侧面画条线，然后左手转动蛋糕，右手执刀子慢慢切进去。

19 同样的方式，再切一半。

20 全部切好了。

分量 1 个（直径7英寸烤模）

上流社会风！伯爵红茶磅蛋糕

每次听到伯爵红茶（Earl Grey Tea），都觉得很高级，印象中在英国，这好像是有钱人喝的饮料。我是一个很少喝红茶的人，和红茶叶有一点距离感，这次趁着写烘焙书的机会，开始去找这种茶叶，结果发现，一般的超市就可以买到，也没有我想象得那么贵！当然品质的好坏、品种、产地都会影响价格的高低。我用它来做了一些甜点，效果都非常好。接下来，我决定用这种茶叶来做一款磅蛋糕。磅蛋糕本来就是很平民的蛋糕，住在加拿大时，这种蛋糕与马芬都是经常出现的免费蛋糕。我非常喜欢这种造型简单，又很适合搭配咖啡的蛋糕。因为是原味，口味不会很重，也可以加入很多不同材料变化口味。放在烤箱里几分钟后，就开始闻到很香、很高级的味道！冷却后，切一片吃一口，嗯~非常高级的英国贵族的感觉呢！本来平民路线的蛋糕，只要加入茶叶的香味，就可以变化出这么丰富的一款蛋糕，实在太神奇了！

材料
Ingredients

黄油 Butter……120g
糖粉 Icing sugar……50g
蛋黄 Egg yolks……3个
伯爵红茶（叶）Earl grey tea……10g
柠檬汁 Lemon juice……1大匙
蛋白 Egg whites……2个份
砂糖 Sugar……50g
低筋面粉 Cake flour……120g
鲜奶油 Whipping cream……80mL
砂糖 Sugar……5g
薄荷叶 Mints……8片

1 将黄油放在室温下，变软后用打蛋器打成乳霜状。

▸ 打成乳霜状的黄油里包起来很多很细的气泡，烤出来的口感比较细腻！

2 加入糖粉混合均匀。

3 将蛋黄分次加入。

▸ 蛋黄可以先打散。

4 每次加入后都搅拌均匀。

▸ 一次性加入容易油水分离！

5 加入伯爵红茶。

▸ 也可以使用普通的红茶叶！

6 加入柠檬汁。

▸ 加入一点君度橙酒之类的香酒也很好！

7 开始打发蛋白。将砂糖分2或3次加入打发。

8 打到大概像图片这么硬的程度就可以了。

9 将约1/3的蛋白放入蛋黄中搅拌。

▸ 先加入一些打发好的蛋白，再加入粉类比较容易混合！^b

10 加入1/2过筛好的低筋面粉。

11 用刮刀略微搅拌后，加入剩余的粉类。

12 粉类大致混合均匀后，放入剩余的蛋白搅拌均匀。

13 在烤模内侧涂抹黄油和防粘粉后，倒入做法12的面糊，表面用刮刀抹平。

▸ 这种面糊比较硬，不容易自己散开，所以需要用刮刀整理一下哦！

▸ 烤模当然也可以用烤磅蛋糕常用的方形的哦！

14 放入预热至170℃的烤箱，烤25～30分钟。用竹签插进去，没有面糊粘黏就表示熟了！

15 将烤模拿掉，放在铁架上冷却。

▸ 可以享受刚烤好的松软香甜的蛋糕，也可以装饰上加入砂糖打发好的鲜奶油和薄荷叶。放置1～2天，口感更加浓郁！

分 量 1 个（直径7英寸烤模）

南瓜&抹茶提拉米苏

在我的食谱里，做过太多种南瓜料理与点心，已经有一点搞混了。f（^_^;）这款蛋糕我一直很想做，想看看南瓜与抹茶两种颜色混合出来的蛋糕层有多漂亮。马斯卡彭（Mascarpone）奶酪是做提拉米苏（Tiramisu）最适合的材料，所以我决定来做南瓜与抹茶风味的和风提拉米苏！在做这款蛋糕时我突然想到，其实用这种方法还可以做很多种提拉米苏呢！加入胡萝卜泥或毛豆泥，也是很不错的样子呢！下面我们就先来一起做做看具有南瓜风味的健康蛋糕吧！

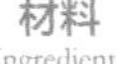

材料 Ingredients

南瓜泥 Squash paste……100g
砂糖 Sugar……15~20g
吉利丁片 Gelatin sheet……6g
8英寸抹茶海绵蛋糕（切成1cm薄片**）**Green tea sponge cake……2片
蛋白 Egg whites……2个份
砂糖 Sugar……50g
马斯卡彭奶酪 Mascarpone……250g
蛋黄 Egg yolks……2个
抹茶粉 Green tea Powder……适量

[糖水]

砂糖 Sugar……2大匙
水 Water……2大匙
泡盛 Awamori……适量

1 今年没有时间做万圣节南瓜灯，我直接画一下，稍微感受一下万圣节的气氛。

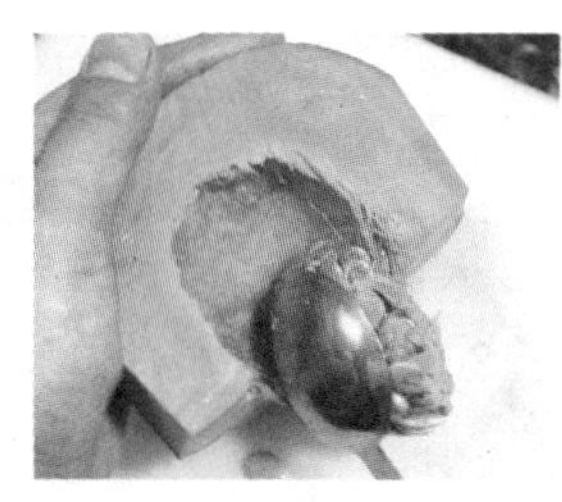

2 将南瓜切成4等份后取1/4，用汤匙挖空后削皮。

- 南瓜的皮很硬，小心不要削到手！
- 如果太硬不好切，可以稍微加热一下再切。

3 将南瓜蒸熟。可以直接放在盘子上，用耐热保鲜膜盖起来微波，也可以放入电锅蒸熟。如果感觉水分太多，还可以用烤箱烤熟。

- 因为不需要太多水分，我不建议用水煮哦！

4 将南瓜捣烂，用网筛过滤成泥，顺便去除多余的纤维质。

- 如果使用网筛嫌麻烦，可以用食物料理机处理！

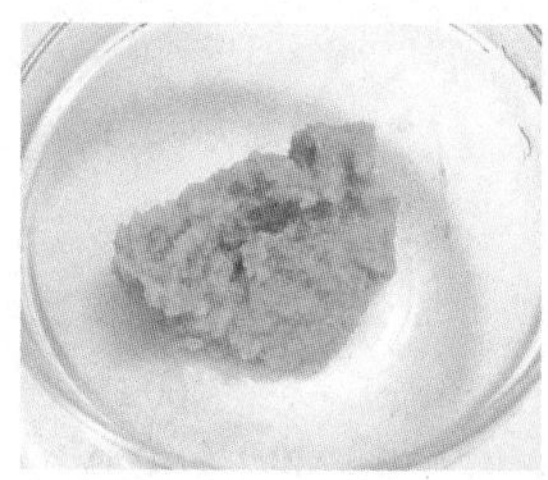

5 这次买的南瓜不太甜，我加入了约20g的砂糖，补充一下甜度。

▸ 砂糖的分量可以自己调整。先试吃一下，如果南瓜本身很甜，不加糖也可以！

6 将吉利丁片泡在冰水里。

▸ 要用冰水哦！因为厨房很热，吉利丁片容易变软！

▸ 也可以用吉利丁粉，分量一样，但与吉利丁片一样，先用水浸泡！泡水方式请参考包装袋上的说明。

7 准备涂蛋糕用的糖水。加热，待砂糖溶化后熄火。

8 糖水冷却后，加入一点“泡盛”以增添香味。

▸ “泡盛”（**あわもり**，Awamori），是冲绳一种用米做成的蒸馏酒，有很特别的香味。如果没有这种酒，可以不用，或用其他的酒代替，例如君度橙酒等。

9 将冷却的抹茶海绵蛋糕切成2片薄片。

▸ 抹茶海绵蛋糕的做法与切片方式参考P.154。

10 将7英寸的烤模底放在蛋糕片上，将周边切掉。

Q：为什么不直接烤7英寸的蛋糕？

A：由于海绵蛋糕烘烤之后会稍微缩小，切成薄片后放在烤模里，旁边会有空隙，倒入馅料后容易溢出来。而且切下来的蛋糕边还可以用作装饰！

11 1片铺在7英寸蛋糕烤模里，另外1片放在旁边，用刷子将煮好的糖水均匀涂在两片蛋糕表面。

▸ 糖水不需要全部用完哦！涂抹均匀就可以了！

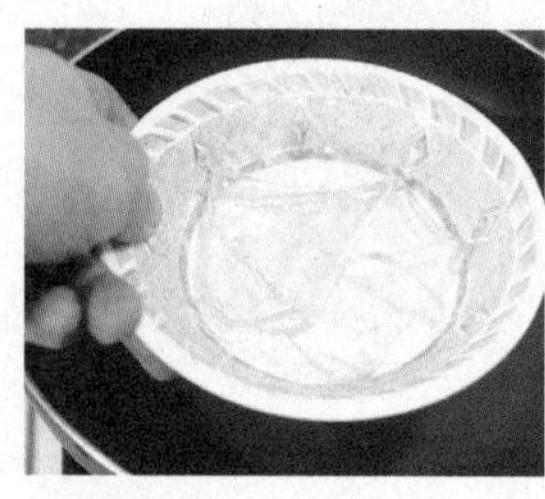

12 将泡好的吉利丁片从冷水里拿出来，放在耐热的容器里，连同容器一起放入热水中，隔水加热使其溶化。

13 打发蛋白。先用低速搅打后，加入1/2的砂糖，搅拌均匀后，加快搅打速度。等到蛋白变成白色后，再加入剩余的砂糖，用高速继续打发。

▸ 糖不要一次全部加入，不容易混合哦！

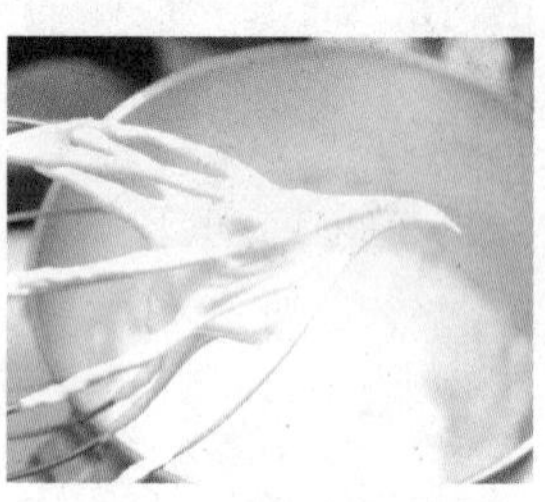

14 打到像图片这种可以立起来的硬度。

15 将马斯卡彭奶酪用打蛋器搅拌成泥状。

16 在溶化好的吉利丁里放入一点马斯卡彭奶酪，混合均匀。

▸ 不要将吉利丁直接放入马斯卡彭奶酪里面，如果马斯卡彭奶酪还是冷冻的就倒入吉利丁，会很快凝固，产生很多结块。

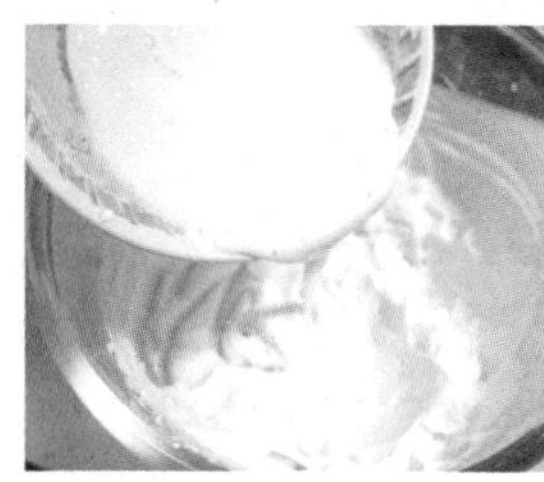

17 将做法16倒入做法15里，整体混合均匀。

18 加入蛋黄混合均匀。

19 与南瓜泥混合。

20 搅拌一下，哇！漂亮的黄色！

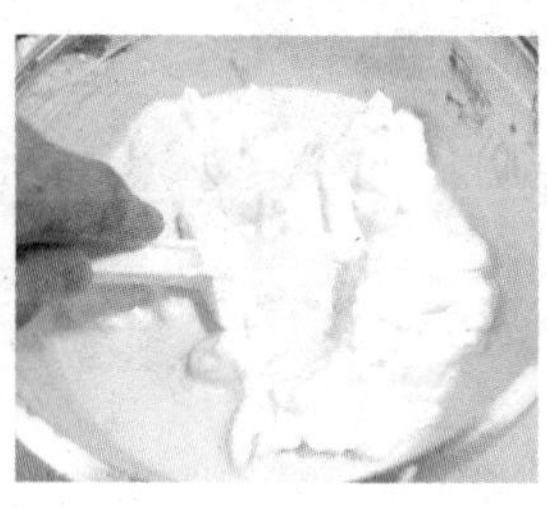

21 放入打发好的蛋白中搅拌均匀。

22 往烤模里倒入1/2内馅。

23 轻轻放上另一片蛋糕片。

▸ 由于烤模形状的关系，第2片的旁边应该会有些空隙，没关系！

24 倒入剩余的内馅，放入冰箱冷藏6~8小时。

▸ 一般制作提拉米苏时不加入吉利丁，由于这次加入了南瓜泥（多余的水分）直接冰起来不容易凝固，所以我加了一点吉利丁增强一下凝固力。

25 凝固好了！用温毛巾围起来，将侧面稍微加热一下比较容易去掉烤模。

26 上面筛上抹茶粉。太漂亮了！很好吃的样子！（≧∀≦）！

▸ 质地很软，建议用温热的刀子切，切面才会比较漂亮哦！

分量 8 杯

草莓杏仁蛋糕杯

之前介绍过草莓蛋糕，其实做这种甜点很好玩，这次我要介绍草莓蛋糕杯，不需要很麻烦地用抹刀一直涂鲜奶油，只要用杯子盛着直接拿给客人吃就可以了！杯子不仅可以用来装饮料，也可以用来装很可爱的甜点哦！这次我做了杏仁口味的海绵蛋糕，烘烤后的杏仁味道超级香，烘烤后直接吃已经非常满足，再与草莓和有酒香风味的鲜奶油一起装在杯子中，就变成非常豪华的点心！

材料 Ingredients

鲜奶油 Whipping cream……300mL
砂糖 Sugar……10g
草莓 Strawberries……40个
薄荷叶 Mints……8片
巧克力片 Chocolate……8片

[杏仁蛋糕]
低筋面粉 Cake flour……60g
杏仁粉 Almond powder……60g
蛋黄 Egg yolks……4个
砂糖 Sugar……1小匙
蛋白（冰的） Egg whites……4个份
砂糖 Sugar……40g

[糖水]
砂糖 Sugar……50g
水 Water……50mL
君度橙酒 Cointreau……1大匙

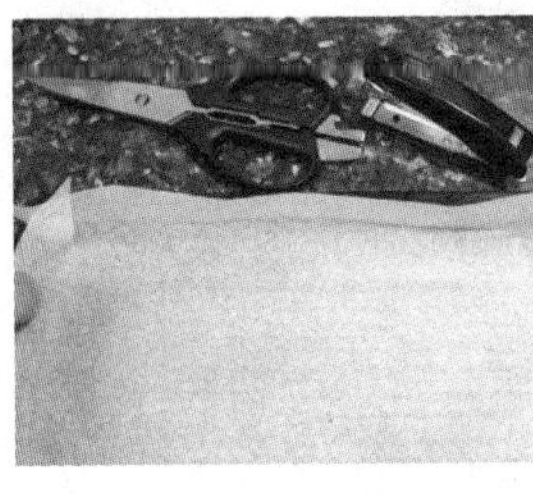

1 在烤盘上铺一张烘焙纸，用钉书机将边角钉起来。

2 将低筋面粉过筛。

3 将杏仁粉过筛。

▸ 这次我用的杏仁粉比较粗，所以要用粗一点的网筛过筛。

4 将两种粉混合均匀。

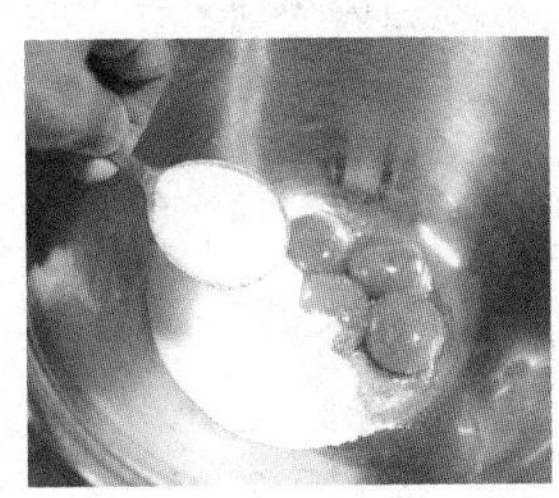

5 在蛋黄里加入砂糖。

▸ 这次我要用“分开打发”的方式。蛋白的气泡比蛋黄更快消掉，所以要先打发蛋黄，再打发蛋白。

6 大概混合均匀后，隔温水加热到摸起来有一点温温的程度。

▸ 由于蛋黄里面加入了砂糖，加热后不会很快凝固。

7 离开温水，开始打发。打发成图片这种泛白的状态就可以了。

8 打发蛋白。将蛋白大致搅拌一下后，放入一半量的砂糖开始打发。等到泛白后，再加入另外一半的砂糖。打到像图片一样可以立起来的硬度。

- 蛋白和蛋黄相反，不能加热，要用冰的。
- 砂糖一次全部加入不容易混合，要记得分开加入哦！

9 将打发好的蛋白取少量加入蛋黄里，用刮刀切拌式混合。

- 蛋白一开始不要全部加入，先加入一点，最大程度地保存气泡。

10 加入剩余的蛋白，同样用刮刀混合。

11 加入的粉类，先加入一半的分量，混合均匀后再加入剩下的一半。

- 加入粉类后，气泡很快会消掉，动作要快一点，不要搅拌太多次哦！

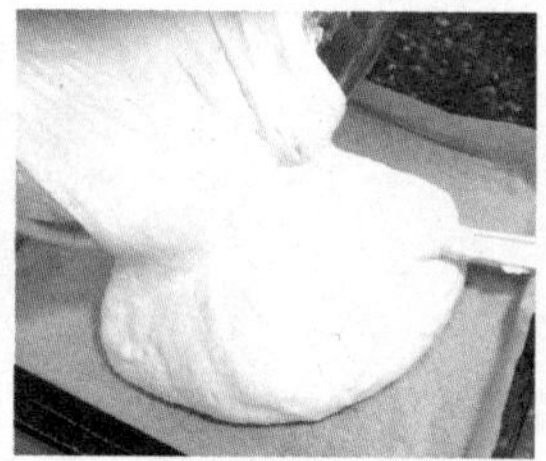

12 混合均匀后，倒入准备好的烤盘里。

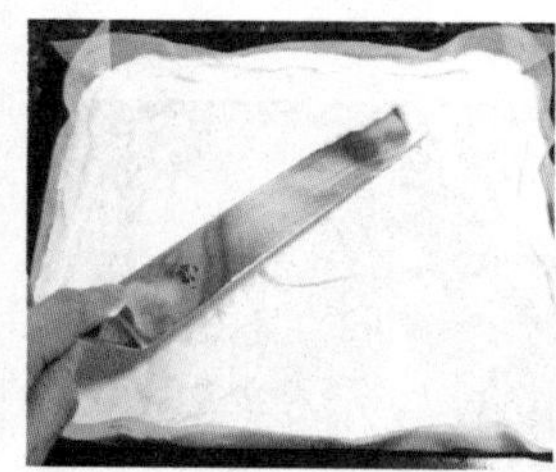

13 用抹刀将面糊抹平。

14 放入预热至180℃的烤箱烤10分钟。

15 放在铁架上冷却。

16 准备糖水。混合水和砂糖，加热使其溶化后冷却待用，再加入喜欢的香酒。我加入了“君度橙酒”。

- 如果要给孩子吃，不加酒也可以！

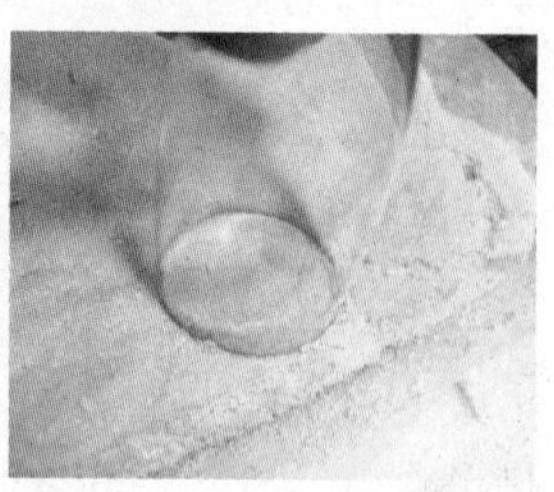

17 切蛋糕。有两种方式，可以用盛装的杯子直接压下去。

- 但要注意，杯口容易粘住，每次按压前都要擦干净。
- 杯子这次我用的是气泡酒杯，什么样子的杯子都可以！

18 也可以用压模压。

19 用刷子将两面涂满糖水。

▸ 糖水不需要全部用完哦！涂抹均匀就可以了！

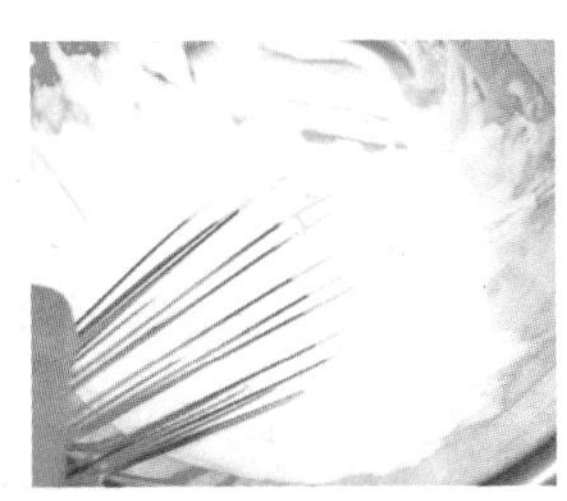

20 在鲜奶油里加入一点砂糖进行打发。

▸ 蛋糕本身已经很甜了，鲜奶油微甜就可以了。

21 将草莓切丁，放入杯子底部。

▸ 当然可以加入其他水果，如蓝莓、猕猴桃、芒果之类。

22 挤入打发好的鲜奶油。

23 放入准备好的杏仁蛋糕。

24 在杯子侧面贴上切成薄片的草莓。

▸ 切得薄一点比较容易粘住哦！♪

25 中间多放一点切成小块的草莓。

26 再挤一层鲜奶油。

27 将另外一片蛋糕片放入杯子里。

▸ 根据杯子的高度决定要做几层。

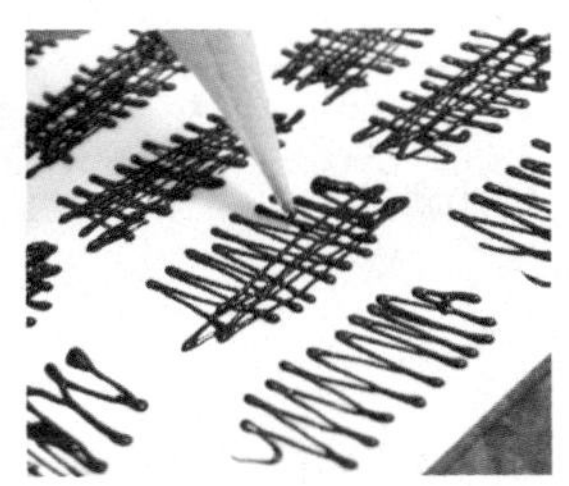

28 这次我准备了装饰用的巧克力片！将巧克力隔温水溶化后，装入小挤花袋里，在烘焙纸上挤出纹路，再放入冰箱使其凝固。

▸ 可以一次多做一点冷冻起来！ᴹb。

▸ 可以放入1片薄荷叶增加色彩。

Green Tea Cream Cheese Soufflé

重口味
抹茶奶酪舒芙蕾

分量

1个 （直径7英寸烤模）

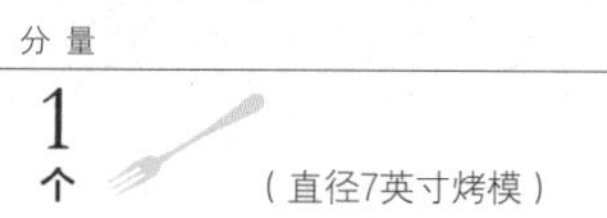

材料 Ingredients

8英寸抹茶海绵蛋糕（切成1cm薄片） Green tea sponge cake……1片

▸做法参考P.154。

奶酪 Cream cheese……200g

糖粉 Icing sugar……30g

蛋黄 Egg yolks……3个

牛奶 Milk……200mL

低筋面粉 Cake flour……35g

抹茶粉 Green tea powder……5g

玉米粉 Corn starch……10g

蛋白 Egg whites……4个份

砂糖 Sugar……40g

[抹茶糖水]

水 Water……2大匙

砂糖 Sugar……1大匙

抹茶粉 Green tea powder……1/2小匙

传统的舒芙蕾是将打发好的面糊放入烤箱烘烤后，直接拿给客人吃的速食蛋糕。后来我遇到很多口味的舒芙蕾蛋糕，尤其在日本，有很多地方出售奶酪口味的，我个人很喜欢吃奶酪蛋糕，每种商品看起来都非常诱人。我的习惯是看到有兴趣的蛋糕会自己调整口味，这次我最想尝试的材料是抹茶粉，加进去一起烤看看会怎么样。太棒了！奶酪舒芙蕾特别的口感与抹茶的香味非常搭配！虽然奶酪本身味道很重，但因为下面铺了涂抹了抹茶糖水的抹茶海绵蛋糕，刚好可以平衡彼此的味道。大家一起来看看抹茶粉的另一种妙用吧！

1 将抹茶糖水的材料放入锅子里混合均匀，加热至砂糖和抹茶粉溶化后冷却。

▸ 不需要煮到沸腾，粉和糖溶化后就可以熄火！

2 用7英寸的烤模底盖在8英寸的海绵蛋糕上，切除边缘。

3 将冷却好的抹茶糖水用刷子涂在海绵蛋糕两面。

▸ 抹茶糖水不需要全部用完，剩下的可以冷藏保存！

4 奶酪从冰箱拿出来时还很硬，放在碗里，表面覆盖耐热保鲜膜后，用手压扁。

5 连同容器放入温水里加热，使其变软。

6 裁切烘焙纸。因为这种蛋糕很容易膨胀，所以烘焙纸要略大一点，使边缘高出烤模。

7 在烤模里涂抹溶化的黄油后，再贴上烘焙纸。

8 铺上涂抹过糖水的海绵蛋糕，下面用铝箔纸包起来。

9 奶酪已经变软了，加入糖粉搅拌均匀。

10 放入蛋黄搅拌均匀。

11 放入牛奶。

12 将低筋面粉、玉米粉、抹茶粉放入网筛中过筛。

13 将过筛好的粉类再一次过筛后放入做法11里，搅拌均匀。

▸ 因为调好的蛋黄酱比较稀，直接放入粉类容易结块。

14 打发蛋白。先低速搅打，放入1/2的砂糖后加速搅打，等到开始泛白后，再加入剩余的砂糖，高速搅打。

▸ 糖不要一次全部加入，不容易混合，要分次加入！

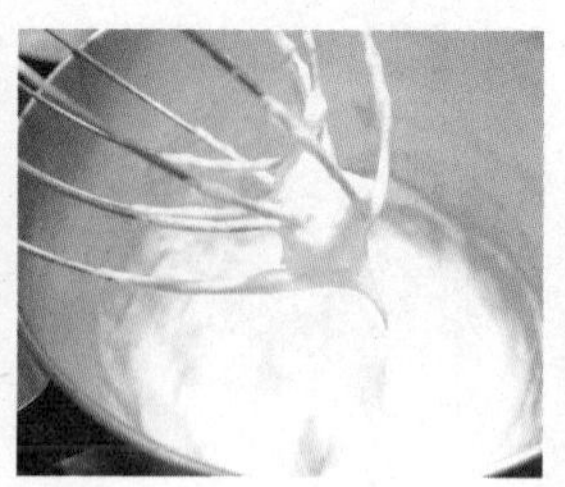

15 打至像图片一样可以立起来的硬度。

16 将1/3的蛋白放入做法13里略微搅拌一下，再放入1/3搅拌混合，最后用刮刀全部混合均匀。

▸ 蛋白一开始不容易混合，所以一次加入少量，确认混合均匀后再添加，不要搅拌过度哦！防止消泡！

17 放入准备好的烤模里。

18 放入预热至150℃烤箱的烤盘里。然后在烤盘里加入热水，蒸烤。

▸ 这种甜点湿度很重要，加入水分可以保湿。

19 烤30～40分钟，30分钟的时候插入竹签，看看竹签上有没有面糊粘黏。如果看到蛋糕上出现气孔，表示烘烤得差不多了，将蛋糕拿出来冷却。放入冰箱冷藏一个晚上再切比较好切，而且味道也比较香！

▸ 如果你希望蛋糕表面光滑，将温度调低一点，时间烤久一点就可以了。温度与时间要根据烤箱的状况调整哦！

轻松做！浓郁巧克力烤香蕉蛋糕

分量

1个（直径7英寸烤模）

材料 Ingredients

黄油（无盐） Butter……50g
蛋黄 Egg yolks……3个
巧克力 Chocolate……80g
砂糖 Sugar……50g
鲜奶油 Whipping cream……45g
低筋面粉 Cake flour……15g
可可粉 Coco powder……40g
蛋白 Egg whites……3个份
砂糖 Sugar……50g
香蕉 Banana……2根
糖粉 Icing sugar……适量
装饰巧克力 Shredded chocolate……适量

我个人很爱吃巧克力，之前我在餐厅做的都是作为装饰用的，这次我介绍的蛋糕是可以享受巧克力本身的味道，不用特意切分或装饰，风格比较轻松的蛋糕。巧克力和香蕉一起烤，香味太诱人了！放入烤箱开始膨胀后，表面看到的香蕉纹路实在太漂亮了！冷却后，撒上巧克力碎和糖粉，就完成非常美丽的巧克力蛋糕了！它有两种吃法，刚烤好香喷喷的样子很好吃，放置一整天再享受它的巧克力浓郁风味也很好！想怎么吃都可以啊！也可以准备两个小烤模，一个马上吃掉，另一个隔天再吃，是不是太贪心啊？f（*￣▽￣*）总之，不用担心太复杂的装饰，参考这款食谱的配方，将面糊放进烤模中烤一烤，就可以享受浓郁的巧克力蛋糕哦！

1 在烤模内侧涂抹黄油并撒上面粉。

2 将低筋面粉与可可粉过筛。

▸ 可可粉容易结块，需要用细一点的网筛过筛哦！

3 将粉类混合均匀。

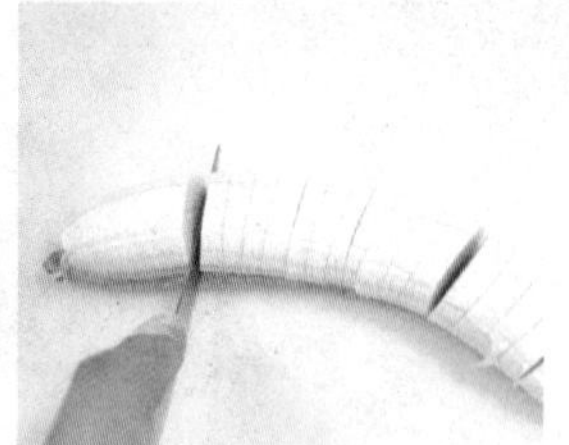

4 将香蕉切成薄片。

▸ 我习惯在下面留一条皮再切，这样不容易散开，也可以防止变色，砧板也不用洗。（*￣▽￣*）

5 将巧克力和黄油隔水加热溶化。

6 巧克力温度不要太高，40℃左右就可以。

▸ 巧克力温度太高容易分解，口感会变差，要注意哦！

7 将鲜奶油加热（同样是温热的程度）。

8 将蛋黄加入砂糖搅拌混合均匀。

9 隔温水加热一下。

▸ 由于蛋里加入了砂糖，因此不容易结块。

10 感觉到温度时就可以拿出，继续搅拌，打发成乳黄色。

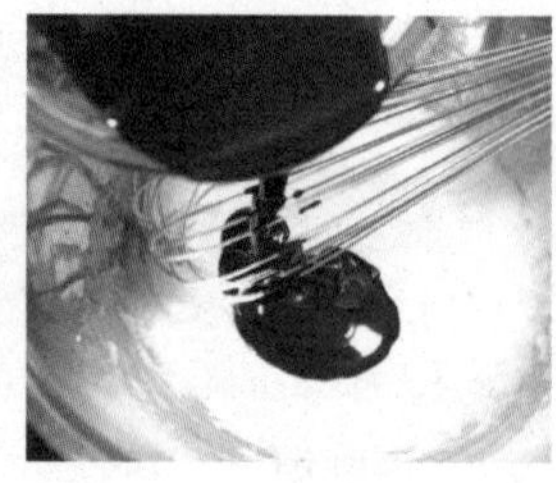

11 加入刚溶化好的巧克力，搅拌均匀。

12 加入温热的鲜奶油。

▸ 这些东西都要温温的才容易混合，如果太凉，容易凝固！

13 加入调好的粉类（面粉与可可粉）。

14 打发蛋白。先低速搅打，放入1/2的砂糖后加速搅拌，开始泛白时，再加入剩下的砂糖，高速搅打，打至像图片这样可以立起来的硬度。

▸ 糖不要一次全部加入，不容易混合，要分次加入哦！

15 蛋白加入之前，要确认一下调好的巧克力面糊的状况。如果开始凝固，有一点硬，要隔温水搅拌至柔软后，再进行下一个步骤。

▸ 加热不要太久哦！否则会影响巧克力的口感！

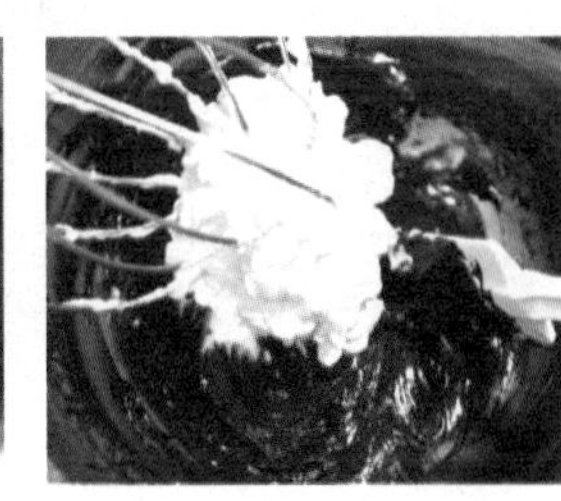

16 加入一半打发好的蛋白，用打蛋器稍微拌匀。

17 大致混合后，再加入剩余的蛋白，用刮刀切拌。

▸ 若一次全部放入，蛋白的气泡容易消失。

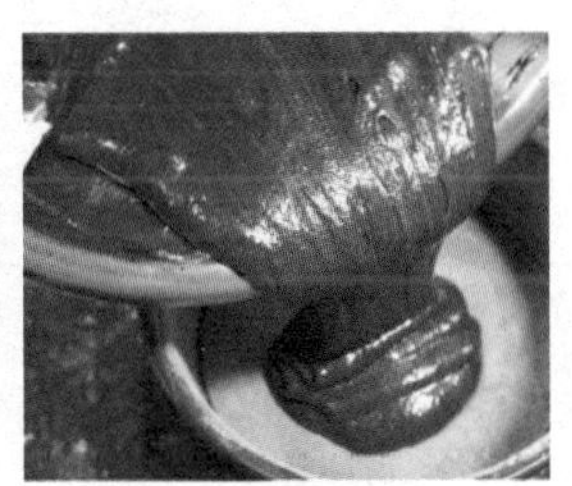

18 往烤模里倒入一半的分量。

19 摆上切好的香蕉片。

▸ 香蕉不要贴近烤模周围哦！不然烤的时候容易粘住烤模，面糊不容易膨胀！

20 倒入剩余的面糊。

21 再摆一圈香蕉片。

22 放入预热至180℃的烤箱，烤约30分钟，将温度调至150℃，继续烤约5分钟。烤好后将烤模拿掉，放在铁架上冷却。

23 接下来准备巧克力装饰！将大块的巧克力用汤匙刮成卷卷的巧克力屑。

24 在冷却好的蛋糕中间放上巧克力屑，再撒上糖粉。

Banana Burdock Root Pound Cake

纤维超多！香蕉牛蒡磅蛋糕

分量

1
个

（18cmX8.5cmX7cm的烤盘）

材料
Ingredients

牛蒡 Diced burdock root……100g
黄油（无盐）Butter……1小匙
水 Water……100mL
黄油（无盐）Butter……100g
砂糖 Sugar……90g
鸡蛋 Eggs……2个
香蕉泥 Banana……100g
低筋面粉 Cake flour……100g
泡打粉 Baking powder……3g

牛蒡？磅蛋糕？感觉不太适合。我个人很爱吃牛蒡，用它来做过很多种料理，因为我非常喜欢它的香味与口感，所以还一直想可以用来做什么甜点，后来想到蔬菜点心，之前用蔬菜泥做过蛋糕，但牛蒡的口感比较硬，纤维又多，打成泥好像不太适合，于是决定切成小丁，留住它本身的口感，然后加入香蕉泥一起烤！有一点冒险的感觉。结果呢？从烤箱传出了香喷喷的味道。烤好后，马上切片吃了一口，哇哦！没想到香蕉与牛蒡一起烤成的蛋糕可以这么好吃！牛蒡的自然甜味与脆脆的口感实在太爽口了，因为是与香蕉一起烤，所以根茎类特别的腥味都被香蕉的香味遮盖了起来，只留有牛蒡的香味！如果你和我一样是牛蒡的爱好者，吃蛋糕时想顺便多摄取一点膳食纤维，或者想给孩子吃一点比较健康的甜点，一定要试试这款蛋糕！如果你不喜欢吃牛蒡，没关系！同样可以参考这里的食谱，只要跳过处理牛蒡的部分，其他做法都一样！^^b加不加牛蒡都是可以的！因为你是大主厨，决定权在自己哦！

1 将牛蒡皮用刀背刮掉。

▸ 最好不要用削皮刀，因为皮下含有很多养分，只将表皮稍微去掉就可以了。

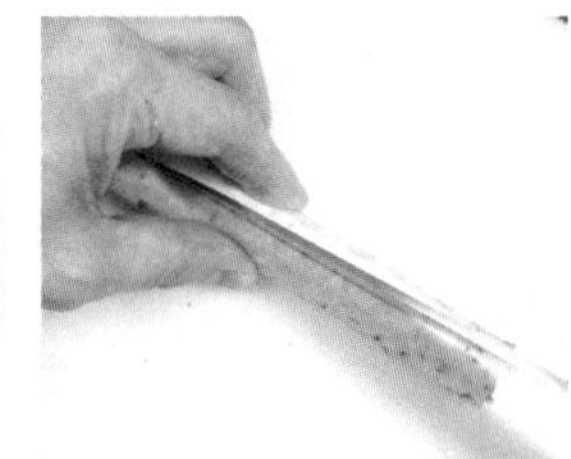

2 纵向切3或4刀。

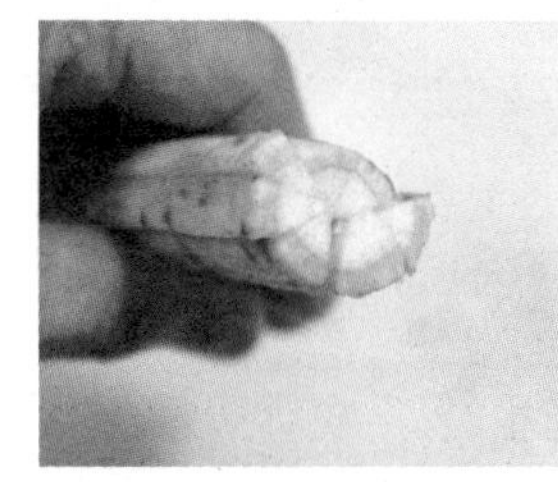

3 切成像图片这样。

4 再切成小块。

5 如果怕变黑，可以泡一下水。

6 在平底锅里放入黄油，溶化后放入牛蒡丁，炒出香味来。

▸ 炒到有一点焦黄就可以了！

7 加入一点水，用小火煮一下，放在盘子里冷却。

▸ 根据自己喜欢的口感，煮到很软或有一点脆脆的样子都可以！

▸ 如果水太多可以倒掉一些。

8 在方形烤模里涂一点黄油。

▸ 用圆形烤模也可以。

9 撒上面粉摇匀。

10 将低筋面粉和泡打粉混合后过筛。

11 将香蕉用擀面棍捣成泥状。

▸ 香蕉越熟越香，用黑一点的没关系哦！

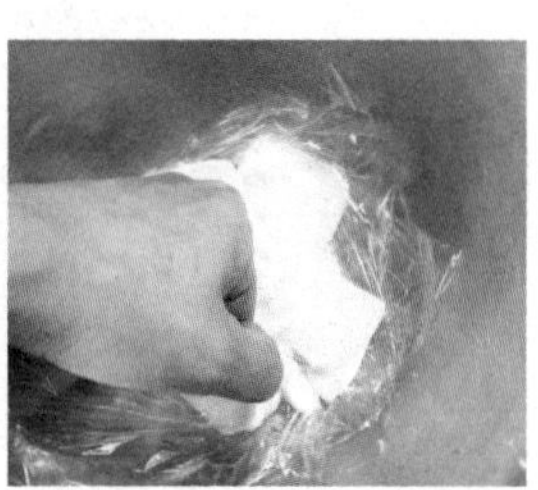

12 将黄油放入钢盆里。

▸ 如果黄油不够软，可以隔保鲜膜用手按揉一下。

13 如果还是很硬，可以隔温水加热一下。

▸ 不要加热太久哦！不要让黄油溶化！

14 将变软的黄油用打蛋器打成乳霜状。

15 放入砂糖搅拌均匀。

16 将鸡蛋打散。

17 将蛋液分次加入到黄油里。

▸ 蛋液与黄油混合容易结块，因此一次不要放入太多！

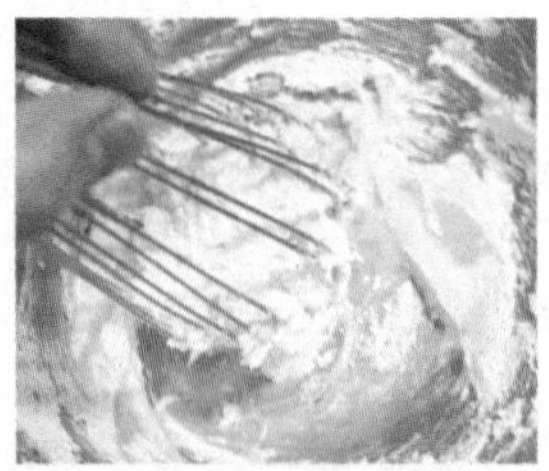

18 用打蛋器搅拌均匀，继续加入蛋液。

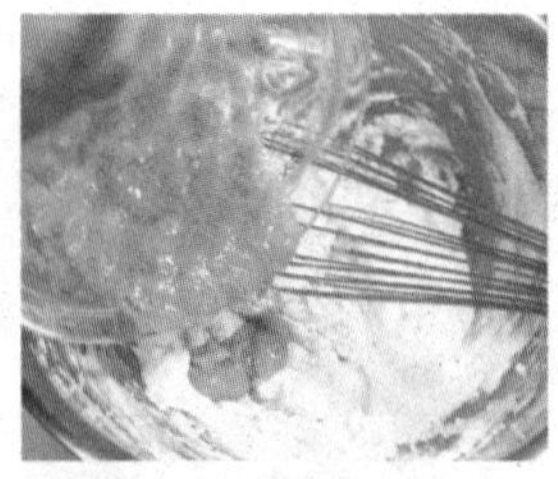

19 蛋液全部加完后，放入香蕉泥。

20 放入冷却的牛蒡混合均匀。

▸ 如果你不喜欢牛蒡，不加也可以！材料分量不需要调整，直接省略这种材料就可以！^^;

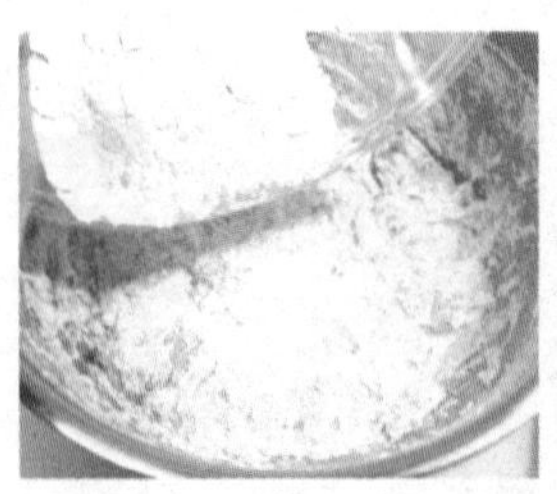

21 加入粉类。

22 用刮刀切拌混合。

▸ 注意！不要过度搅拌！防止产生面筋使口感变硬！

23 倒入烤模里，轻敲几下，让里面的空气出来。

24 放入预热至170℃的烤箱，烘烤30～35分钟。

▸ 将蛋糕放置一个晚上再吃，口感更加绵密哦！

Marble Pan-fried Strawberry Cake

免烤箱！大理石风草莓蛋糕

分量

4-6个

材料
Ingredients

低筋面粉 Cake four······50g
低筋面粉 Cake four······45g
可可粉 Coco powder······5g
鸡蛋 Eggs······4个
砂糖 Sugar······80g
蜂蜜 Honey······15g
牛奶 Milk······20mL
鲜奶油 Whipping cream······300mL
砂糖 Sugar······20g
草莓 Strawberries······25~30个
猕猴桃 Kiwi fruit······1或2个

想做蛋糕卷，却因为没有烤箱就放弃了吗？我来帮你解决这个问题吧！下面介绍一款不需要使用烤箱的蛋糕，而且不需要加入松饼粉，可以自由地做出各种变化。我另外做了一款可可口味的，与原味面糊混在一起，就变成非常漂亮的大理石蛋糕了！哈哈！用平底锅就能做出那么漂亮的大理石蛋糕！中间涂抹鲜奶油，再装饰上草莓和猕猴桃，哇！真得很漂亮！它可以卷、折、叠，用什么装饰都可以！这种纯手工的蛋糕和孩子一起做也不错哦！来吧！简单的烘焙体验教室开始喽！♪

1 将低筋面粉过筛。

2 将可可粉过筛。

▸ 由于可可粉和抹茶粉比较容易结块，因此要用细一点的网筛过筛。

3 将50g的低筋面粉与50g低筋面粉和可可粉的混合粉类分开盛放。

4 将烘焙纸折成4折，剪成扇形，打开成为可以放在平底锅里的圆形。

5 在碗里放入蜂蜜和牛奶，隔温水加热，将蜂蜜和牛奶混合均匀。

6 在鸡蛋里加入砂糖混合均匀。

7 隔温水搅拌。

▸ 蛋液加温后比较容易打发。

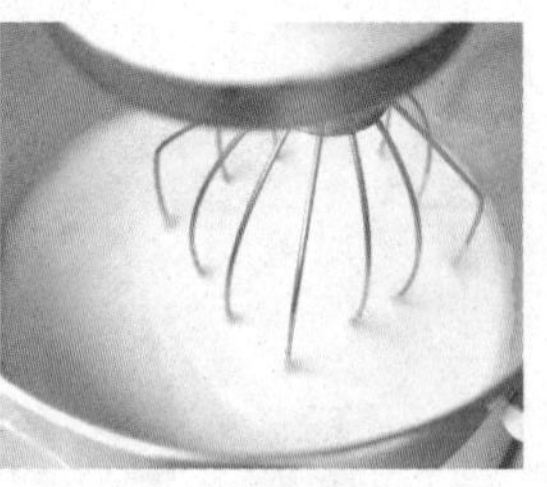

8 摸一下蛋液，比手温略高时拿出。用电动搅拌器高速打发。

9 打至乳黄色时放入蜂蜜牛奶，继续打到牙签插进去可以立住的硬度。

10 将打发好的蛋液分成两等份。

11 在其中一半蛋液里面放入过筛的低筋面粉大概一半的量，用刮刀搅拌均匀，再放入剩余的粉，混合均匀后放置备用。

12 做可可口味的面糊。在另一半蛋液里面先加入一半的粉类，稍微混合后再放入剩余的。

13 两种口味的面糊都准备好了！

▸ 加入粉类（尤其是可可粉）容易让蛋液消泡，因此动作要快一点哦！

14 在平底锅里铺一张与锅底相同大小的烘焙纸，再倒入原味和可可口味的面糊。

▸ 先倒哪种都可以。

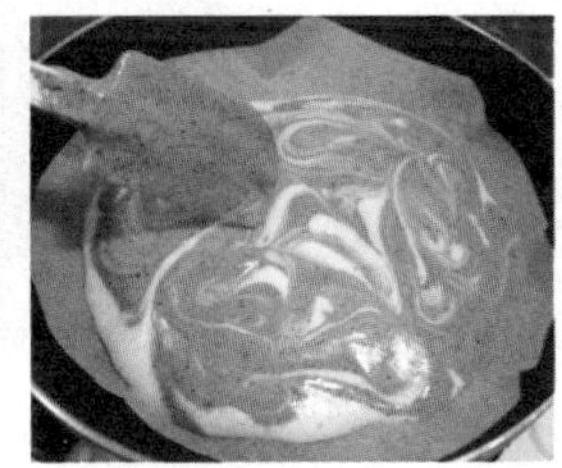

15 在表面刮出大理石的纹路。

▸ 大概就好啦！刮太多次会使面糊混在一起，纹路就会不见了。（° ▽°；）

16 开小火，盖锅盖焖8～10分钟，不需要翻面。

▸ 时间根据火力自己调整，用最小的火慢慢煎，不要烤焦！

17 摸一下表面，不会粘在手上就表示已经煎好了。拿出来放在铁架上面冷却。

▸ 如果怕下面的颜色太深，可以多铺一张烘焙纸或铝箔纸！

18 冷却后翻面，把烘焙纸撕掉。

19 这次我用了草莓，切成容易处理的大小（我这次切半）。

▸ 当季的水果都可以用，如芒果、猕猴桃、香蕉等！

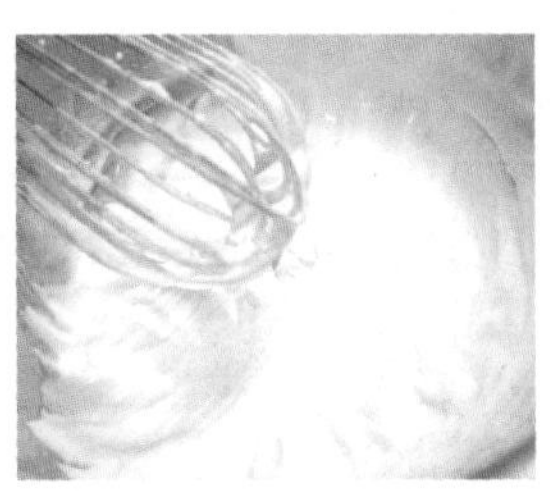

20 在鲜奶油里加入糖，打发。

▸ 由于要卷起来，所以要打硬一点。

21 将刚撕掉的烘焙纸铺在下面，在底面涂抹打发好的鲜奶油，然后把切好的草莓摆上。

22 利用烘培纸把蛋糕卷起来。

▸ 简单地折起来也很好看！

23 卷好后用保鲜膜包起来，放在冰箱冷藏30分钟左右，让里面的馅凝固。

Basil & Cherry Tomatoes Short Cake

蔬菜甜点——罗勒酒渍圣女果迷你蛋糕

分量

1个 （直径6英寸烤模）

材料 Ingredients

罗勒 Basil……10g
橄榄油 Olive oil……2小匙
鸡蛋 Eggs……2个
砂糖 Sugar……50g
低筋面粉 Cake flour……60g
鲜奶油 Whipping cream……230mL
砂糖 Sugar……20g

[腌渍圣女果]
圣女果 Cherry tomatoes……15~18个
白酒 White wine……200mL
水 Water……200mL
砂糖 Sugar……2大匙

[装饰]
薄荷叶 Mints……适量

看到这个名字，大家会有什么样的想法呢？蛋糕？香草？蔬菜？其实有的组合真得很适合制作点心。我介绍过不少地瓜、南瓜的点心，它们都算是蔬菜点心，这次我来介绍一款更有趣的点心！在日本，会有一些甜点店用当地的特产制作点心，看起来也很好吃！我这次也要用好吃的蔬菜来做点心。有一种材料我一直想试试看，就是"罗勒"！我很爱吃的料理里常有这种食材，特别是三杯鸡，姜片与罗勒搭配在一起实在是太香了！一些面包和披萨皮也会加入罗勒一起烤，非常香，所以我决定用罗勒来做海绵蛋糕！结果烤出来的颜色也很漂亮，切开后，香喷喷的香草风味蛋糕非常吸引人，直接蘸打发的鲜奶油已经很好吃，但我觉得还不够完美，于是又加入腌过的圣女果，变成一个外形像草莓蛋糕的可爱蔬菜点心！我可不是随便选材料乱做的哦！而是依照材料的特质决定做成什么样的点心。希望大家习惯这种做法，吃到更多的蔬菜！让我们一起享受健康的蔬菜点心吧！

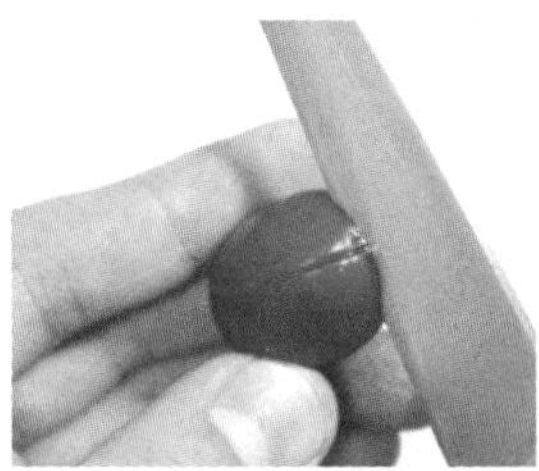

1 提前1或2天腌制圣女果。在底部切十字。

▸ 先切再烫比较好剥皮，不要切太深哦！

2 准备一碗冰水，将切好的圣女果放入沸水里烫10秒左右，立即放进冰水里。

▸ 皮破开就可以，不用煮很久。

3 将皮剥掉。

▸ 一定要用冰水冷却哦！强烈的温度差才能让皮容易撕下来。

4 将白酒、水和砂糖放入锅子里煮沸后，放入圣女果，用小火继续煮6～8分钟后，熄火，装入容器使其冷却，然后放入冰箱腌1～2个晚上。

▸ 这次我想要软一点的果肉，所以比平常煮得久一点。

5 准备香草蛋糕。将罗勒放入研磨碗里。

▸ 使用罗勒或其他自己喜欢的香草都可以。放入薰衣草也不错哦！

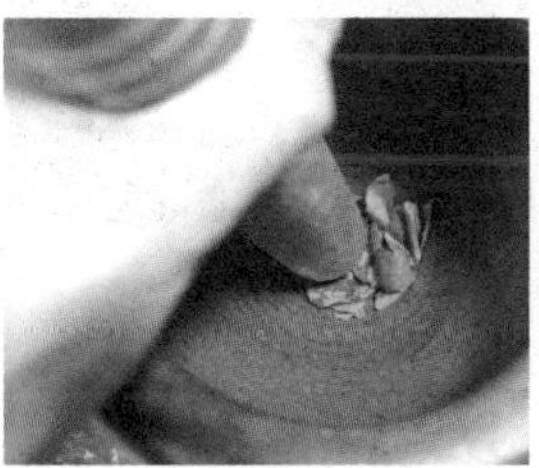

6 用研磨棒捣成泥。

▸ 也可以用果汁机或食物料理机处理。

7 加入橄榄油。

▸ 这次我用的是柠檬香味的橄榄油，柠檬、罗勒、圣女果，它们搭配很对味！如果没有，可以用一般的橄榄油代替。

8 搅拌后用刮刀集中在一起。

9 将蛋糕烤模抹油后蘸裹面粉。

▸ 详细过程参考P.154。

10 将低筋面粉过筛。

11 在全蛋里放入砂糖。

12 隔温水边加温边搅拌。

▸ 蛋液温热时比较容易打发！

13 蛋液温热时取出，继续打发。

▸ 用手动搅拌器也可以。

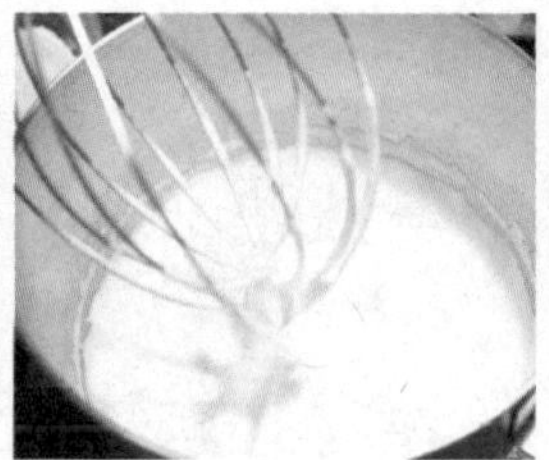

14 打到像图片这个硬度就可以了！

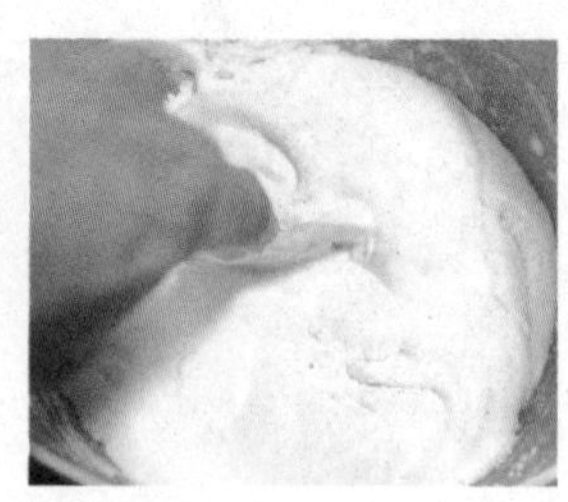

15 分两次加入过筛的面粉，用刮刀拌匀。

16 将少量的蛋液与罗勒泥混合。

▸ 一次全部混合容易结块。

17 与剩余蛋液全部混合。

18 倒入烤模里。

19 放入预热至170℃的烤箱，先烤约10分钟，再把温度调为150℃，烤5分钟左右。

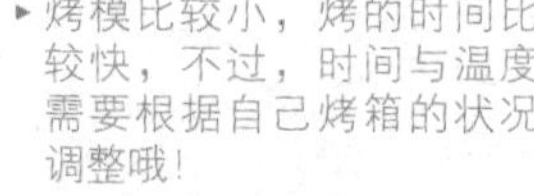

▸ 烤模比较小，烤的时间比较快，不过，时间与温度需要根据自己烤箱的状况调整哦！

20 取出，放在铁架上，上面覆盖一张布或纸巾预防干燥，冷却。

21 彻底冷却后，先在侧面中间画线做记号，再慢慢切进去。

22 将切好的蛋糕两面用刷子涂上腌圣女果汁。

23 将腌好的圣女果放在纸巾上吸收多余的水分，挑出6粒好看的，其余的切半。

24 在鲜奶油里加入砂糖，打至七分发左右。

▸ 不要打得太硬，涂抹的时候还会有打发的动作，太硬不容易涂抹。

25 将蛋糕放在转台中间，倒入打发好的鲜奶油。

▸ 如果没有转台也没关系，可以直接涂抹鲜奶油！

26 将切半的圣女果摆在上面。

27 再涂抹一层鲜奶油。

28 用抹刀涂抹均匀，把圣女果盖起来。

29 将另一片蛋糕烘烤面朝下盖在上面。

▸ 因为烤好的海绵蛋糕表面不是很平，断面朝上放比较容易装饰。

30 从上面稍微压一下，使其黏合。

31 倒入鲜奶油。

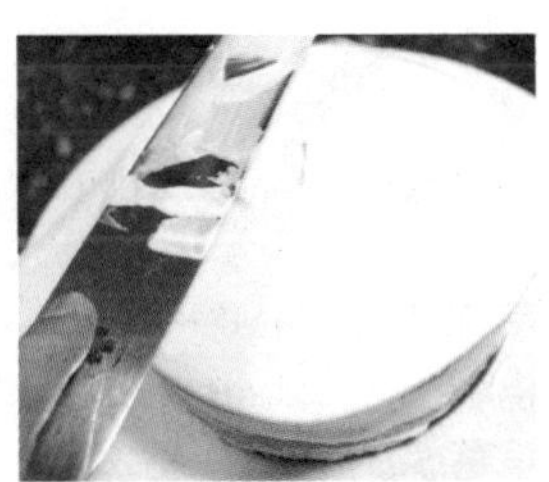

32 用抹刀将鲜奶油均匀涂抹在表面和侧面。

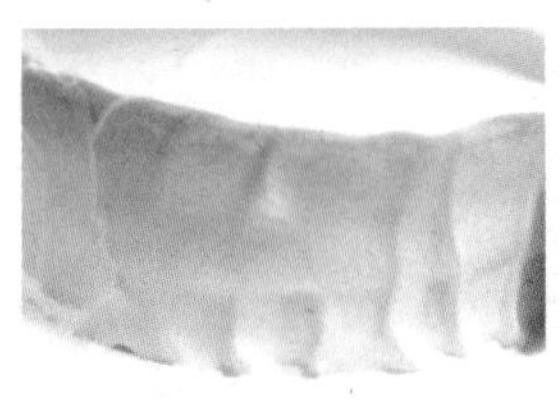

33 用抹刀尖部从下往上刮出纹路！

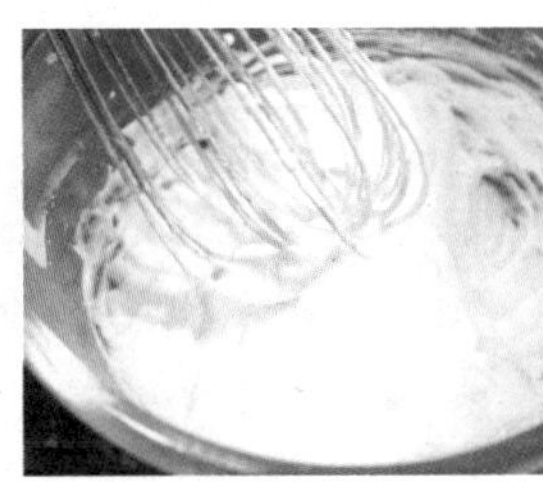

34 剩余的鲜奶油搅打到再硬一点后，放入挤花袋。

35 使用圆形挤花嘴，均匀挤出6等份。

▸ 挤花嘴形状可自己决定！

▸ 如果不容易均等挤出来，可以先在蛋糕表面很浅地画出6个一样大的圆圈。

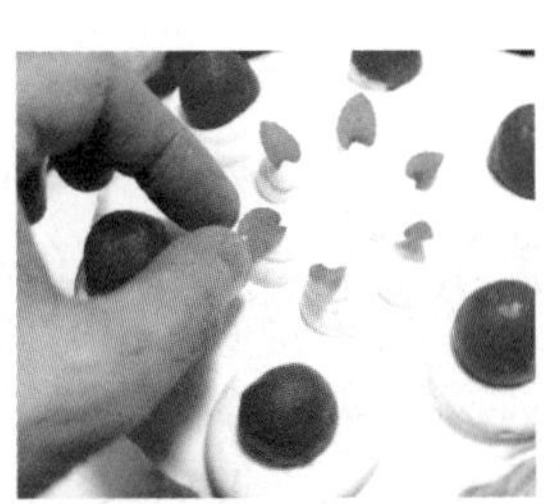

36 放上圣女果和薄荷叶装饰！

▸ 放入冰箱使其稍微凝固，比较好切哦！

Fresh Strawberry Mousse Cake

鲜草莓
慕斯蛋糕

分量

1
个 （直径7英寸烤模）

材料
Ingredients

海绵蛋糕 Sponge cake……7英寸（0.8cm×3片）
草莓果酱 Strawberries jam……2大匙
吉利丁片 Gelatin sheet……3g
草莓 Strawberry……320g
糖粉 Icing sugar……25~30g
吉利丁片 Gelatin sheet……6g
鲜奶油 Whipping cream……250mL
砂糖 Sugar……25g

[糖水]
砂糖 Sugar……2大匙
温水 Warm water……2大匙
香酒 Liquor……适量

回想起之前在法式料理餐厅工作时的甜点“覆盆子慕斯蛋糕”（Mousse de Framboise），其实覆盆子是有一点特别的材料，很难买到新鲜的。刚好我眼前有刚买的新鲜草莓，于是决定做一个“鲜草莓慕斯蛋糕”。做这种蛋糕通常需要先加入糖类一起煮成果酱，再做慕斯，但草莓味道没有覆盆子那么重，而且刚买的草莓很新鲜，于是我决定不加热直接用！蛋糕底部也是与之前法式餐厅做的一样，用了积木风格的装饰。香喷喷的新鲜草莓慕斯与覆盆子一样好吃或者更好吃！

1 在烤模上铺一张保鲜膜，用橡皮筋固定。

▸ 用这种烤模做甜点之前，先将底部固定比较方便移动！

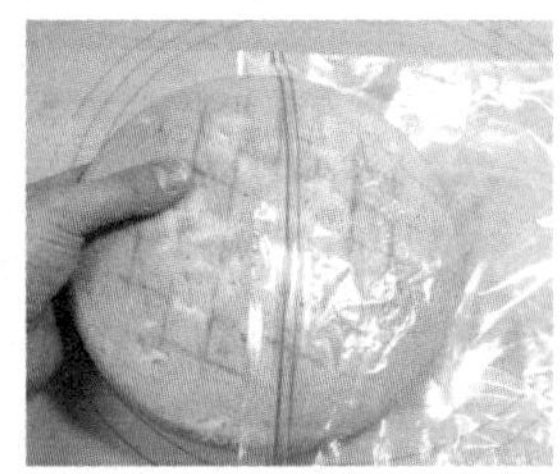

2 将之前烤好的冷冻海绵蛋糕拿出来解冻。

▸ 海绵蛋糕可以提前准备，冷冻保存2～3星期没有问题！

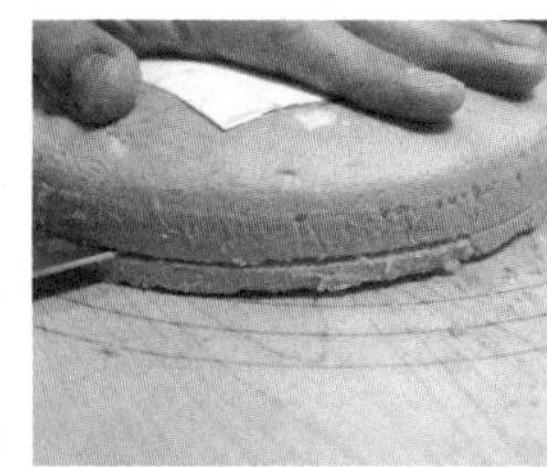

3 将蛋糕切成0.8cm左右的薄片。

▸ 蛋糕的切法参考P.156。

4 准备3片。

▸ 剩下的下次再用！

5 先用2片。在其中1片蛋糕片表面均匀涂抹草莓（或蓝莓）果酱。

▸ 这个步骤用果酱比较容易粘住！

6 将另外1片盖上去，切成两半。

7 在其中的半片上面涂抹果酱。

8 将另外半片重叠在上面。

▸ 摆放整齐，切面才会漂亮！

9 切成4等份。

10 先将旁边切掉，再切成相同大小的块状。

▸ 大小一定要均等，不然拼起来会凹凸不平！

▸ 如果怕大小不一样，像图片一样用一块比照着切也是好方法！

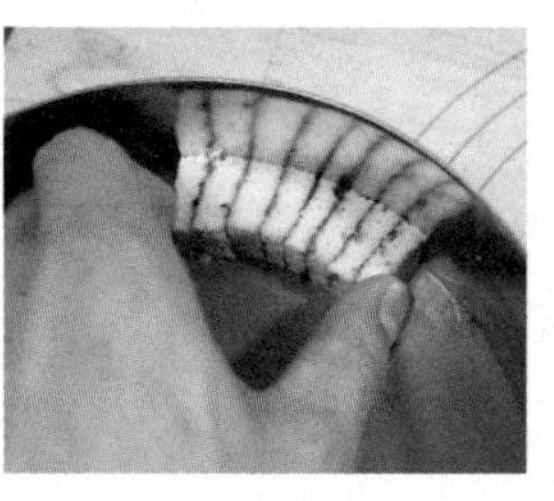

11 开始拼喽！将第一组放在烤模里，将下一组的侧面涂一点果酱后粘在一起。

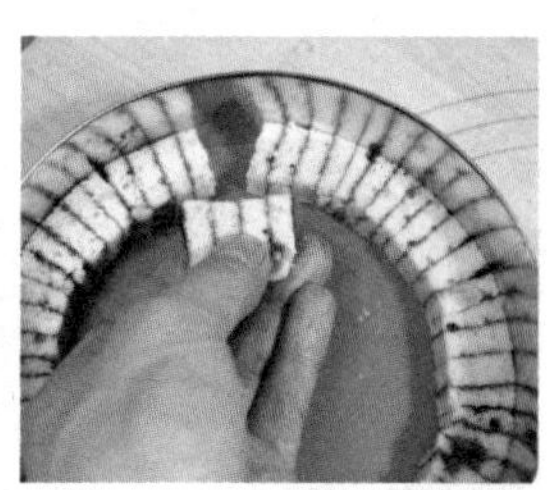

12 一圈快拼好了。将最后一组的两侧涂抹果酱后塞进去。

▸ 拼紧一点倒入慕斯时才不会漏出来。

13 根据中间空间的大小找一个大小刚好的容器，在第3片蛋糕片中间压出小片蛋糕。

14 放进中间。

15 将温水和砂糖混合，冷却后加入一点香酒。

▸ 如果不习惯用酒类，不加也可以。

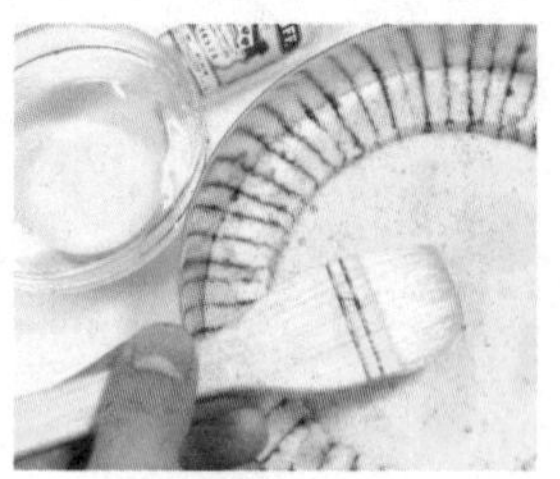

16 用刷子均匀涂抹。

▸ 不需要全部用完哦！涂抹均匀就好了。

17 制作草莓慕斯。将吉利丁片（6g）泡在水里，泡水方式根据包装上的说明操作。

18 将草莓洗净，去蒂后放入果汁机。

19 搅打成泥。

▸ 不要打太久哦！漂亮的红色出来就可以了！

20 用网筛过滤掉籽。

21 加入糖粉，调整甜度。

▸ 每种草莓的甜度不一样，参考材料中的分量进行调整。

22 倒出来大约100mL，作为上面铺的果冻。

23 在鲜奶油里加入砂糖后打至约七分发。

▸ 不要打太硬！太硬不容易混合。

24 将变软的吉利丁片从水里拿出来，放在碗里，隔温水让它溶化。

▸ 这次使用的是新鲜的草莓慕斯，不是需要经过热处理的草莓酱，所以吉利丁要单独加热溶化！

25 在溶化的吉利丁里放入一点草莓酱，搅拌均匀。

26 加入剩余的草莓酱，混合均匀。

▸ 吉利丁直接放入草莓酱里很容易结块！

27 放入打发好的鲜黄油。

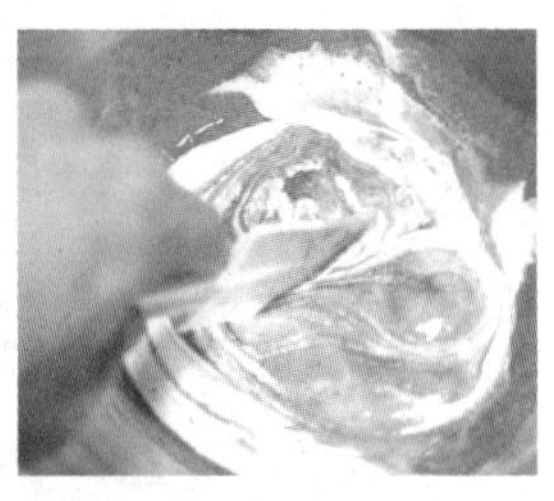

28 不要搅拌太多次，用切的动作拌匀。

29 倒入烤模里。

30 将表面刮平，放入冰箱使其凝固。

31 将吉利丁片（3g）溶化后，以同样方式与100mL草莓泥混合均匀。

32 倒在凝固好的草莓慕斯上面。

33 用喷枪喷去表面的细泡，放入冰箱使其完全凝固。

34 凝固好的慕斯。烤模侧面用热纱布围起来，等几秒让它稍微溶化后再拿掉烤模。

Fondant au Chocolat

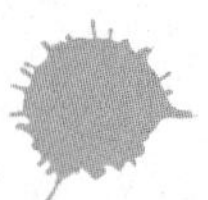

顺滑甘纳许巧克力热蛋糕

分量

6个 （直径8cm的小烤模）

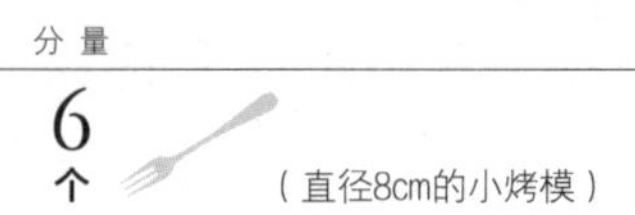

材料 Ingredients

低筋面粉 Cake flour……30g
可可粉 Coco powder……5g
黑巧克力 Dark chocolate……100g
黄油（无盐）Butter……80g
鲜奶油 Whipping cream……20g
蛋黄 Egg yolks……2个
砂糖 Sugar……15g
蛋白 Egg whites……2个份
砂糖 Sugar……20g

[甘纳许巧克力]
黑巧克力 Dark chocolate……50g
鲜奶油 Whipping cream……50mL

第一次吃到这种蛋糕时，第一个反应是，没烤熟！后来才发现是故意这样做的。它的做法有两种，一种是将加入巧克力的面糊烤到半熟时拿出来，让外皮呈现松松的状态，而中间是粘粘的质地。这种做法步骤比较少，但吃起来会有一种粉粉的感觉，而且温度控制不好就会变成普通的巧克力蛋糕。我这次介绍的是另外一种，将面糊装在烤模里，中间装有甘纳许巧克力！和平常一样烤熟后拿出来。外皮烫烫的，汤匙插进去时会出现滑滑的甘纳许巧克力，味道太香了！上层还可以放一球冰激凌，享受温度差的美味！^^v

1 制作甘纳许巧克力。在巧克力里加入加热的鲜奶油。

▸ 提前将巧克力块（片）切成小粒！

2 搅拌至巧克力完全溶化。

3 如果还有一些颗粒，可以隔温水加热！

4 溶化后，装入直径1cm挤花嘴的挤花袋中备用。

5 将低筋面粉与可可粉过筛。

6 搅拌一下，确认粉类都混合均匀。

7 将巧克力与黄油隔温水溶化。

8 搅拌至完全溶化。

▸ 如果没有溶化好，烤完后里面会有空洞！

9 将鲜奶油稍微加热一下。

▸ 冰的鲜奶油会让巧克力快速凝固。

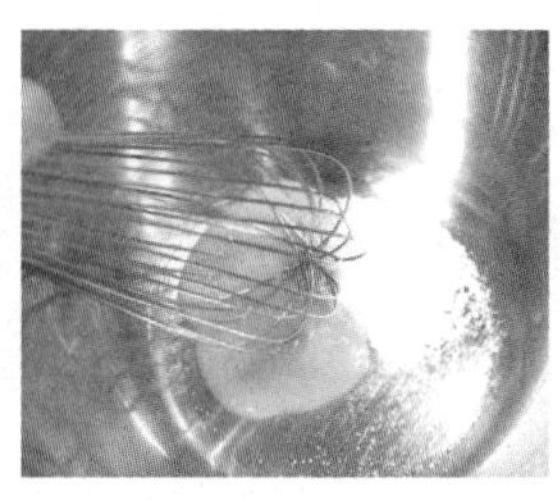

10 将蛋黄和砂糖混合均匀，隔温水加温一下，再打发至泛白的状态。

11 加入溶化的巧克力黄油混合均匀。

12 加入温的鲜奶油混合均匀。

13 加入过筛的面粉。

14 用刮刀混合均匀。

15 在蛋白里加入砂糖，打发。

▸ 打发至像图片这种很硬的程度。

16 把蛋白加入做法14里面，先加入大概一半的量。

17 大概混合后，再加入剩余的量，用刮刀混合均匀。

18 倒入准备好的耐热烤模里大概一半满的分量。

▸ 如果烤好后需要倒出来，要在烤模表面涂抹黄油后粘裹面粉。

19 将稍微凝固的甘纳许巧克力挤在中间。

▸ 不要挤太多哦！慢慢挤，挤得太快容易沉底。

20 再倒入一点面糊，将甘纳许巧克力盖起来。

21 放入预热至160℃的烤箱，烤10～12分钟。

22 烘烤至有一点膨胀，摸起来稍微有弹性时就差不多了，可以拿出来马上吃或冷却后再吃。

▸ 热的时候最好吃，上面可以放一球冰激凌，享受温度差。

▸ 冷却后会缩小，要吃的时候用微波炉加热20秒左右，膨胀起来再吃！

分量 1 个（直径7英寸烤模）

优秀的食材组合——黑&白芝麻奶酪蛋糕

黑芝麻可以做很多种点心，像这种奶酪蛋糕也是。通常奶酪蛋糕都是原味或柠檬口味的，但这次我决定用一些其他的材料做做看。黑芝麻的香味和奶酪的浓郁味道很搭配，而且外皮的部分我加入了一点白芝麻。两种芝麻的香味与微酸的奶酪馅混合，吃起来完全不会腻！而且黑芝麻是很优秀的食材，有预防老化的功效，还有丰富的钙质、矿物质等，大家一起享受好吃又营养的蛋糕吧！

材料
Ingredients

消化饼 Crackers……6片（约90g）
白芝麻 White sesame……1.5大匙
黄油 Butter……40g
吉利丁片 Gelatin sheet……6g
奶酪 Cream cheese……200g
糖粉 Icing sugar……30g
酸奶 Yogurt……200g
黑芝麻粉 Black sesame powder……20g
鲜奶油 Whipping cream……120mL

1 将吉利丁片泡在冰水里。

- 如果水不够冰，吉利丁容易溶化或碎掉。
- 可以用吉利丁粉，分量一样，先加入一点水让它溶化（参考包装上的说明操作）。

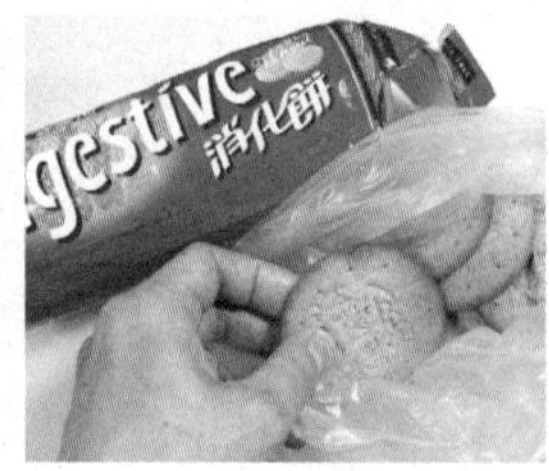

2 将消化饼放在袋子里。

3 用擀面棍敲碎。

- 用塑料袋或食物料理机都可以，确认没有大块。

4 将饼干碎放入钢盆里，加入白芝麻。

- 这次我要做芝麻风味的，让饼干也有一点芝麻的味道！

5 加入溶化的黄油混合均匀。

6 放入烤模里。

7 用比烤模小一点的东西压平，放入冰箱使其凝固。

- 我利用6英寸蛋糕烤模的底部，用保鲜膜包起来作为填压器。

8 将变软的吉利丁片拿出来。

9 将吉利丁片放入碗里，隔温水让它溶化。

▸ 水不要太热哦！否则会使吉利丁的凝固力变弱。

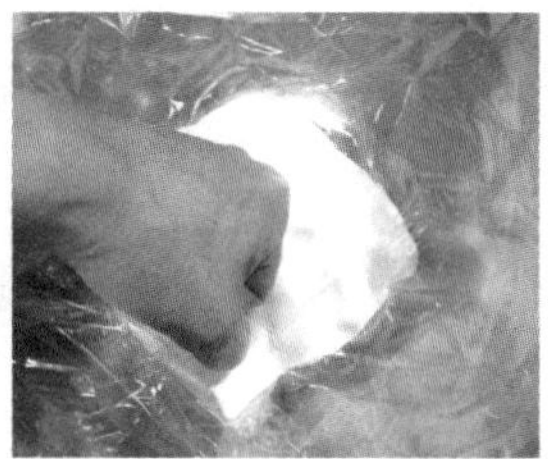

10 将奶酪放入钢盆里，如果太硬，可以在上面铺一张保鲜膜，用手压扁。

11 隔温水加热。

▸ 如果是夏天，基本不需要加热。

12 将变软的奶酪用打蛋器搅拌，再与糖粉混合。

13 加入酸奶。

▸ 这次我用的酸奶是原味有糖的，所以前面加入的糖并不多。

14 加入黑芝麻粉。

▸ 如果黑芝麻粉有颗粒，先用果汁机或研磨钵磨成粉，但是不要磨太久哦！不能让油分出来。

15 打发鲜奶油。大概打至七八分发就好了。

16 在溶化的吉利丁里倒入一点做法14混合均匀。

▸ 不要将吉利丁直接倒入奶酪里，很容易结块。

17 倒回做法14里，用打蛋器混合均匀。

18 加入打发好的鲜奶油混合均匀。

19 倒入烤模里。用保鲜膜覆盖，放入冰箱6~8小时，使其凝固。

▸ 脱模时，用热毛巾包在烤模侧面，让侧面稍微溶化后，从底部慢慢往上推出来。

Coffee Flavored Chiffon Cake with Caramel Cream

分量 1 个（直径8英寸烤模）

咖啡戚风蛋糕
佐焦糖香堤鲜奶油酱

终于有机会和大家分享戚风蛋糕的食谱了！之前对这种蛋糕的认识是，用全蛋打发制作，这是受我以前工作的法式料理餐厅的影响。戚风蛋糕是美国人发明的蛋糕，而且还用那么奇怪的烤模来烘烤。做法有一点像“手指饼干”（Biscuit a la Cuillere），将蛋黄与蛋白分开打发，但加入色拉油和水。第一次看到这种配方时非常困惑，于是决定做做看，随着烤箱里的东西膨胀得越来越高，我的心情也越来越兴奋！这个蛋糕太特别了！（*¯▽¯*）膨胀得很高，但摸起来非常松软，难道是用那么多色拉油与水的关系吗？总之，从此之后我就变成了戚风蛋糕的粉丝啦！水的部分可以用别的材料代替！这次介绍的是咖啡口味，还特意搭配了与咖啡非常对味的焦糖鲜奶油！大家试试看！

材料 Ingredients

即溶咖啡粉 Instant coffee……2大匙
▸或Espresso 2杯＋水＝80mL
蛋黄 Egg yolks……5个
砂糖 Sugar……50g
色拉油 Veg. oil……80mL
水 Water……80mL
低筋面粉 Cake flour……120g
蛋白 Egg whites……6个份
砂糖 Sugar……50g

[焦糖香堤鲜奶油]
水 Water……20g
砂糖 Sugar……40g
鲜奶油 Whipping cream……150g

1 准备咖啡液。将即溶咖啡粉用温水调成80mL的咖啡液。

▸可以用现做的Espresso哦！使用2杯咖啡，再加一点水，使总量达到80mL。

2 将蛋黄打散，放入砂糖，搅拌成乳黄色。

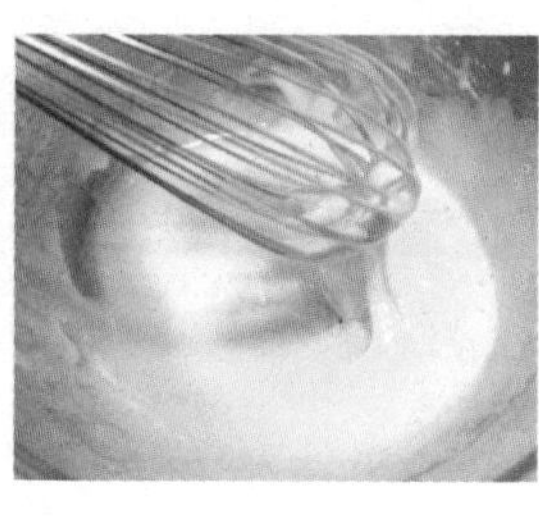

3 打发成蛋黄酱的样子就好了。

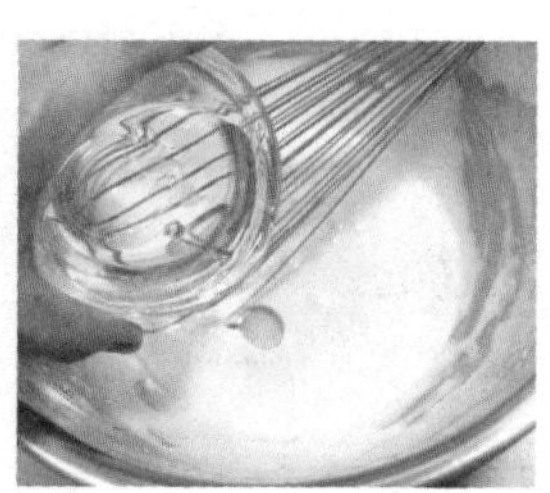

4 加入色拉油。这个蛋糕不用黄油，口感会比较清爽！

5 倒入咖啡液。一般是加入普通的水，如果要做不同的口味，水可以换成自己喜欢的液体！

6 将过筛好的面粉用网筛分2或3次少量筛入，搅拌均匀。

- 由于蛋黄液比较稀，直接加入面粉容易结块。

7 打发蛋白。将蛋白放入电动搅拌器里，先慢速搅拌，放入1/2的砂糖，加快速度搅拌。等到开始泛白的时候，加入剩余的砂糖，用高速搅打。

- 糖不要一次全部加入！不容易混合。

8 打到大概像图片那样可以立起来的硬度。

9 将打发好的蛋白先少量（1/3）放入蛋黄糊中，用打蛋器搅拌均匀后再放入1/3。

10 用刮刀将剩余的蛋白全部混合进蛋黄糊中。

11 用切拌的方式混合均匀，不要让气泡消掉哦！

12 这就是戚风蛋糕烤模！它不需要粘粉，直接倒入面糊。

- 要让蛋糕粘住烤模，烤好倒扣时才不会掉下来。
- 因为少了抹黄油和粘面粉的程序，我非常喜欢这款蛋糕！^^v

13 用拇指压住中间，把整个烤模在砧板上震几下，让里面的空气出来！^^v。

- 如果没有这个动作，蛋糕烤好以后会有很多大的空洞！
- 敲几次要根据你敲打的强度决定，我敲打了20次左右。敲打时要小心，若中间烤模跳起来，面糊会从烤模底部漏出来。

14 放入预热至150℃的烤箱，烤45～50分钟。

- 温度根据烤箱决定，温度高一点也可以，但是要注意观察表面的颜色。

15 开始膨胀了！烘焙的魅力就在这里，蛋糕越来越大，我的心情也越来越兴奋了！

16 时间到了。戴上手套，把蛋糕拿出来，倒扣在网架上。

17 冷却好了。将抹刀插进烤模底的接合处。

18 让刀尖沿着侧面划一圈，将蛋糕从底部推出来。

19 下面同样用抹刀插进去划一圈。

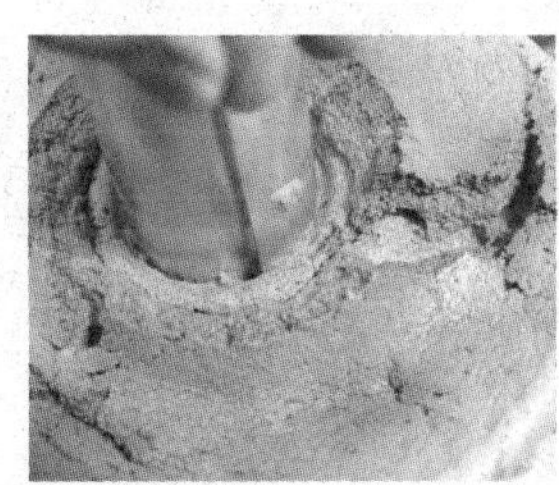

20 最后将中心用竹签划一圈，小心地拿出蛋糕。

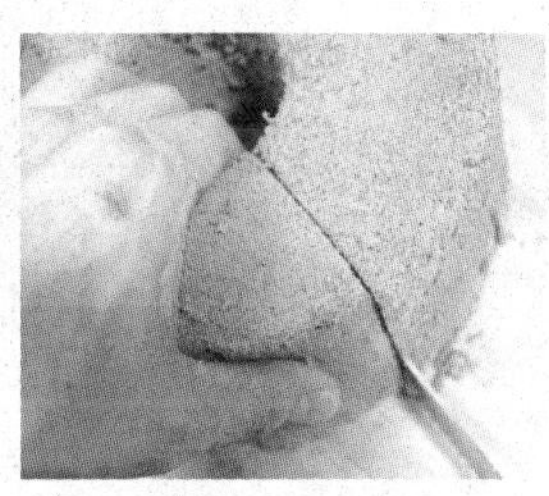

21 蛋糕非常松软，切的时候要小心哦！

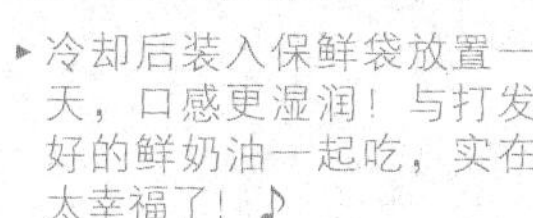

▸ 冷却后装入保鲜袋放置一天，口感更湿润！与打发好的鲜奶油一起吃，实在太幸福了！♪

22 这次我决定搭配一种很特别的酱！在锅子里放入水和砂糖后，开中火。

23 煮到像图片这样的褐色就可以熄火了。

24 小心地倒入鲜奶油。

▸ 要小心，防止喷溅！

25 再次开火，搅拌至完全溶化。

26 倒出来，用打蛋器隔冰水打发出稠度，即完成。

▸ 如果想要稀一点的，可以多加一点鲜奶油。这个比例可以自己调整！^^

分量 1 个（直径8英寸烤模）

超级香！香蕉坚果戚风蛋糕

戚风蛋糕第2弹！这次要用我很爱的组合——香蕉&胡桃。本来很早就想介绍，但是买到的香蕉不太熟，这几天终于看到香蕉皮开始出现黑斑点，表示已经熟了。戚风蛋糕最好玩的部分是只要把水换成自己喜欢的口味，就可以享受不同风味的蛋糕。在处理坚果与香蕉的过程中，它们的香味已经溢满整个厨房了！烤完后耐心等1天（因为我比较喜欢隔天的味道与口感），用心切，吃一口，哇哦！正是我所期待的味道！与打发的鲜奶油一起搭配，就会感觉到无比的幸福！

材料 Ingredients

香蕉 Banana……2根（200g）
坚果碎 Crushed nuts……40g
蛋黄 Egg yolks……5个
砂糖 Sugar……60g
色拉油 Veg. oil……70mL
水 Water……60mL
低筋面粉 Cake flour……140g
蛋白 Egg whites……6个份
砂糖 Sugar……40g

1 这次决定用胡桃、杏仁和香蕉混合！先把胡桃和杏仁放入平底锅里干炒，炒出香味来。

▸ 用烤箱也可以！烤成金黄色就好了。

2 倒出来冷却。

3 香蕉使用有些黑斑、熟透了的。

4 将皮剥掉。

5 用叉子压碎，或用网筛过滤，也可以用食物料理机，重点是要完全弄成泥。如果有大块的固体，这种特别软的蛋糕不容易膨胀。

6 坚果冷却后，用刀子切成末。

▸ 可以用食物料理机，但不要打太久哦！不然油分出来，不容易拌匀。

7 将蛋黄打散后，放入砂糖搅打成乳黄色，像蛋黄酱的样子。

8 加入色拉油和水。

▸ 由于香蕉也含有水分，这次可以少加入一点水。

9 处理好的香蕉泥也放进去。

▸ 香蕉遇到空气容易变色，不过这个颜色烤起来更漂亮！

10 放入切末的胡桃与杏仁，搅拌均匀。

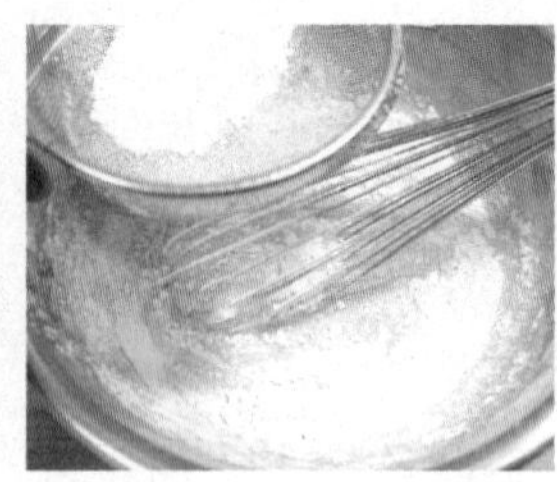

11 将过筛好的面粉筛入做法10里。

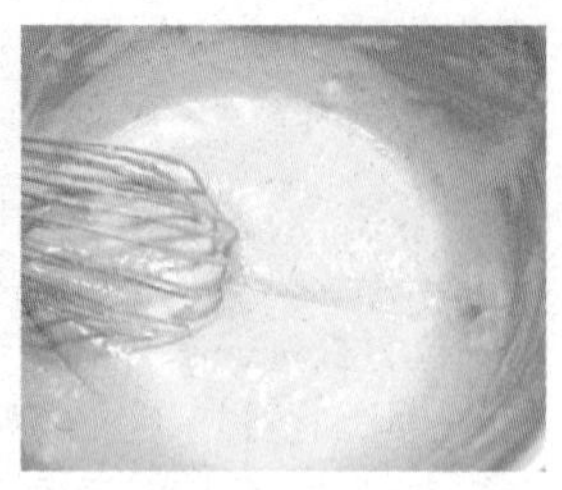

12 搅拌均匀。

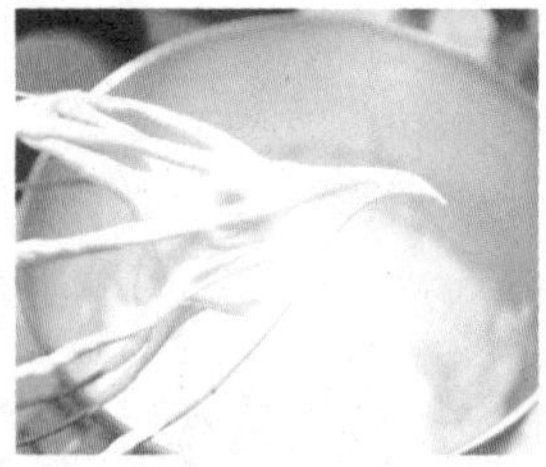

13 在蛋白里加入砂糖打发至可以立起来的硬度。

14 分次用打蛋器混进蛋黄面糊里。

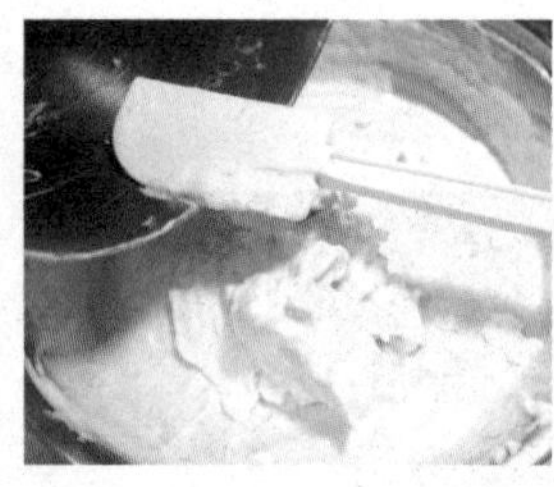

15 略微搅拌后，用刮刀全部混合。

16 切拌均匀。

17 倒入戚风蛋糕烤模里。

18 中间用拇指固定，把整个烤模放在砧板上震几下，让里面的空气出来。

19 放入预热至150℃的烤箱，烤45～50分钟。

20 烤好后，戴上手套拿出来倒放，防止回缩，冷却后参考P.197脱模！

Double Berry Decorated Chiffon Cake

分量 1 个（直径7英寸烤模）

蓝莓＆草莓装饰戚风蛋糕

戚风蛋糕第3弹来了！本来计划只介绍两种，但做得太快乐了，一发不可收拾。（^_^;）所以决定再做一种与大家分享！这本书最早出现的蓝莓酱，是之前用剩下的，加上又买到了新鲜的蓝莓和草莓，那就让我来做一个漂亮的装饰蛋糕吧！一般戚风蛋糕都是烤好后配鲜奶油享用，但也可以加入水果进行装饰，我这次用了草莓。在蛋糕里混合蓝莓酱，切开后会呈现出漂亮的紫色，口感比一般蛋糕更湿润。书中已经展示了许多戚风蛋糕的魅力，相信你马上也会喜欢上戚风蛋糕了！

材料
Ingredients

泡打粉 Baking powder……2/3小匙
蛋黄 Egg yolks……5个
砂糖 Sugar……40g
色拉油 Veg. oil……80mL
蓝莓酱 Blueberry sauce……80mL
▸做法参考P.109
低筋面粉 Cake flour……120g

[装饰]
蛋白 Egg whites……6个份
砂糖 Sugar……50g
鲜奶油 Whipping cream……300mL
糖粉 Icing sugar……20g
草莓 Strawberries……12个
蓝莓 Blueberries……12个

1 做法基本与前面一样。将蛋黄打散后，放入砂糖，再搅拌成乳黄色，像蛋黄酱的样子。

▸ 因为要加入的蓝莓酱含有糖分，所以这次的砂糖（相比咖啡口味的戚风）用得少一点。

2 加入色拉油。

3 放入蓝莓酱。

▸ 做法参考P.109。

▸ 蓝莓酱本身含有很多水分，因此不需要再另外加水。

4 搅拌均匀。

▸ 很漂亮的紫色出现了！加入其他果酱也可以！覆盆子也不错哦！

5 将过筛好的泡打粉和面粉用网筛分2或3次少量筛入，搅拌均匀。

▸ 由于蛋黄液比较稀，直接放入面粉容易结块。

6 将蛋白加入砂糖，打至像图片这样可以立起来的硬度。

7 在步骤5里加入约1/3打发好的蛋白。

8 再加入1/3，混合均匀。

▸ 不要过度搅拌哦！

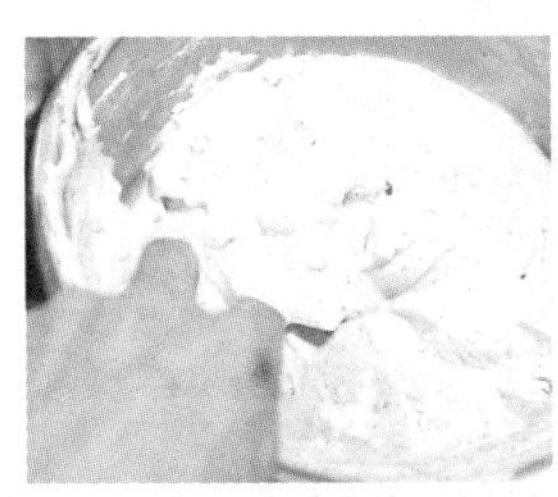

9 最后用刮刀将剩下的蛋白全部刮入，切拌均匀。

10 接下来的做法相同。将面糊放进烤模里，敲打几下，让里面的空气出来，放入预热至150℃的烤箱，烤45～50分钟。

11 蛋糕烤好了！冷却后将蛋糕倒扣在盘子上。将鲜奶油加入糖粉打至七八分发后淋在蛋糕上。

▸ 留一点黄油作为上面的装饰。

12 让鲜奶油自动滴落。

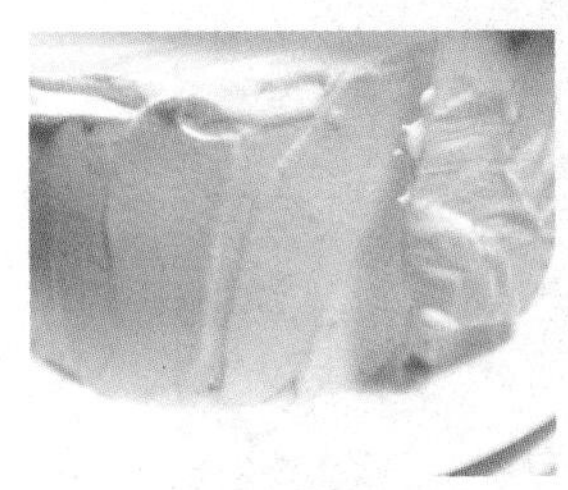

13 将侧面从下往上刮平。

▸ 用刮刀或抹刀都可以！

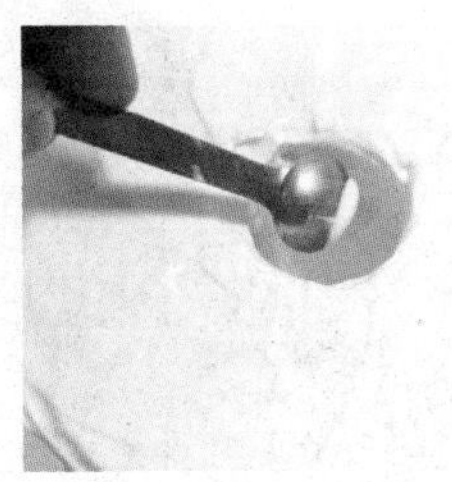

14 中间的洞可以用小汤匙进行涂抹。

15 用汤匙挖取鲜奶油装饰在上面，再放一些草莓和蓝莓装饰。

▸ 装饰根据自己的喜好进行！当然用挤花袋也可以！加油！

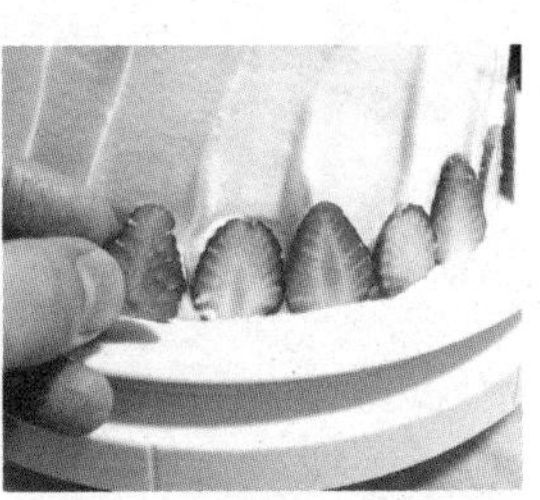

16 在侧面贴上切成薄片的草莓就完成了！贴之前最好把蛋糕先冰起来，让鲜奶油凝固一下哦！

分量 6 个（25cmX25cm）

卡哇伊爱心瑞士蛋糕卷

蛋糕卷的改良版来啦！之前做过好几种蛋糕卷，收到的最多反应是，卷的时候容易裂开。（°∇°；）做得那么辛苦，好不容易做到最后步骤，要卷的时候却破坏了，一定很不甘心吧！当然我会告诉大家："裂开也没关系啊！只要用鲜奶油盖起来就好了！"但还是会有很多朋友想知道如何轻松卷好。这次我要教给大家另外一种配方，是将蛋黄与蛋白分开打发，再加入色拉油和水，也就是制作戚风蛋糕的材料。只要利用蛋糕特别的弹性，就可以让你轻松卷蛋糕！而且我特意加入了在日本很流行的蛋糕装饰风格。这种装饰不是将鲜奶油或水果装饰在蛋糕上面，而是在蛋糕皮上画出纹路。这次我画的是小爱心，其实画什么都可以。这款蛋糕最厉害的部分不只是外观，香浓的戚风蛋糕底做成的海绵蛋糕与里面柔软的内馅一起吃实在太美味了！

材料
Ingredients

蛋黄 Egg yolks……2个
砂糖 Sugar……30g
色拉油 Veg. oil……40mL
水 Water……60mL
低筋面粉 Cake flour……80g
食用色素7号 Food color No.7……适量
蛋白 Egg white……1个份
砂糖 Sugar……1小匙
蛋白 Egg white……3个份
砂糖 Sugar……30g

[糖水]
温水 Hot water……30mL
砂糖 Sugar……15g
君度橙酒 Cointreau……1/2大匙

[内馅]
鲜奶油 Whipping cream……150mL
糖粉 Icing sugar……10g
猕猴桃 Kiwi fruit……1/2个
洋梨 Pear……1/2个
黄桃（罐头）Canned peachh……1/2个

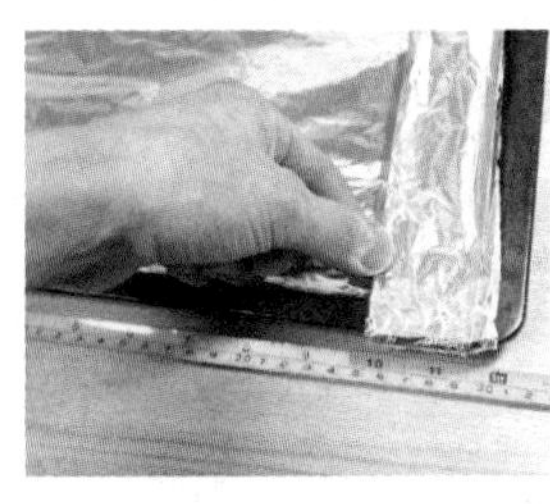

1 这个分量可以做25cm×25cm大小的蛋糕皮，如果烤模太大，可以用铝箔纸调整！

2 烘焙纸量好尺寸，将边角剪开。

3 将边角用钉书机钉好。

4 在烤盘底部先铺铝箔纸，再铺烘焙纸。

5 准备材料。将蛋白与蛋黄分开，将其中1个蛋白先放入冰箱冷藏。

6 将蛋黄打散，放入砂糖，搅拌成黄色。

▸ 这次介绍的做法就像戚风蛋糕。

7 加入色拉油搅拌均匀。

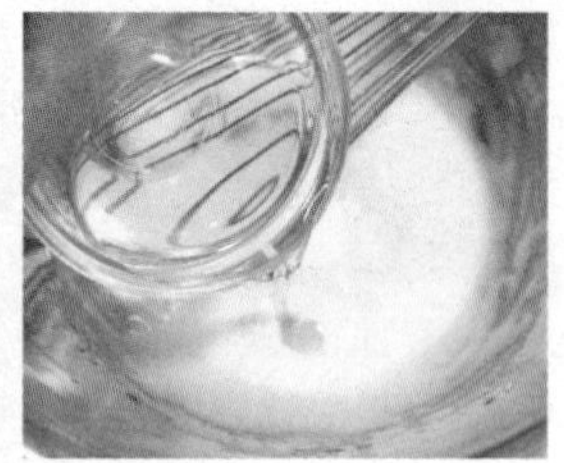

8 倒入水搅拌均匀。

9 将过筛好的面粉筛入蛋黄里，边过筛边搅拌。

10 再搅拌1～2分钟。

▸ 搅出面筋会让烤好的蛋糕皮有弹性，容易卷。

11 将50g面糊舀入另外的钢盆里。

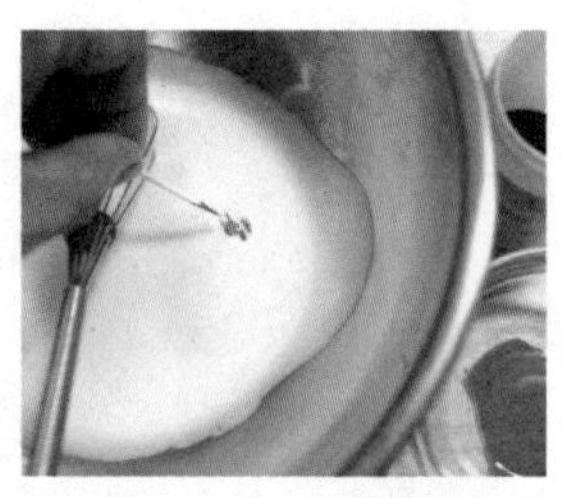

12 将食用色素粉放入少量的水里，用很小的汤匙或牙签一次少量地加入面糊里。

▸ 色素的颜色很深，要每次少量加入观察颜色。

▸ 如果不喜欢用食用色素，也可以用可可粉或抹茶粉代替，用水调成泥状再加入。

13 每次加入都充分搅拌。

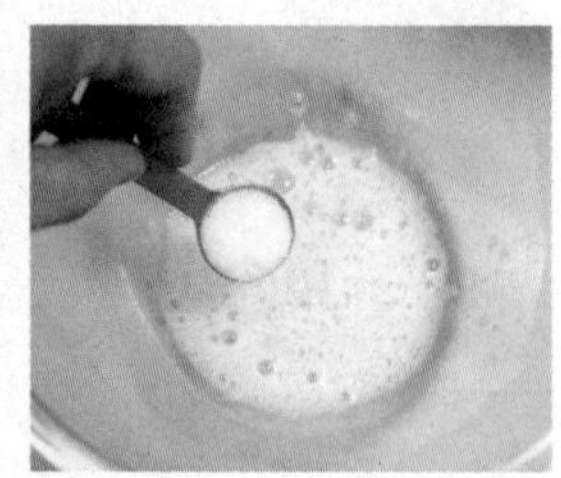

14 将冷藏的那个蛋白拿出来，略微搅拌后，放入1/2的砂糖，混合均匀后加快速度搅拌，开始泛白时，再加入剩下的砂糖。

▸ 砂糖不要一次全部加入，不容易混合。

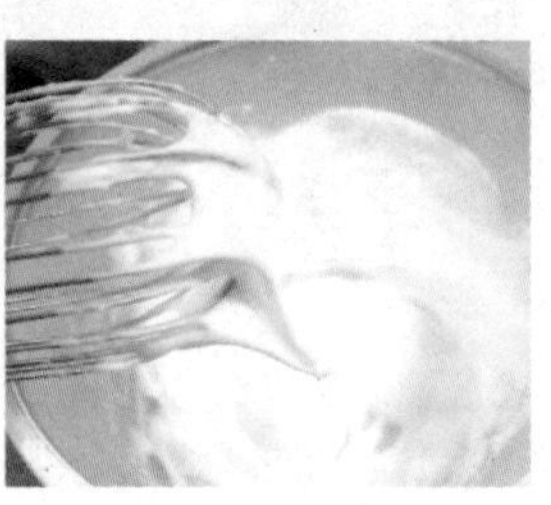

15 打到像图片这样的硬度就可以了。

▸ 由于量很少，所以我用打蛋器打发，当然你也可以用电动搅拌器！

16 将做法15放入粉红色的面糊里。先用打蛋器取少量拌匀，再用刮刀将剩余的切拌均匀。

17 要画纹路了！将面糊装入直径0.5cm的圆口挤花袋中，在烘焙纸上挤出来。

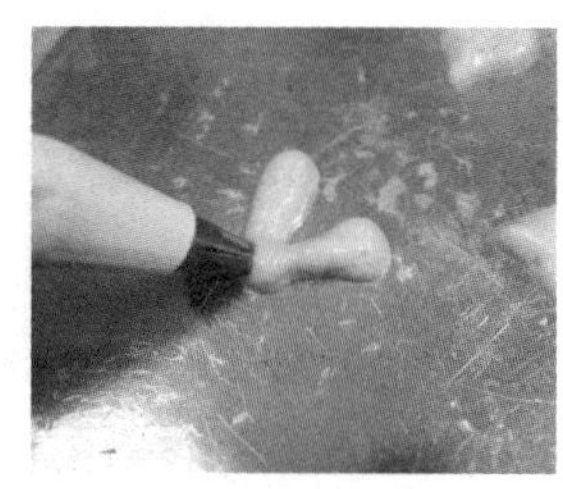

18 想想看还要画什么，我决定画心形。先在钢盘上画一下，确认面糊的状态，然后挤出两个连在一起的水滴形状。

19 耐心地画出很多爱心。ヽ（'▽`）/~♪

▸ 想画什么都可以，不过太复杂的画线中间会产生空洞，最好画简单一点的纹路！

20 放入预热至170℃的烤箱，烤1～2分钟，有一点凝固的样子。

▸ 先烤到凝固，再倒入剩下的面糊，这样纹路才不会混乱。

21 小心地摸一下表面，稍微干燥就好了，不要烤出焦色！

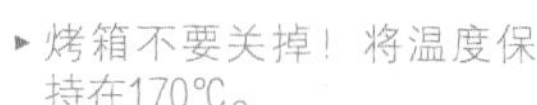

▸ 烤箱不要关掉！将温度保持在170℃。

22 接下来准备剩下的戚风蛋糕底！将另外3个蛋白加入砂糖，用同样的方式打发。

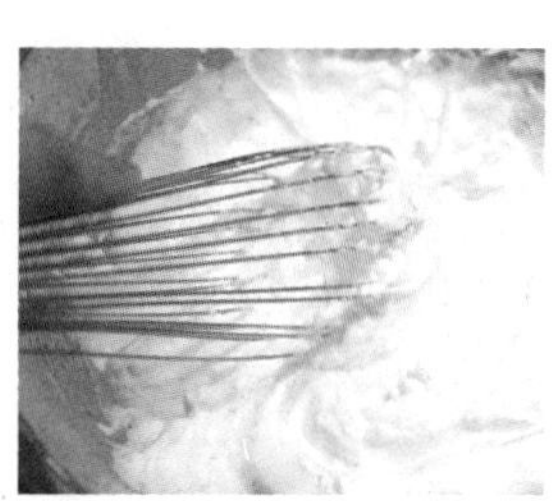

23 用打蛋器分次少量地加入到蛋黄面糊里。

24 最后用刮刀将剩下的蛋白加进去拌匀。

25 倒入画好纹路的烤盘上。

26 用刮刀刮平表面。

27 一只手托住烤盘，另一只手拍打烤盘底部，让面糊里的空气出来。

28 放入预热至170℃的烤箱，烤13～15分钟。

29 将竹签插入蛋糕，如果竹签表面没有粘黏面糊就可以了。

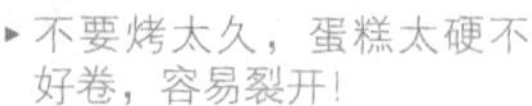

▸ 不要烤太久，蛋糕太硬不好卷，容易裂开！

30 在烤盘上面放一张烘焙纸，小心地翻过来。

31 趁温热的时候把烘焙纸撕开，再盖回去冷却。

▸ 如果等到冷掉再撕烘焙纸，会把纹路粘坏。

▸ 如果没有盖好，水分会蒸发掉，卷的时候容易裂开！

32 等待冷却时准备糖水。在温水里放入砂糖搅拌溶化。

33 加入一点君度橙酒。

▸ 如果不习惯酒味或给孩子吃，不加也没关系！^^

34 将水果都切成半月形。这次我准备了黄桃（罐头）、猕猴桃、洋梨。

▸ 自己喜欢的水果都可以加。不一定要用很多种，只有一种也可以！

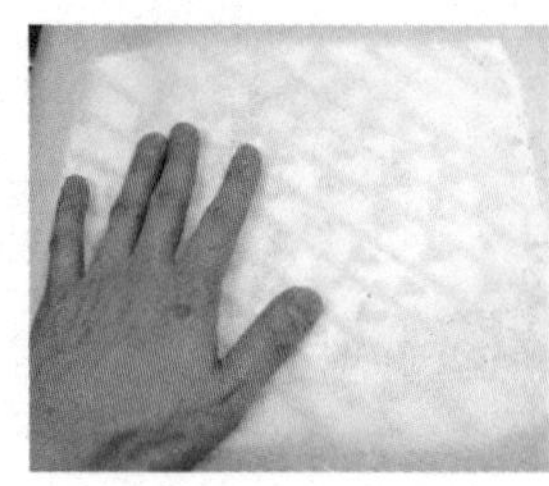

35 在冷却好的蛋糕皮上放一张新的烘焙纸。

▸ 纸可以准备长一点的，方便将整条蛋糕卷包起来！

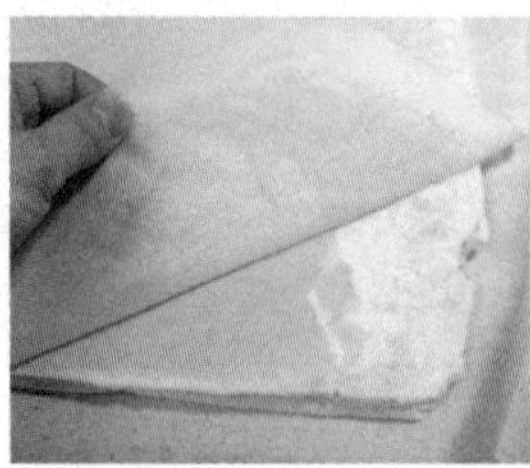

36 翻过来，将上面的纸拿掉。

▸ 皮会粘去一点，没关系，里面涂抹完鲜奶油看不到。

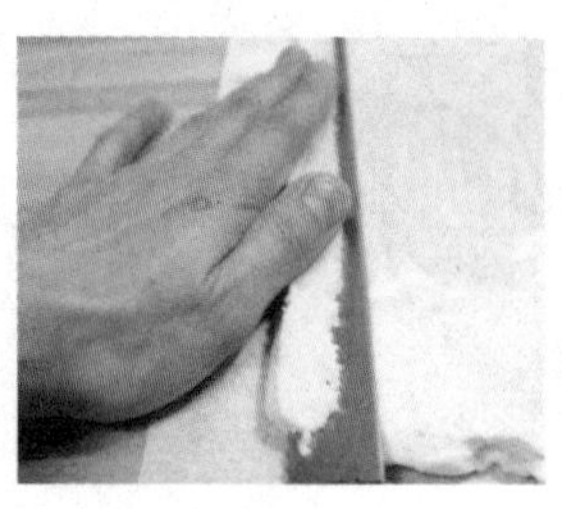

37 将边缘斜切下来。

▸ 边缘太厚不好卷。

38 将表面从下到上切出很浅的切痕。

▸ 有切痕不容易裂开。

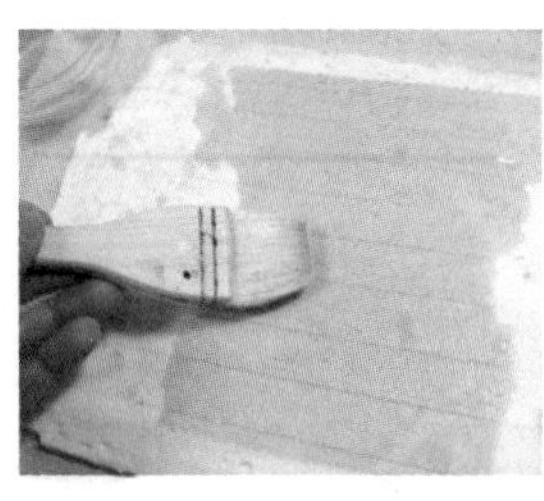

39 用刷子涂抹糖水。

▸ 表面湿润就可以了！

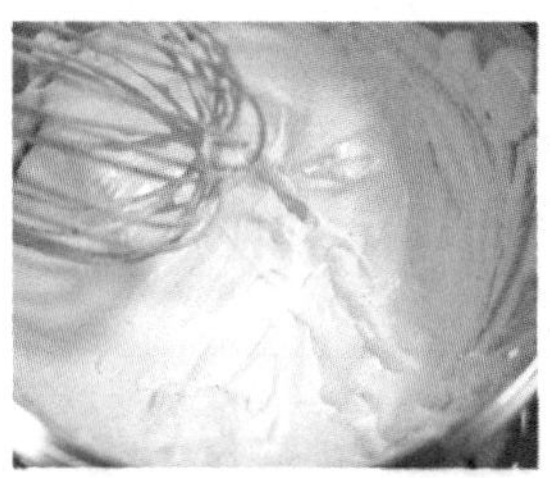

40 打发鲜奶油。加入糖粉打至九分发。如果鲜奶油不够硬，卷的时候里面的东西容易从侧面漏出来！

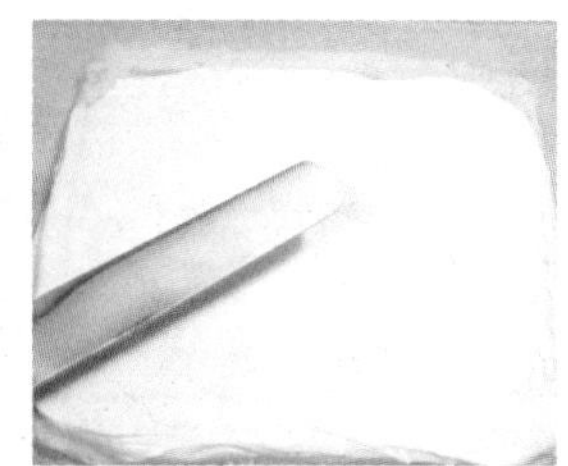

41 涂抹在蛋糕表面。尾部留出3cm左右的空间不涂。

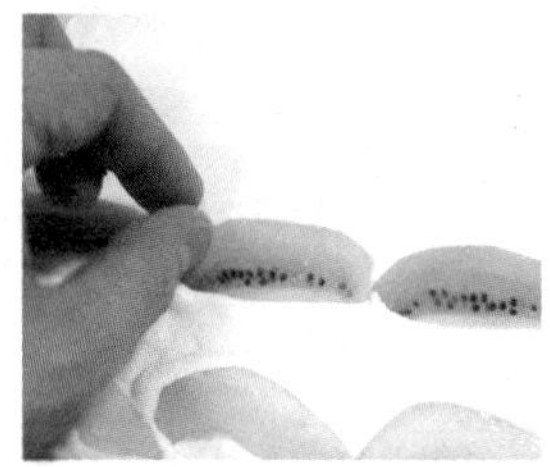

42 每列水果之间留一点空隙。

43 开始卷了！从一端连同烘焙纸拿住，将蛋糕卷起来。

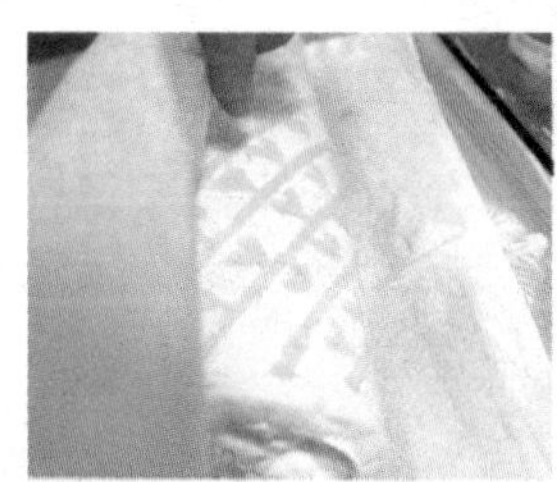

44 纸不要一起卷进去哦！要一直拉着纸，只让里面的蛋糕往前滚。

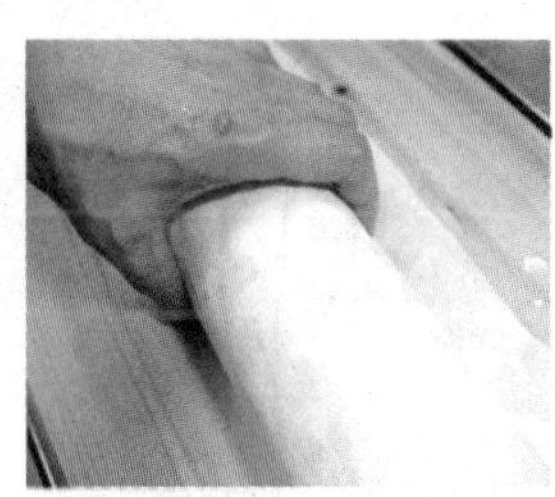

45 卷好之后将烘焙纸包覆起来，调整形状。

46 左手压住下面的烘焙纸，右手拉一下，让蛋糕卷紧一点。

47 两端像包糖果一样卷起来就可以了。卷好之后放在盘子上，放入冰箱让鲜奶油凝固。

▸ 切的时候再拿掉烘焙纸，将刀子在温水里浸一下再切。

Christmas Chocolate Cake

分量 1 个（直径6英寸烤模）

圣诞节甘纳许巧克力蛋糕

圣诞蛋糕来了！对于圣诞节蛋糕，瞬间出现在我脑海的就是甘纳许蛋糕（Ganache Cake），在法式料理餐厅工作时，每天都要做点心，我最常偷吃的蛋糕就是这种甘纳许蛋糕。这次介绍的巧克力蛋糕是之前餐厅做过的比较简单的版本，但一样非常香醇。当然不一定非要等到圣诞节吃，想吃的时候随时就可以来做这款重口味的巧克力蛋糕哦！o（^◇^）o～♪

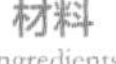

材料 Ingredients

[可可海绵蛋糕]

低筋面粉 Cake flour……85g
可可粉 Coco powder……8g
鸡蛋 Eggs……3个
砂糖 Sugar……80g
黄油（无盐）Butter……30g
（隔水加热溶化好备用）

[糖水]

砂糖 Sugar……50mL
水 Water……50g
朗姆酒 Dark rum……适量

[甘纳许巧克力]

黑巧克力 Dark chocolate……250g
鲜奶油 Whipping cream……250g

[装饰]（Topping cream）

白巧克力 White chocolate……50g
鲜奶油 Whipping cream……50mL
砂糖 Sugar……50g
可可粉 Coco powder……1或2小匙
草莓 Strawberries……4个
糖粉 Icing sugar……适量

1 先做可可海绵蛋糕。做法与原味差不多，将面粉和可可粉混合后过筛。

▸ 为了装饰圣诞节蛋糕，我特地选了可可海绵蛋糕。

2 用打蛋器搅拌均匀。

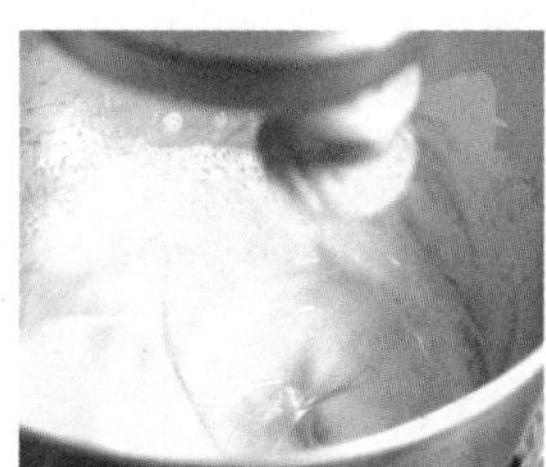

3 打发鸡蛋。

▸ 打发方法参考P.155。

4 在打发好的蛋里先加入一半量的粉类。

▸ 不要一次全部加入哦！会结块！

5 用刮刀切拌。

▸ 不需要完全混合，加入可可粉的面粉会消掉蛋的气泡，不要过度搅拌。

6 加入剩余的粉，大致混合。

▸ 加入黄油时还会搅拌，所以这一步不需要搅拌太多次。

7 将少量面糊放入溶化的黄油里，搅拌一下。

▸ 由于黄油也会消除蛋的气泡，先混合一点进去再全部混合。

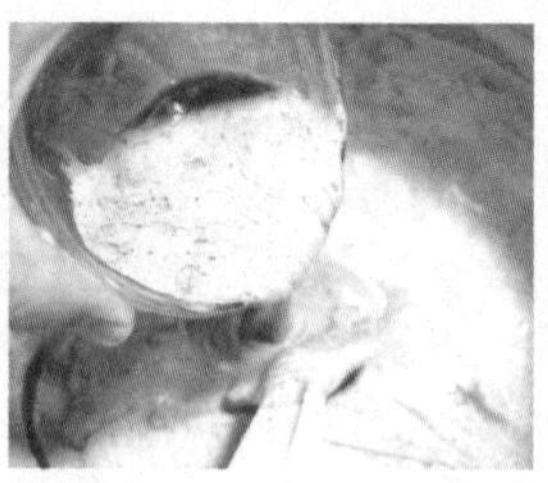

8 搅拌后倒入剩余的面糊里，充分混合。

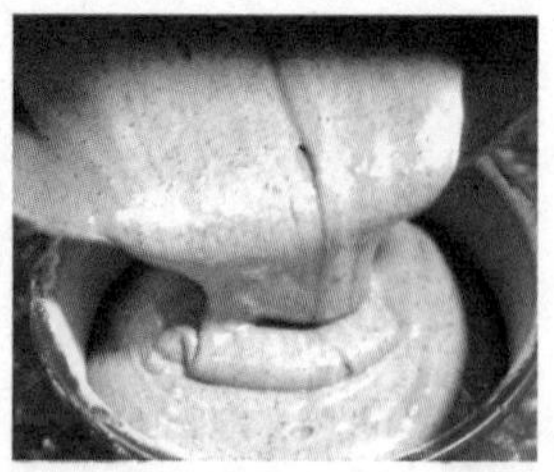

9 倒入已涂抹黄油并粘好粉的烤模里。

▸ 参考P.155。

10 放入预热至180℃的烤箱，先烤15分钟，为了怕表面焦掉，降温至150℃，再烤约5分钟。

11 时间到了，用竹签插进去看看有没有熟。

12 将蛋糕倒放在铁架上，拿掉烤模，将布盖在上面，让它自然冷却。冷却后，放入冰箱。

13 冷藏一晚后，涂抹糖水。将砂糖和水煮好后，冷却。

14 先在蛋糕侧面画线，然后左手转动蛋糕，右手拿刀子慢慢切进去。

▸ 我要切4片！＼（>◇<）／所以要小心地慢慢切哦！

15 先切成均等的2片。

16 同样的方式，再切半。

17 全部切好了！

▸ 如果觉得太难，可以只切成2片。^^

18 糖水已经冷却了，加入朗姆酒。

▸ 要加入什么酒根据自己的习惯决定。我建议如果是巧克力类的点心，可加入朗姆酒或白兰地；如果给孩子吃，不加也没关系！

19 将4片蛋糕片的两面都用刷子涂抹糖水。

▸ 蛋糕本身是干的，涂抹上糖水才会有湿湿的口感，多涂一点也没关系！

20 将黑巧克力切成末或直接用巧克力豆。

▸ 选择自己喜欢的巧克力哦！

▸ 要切得够细，不然加入鲜奶油时会留下颗粒。

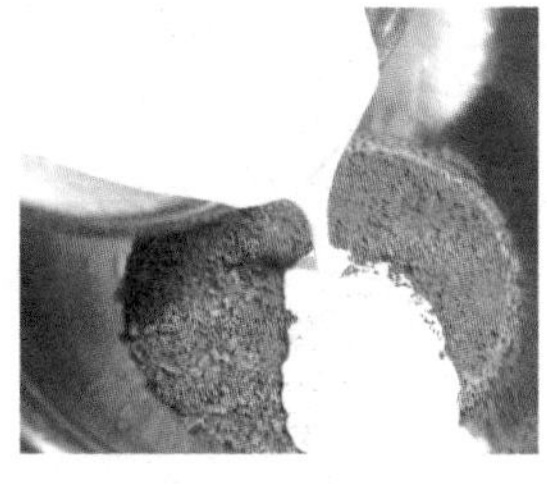

21 将鲜奶油煮到旁边有泡泡出来后，倒入巧克力里。

▸ 不需要煮到沸腾，因为温度太高加入巧克力里时会分离！

22 确认巧克力与鲜奶油混合均匀后，隔冰水搅拌。

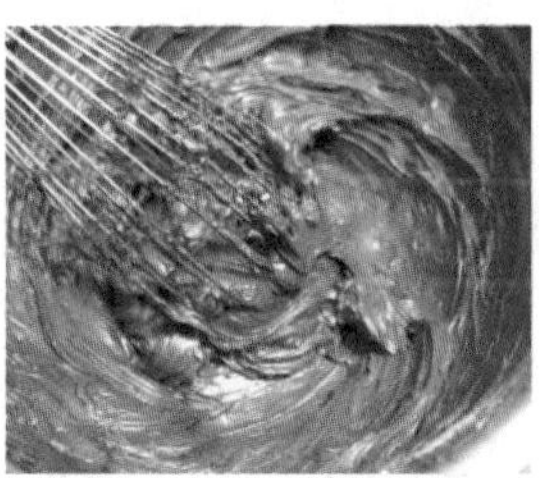

23 搅拌成膨松奶霜状，颜色变淡一点就可以了。

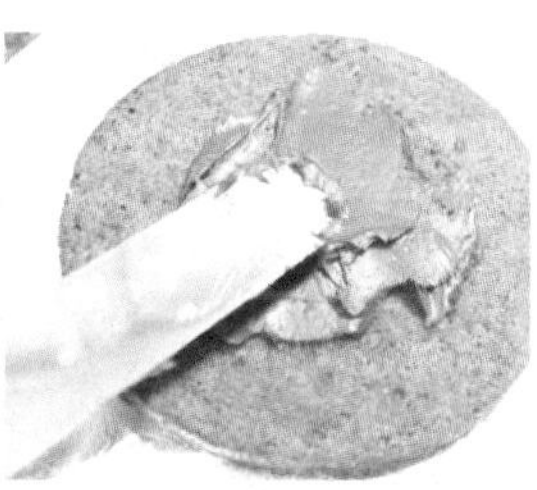

24 开始铺巧克力酱了！用抹刀慢慢铺均匀。

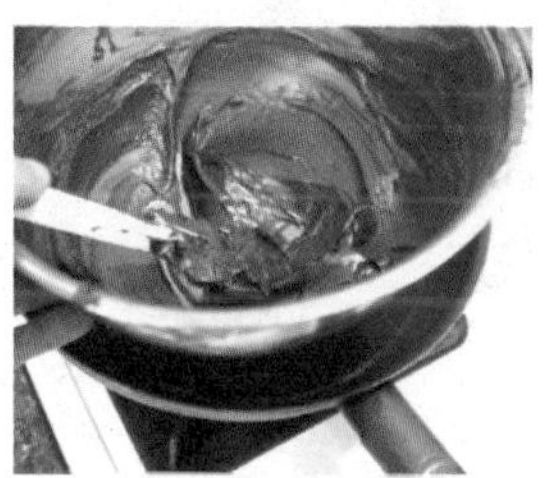

25 如果巧克力酱变硬不容易铺平，可以隔温水使其软化。

▸ 注意！不要用太热的水，否则巧克力会分离！

26 巧克力酱铺好后，放上蛋糕片。重复动作到第4片！（一_一;）加油，慢慢来！

27 将最后一片放好，上面倒入巧克力酱。

28 将巧克力涂抹均匀。

29 侧面我这次涂成了木头的感觉，从下往上涂抹。

▸ 侧面贴上烤好的杏仁片，用蛋糕屑也很好。

30 差不多了！

31 要做装饰了！将白巧克力切碎，隔温水溶化。

▸ 用黑巧克力也可以哦！

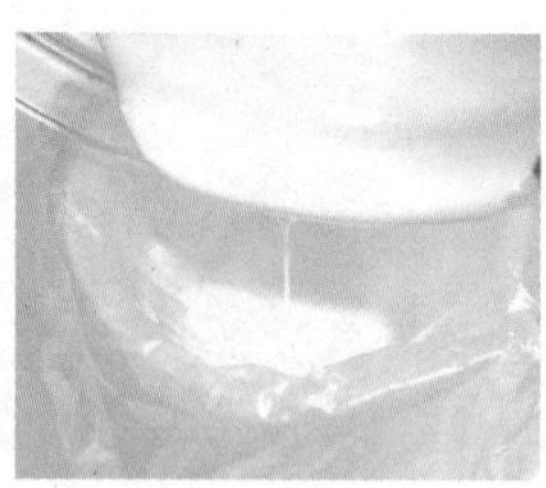

32 装入挤花袋。

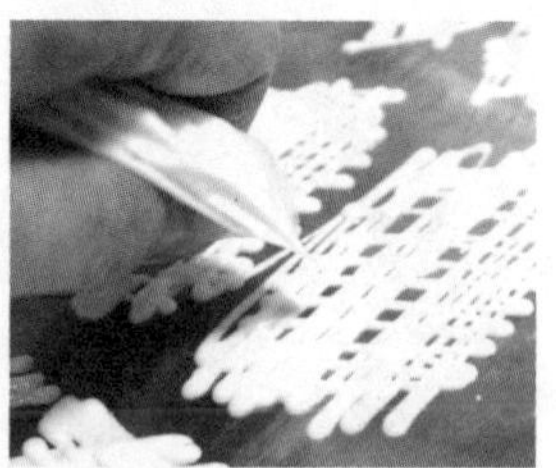

33 在保鲜膜上挤出简单的横竖纹理，放入冰箱里使其凝固。

▸ 可以多做一点，冷冻保存。

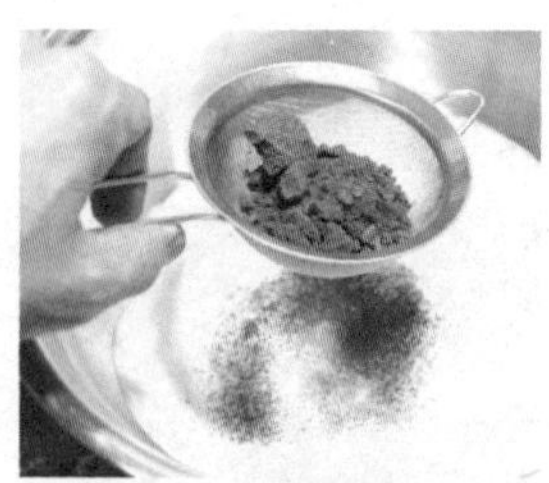

34 在钢盆中放入鲜奶油和砂糖，并用网筛将可可粉过筛进去。

35 挤花嘴我用了最简单的圆形。

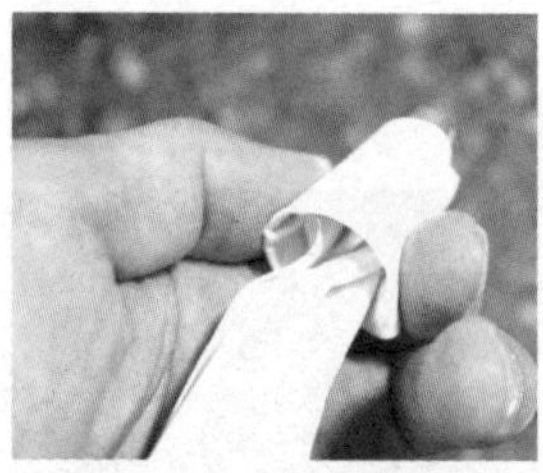

36 装好挤花嘴再放入奶油酱，免得奶油酱漏出来。

37 挤之前先设计好方案。这个蛋糕是6英寸的，可以切成8片，所以我挤出8个圆形。

38 将草莓洗好后，去蒂，切半或整个放在上面，将准备好的白巧克力片装饰在草莓后面。

39 蛋糕中间我想要积雪的感觉，所以在白巧克力片表面用汤匙刮下很多碎屑。

40 将巧克力屑撒在中间，最后！插上圣诞节装饰并撒一点糖粉，做成下雪的感觉！

41 将刀子放进热水浸热后再切片。

MASA的点心教室4

认识蛋糕

蛋糕起源于西方，开始是用简单的几种材料制成的，后来随着时代的演变及进步，蛋糕的变化也越来越多样。对于许多人来说，蛋糕是幸福的、甜蜜的、快乐的，而不同种类的蛋糕，更代表着不同的含义和心情。在人生的重要时刻，可以和亲朋好友共同分享，也是一种甜美的回忆。

蛋糕的主要材料是面粉、蛋、油脂与糖，是日常生活最常见到的东西，而且做法简单，生日、节庆、婚礼、宴会、下午茶、餐后等都有机会享用蛋糕，它也是西方人婚庆、丧礼上不可或缺的甜点。

蛋糕大概分为几类：磅蛋糕、奶酪蛋糕、戚风蛋糕、海绵蛋糕、蛋糕卷、慕斯蛋糕等。因材料的分量与制作过程的不同，制作出来的蛋糕口感都会不一样。在品尝蛋糕的同时，搭配着咖啡或红茶，就宛如沉浸在幸福甜蜜的爱情世界中，的确是人生的一大享受。

本书中的蛋糕大致分类如下：

- **海绵蛋糕**：P.154抹茶海绵蛋糕、P.164草莓杏仁蛋糕杯、P.168重口味抹茶奶酪舒芙蕾、P.171浓郁巧克力烤香蕉蛋糕、P.180罗勒酒渍圣女果迷你蛋糕。
- **戚风蛋糕**：P.194咖啡戚风蛋糕佐焦糖香堤鲜奶油酱、P.198香蕉坚果戚风蛋糕、P.201蓝莓 & 草莓装饰戚风蛋糕。
- **奶酪蛋糕**：P.191黑 & 白芝麻奶酪蛋糕。
- **蛋糕卷**：P.177大理石风草莓蛋糕、P.204卡哇伊爱心瑞士蛋糕卷。
- **慕斯蛋糕**：P.160南瓜 & 抹茶提拉米苏、P.184鲜草莓慕斯蛋糕。
- **磅蛋糕**：P.157伯爵红茶磅蛋糕、P.174香蕉牛蒡磅蛋糕。
- **其他**：P.188溶化甘纳许巧克力热蛋糕、P.210圣诞节甘纳许巧克力蛋糕。

S-18
SANKYOO BES
CAKE & CONFECTION

Part **5**

Let's have a happy sweet time

Crape, Samosa, Quiche and Pizza

与众不同、绝妙好滋味的各式咸点

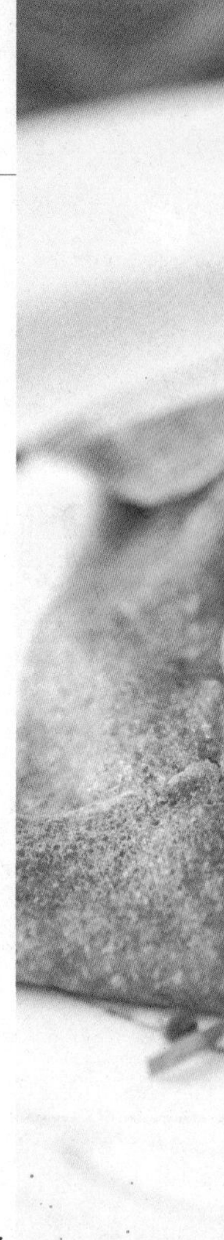

青酱可丽饼 &
白酱焗烤菇

分量
2-4
人份

材料
Ingredients

[青酱可丽饼]×4张
全麦面粉 Whole wheat flour……45g
鸡蛋 Egg……1个
牛奶 Milk……125mL

[青酱] ×1小瓶
罗勒 Basil……10片
巴西里 Parsley……1把
松子 Pine nuts……1大匙
蒜 Garlic……2瓣
橄榄油 Olive oil……3~5大匙
盐、黑胡椒 Salt & Black pepper……各适量

[馅料]
培根 Bacon……2片
香菇 Mushrooms……2个
舞茸 Maitake……1包
洋葱 Onion……1/2个
黄油 Butter……适量
酱油 Soy……1小匙
盐、黑胡椒 Salt & Black pepper……各适量
披萨奶酪 Pizza cheese……40g

[快速白酱]
黄油 Butter……15g
低筋面粉 Cake flour……15g
牛奶 Milk……300mL
盐、黑胡椒 Salt & Black pepper……各适量

可丽饼不仅可以做成甜的，也可以做成咸的。这次我来介绍用全麦面粉做的养生可丽饼，只要加入青酱，就可以煎出非常香的外皮。这么特别的可丽饼一定要搭配丰富一点的馅料！我用了焗烤的方式做的白酱，做法简便，不需要用锅煮，只要用平底锅就可以快速做出来！想加入什么青菜或肉类都可以自己选择。这次我用的是菇类与培根，用黄油和酱油把菇类和培根炒香，与白酱混合直接吃已经很满足，如果再与香香的可丽饼一起烤，不仅可以当做早餐，作为晚餐请客也很适合呢！

1 先做青酱可丽饼。将全麦面粉过筛！

▸ 过筛是为了去除结块的粉，如果有筛不出的麦壳可以直接混在一起哦！

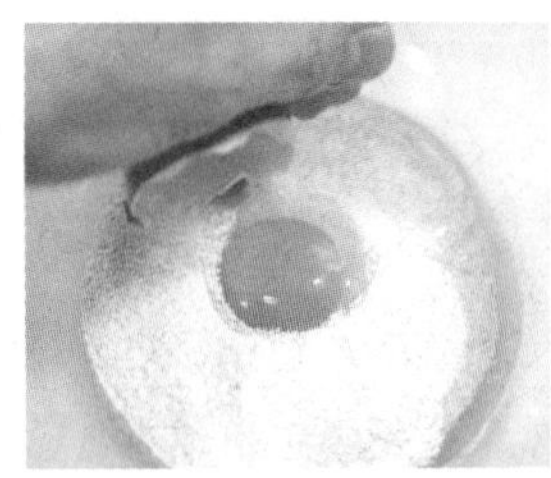

2 在过筛好的面粉中加入鸡蛋。

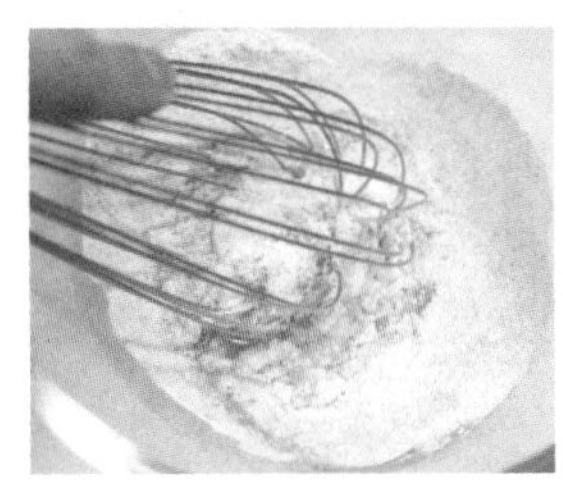

3 用打蛋器搅拌。

▸ 为预防结块，先不要加入其他水分。

4 确认粉类与鸡蛋混合均匀后，再加入牛奶搅拌均匀。

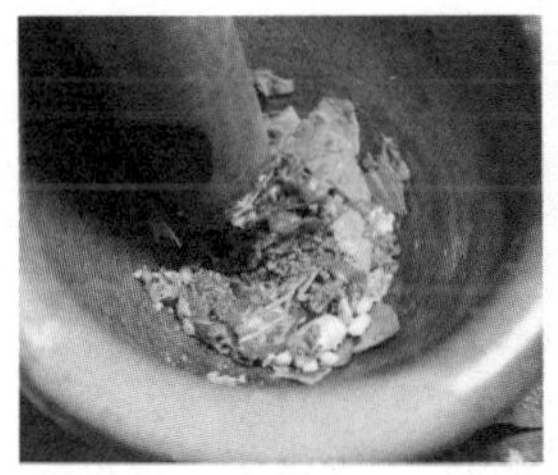

5 准备青酱！将材料全部放入果汁机中搅打成泥。

▸ 青酱可以一次多做一点，它可以做成很多料理哦！也可以冷藏保存很久！

▸ 用现成的青酱也可以！

6 在面糊里加入1或2大匙青酱，搅拌均匀。

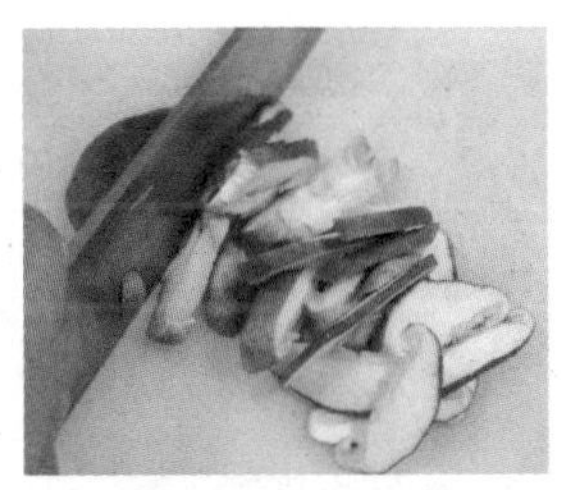

7 将香菇切掉蒂后，再切片。

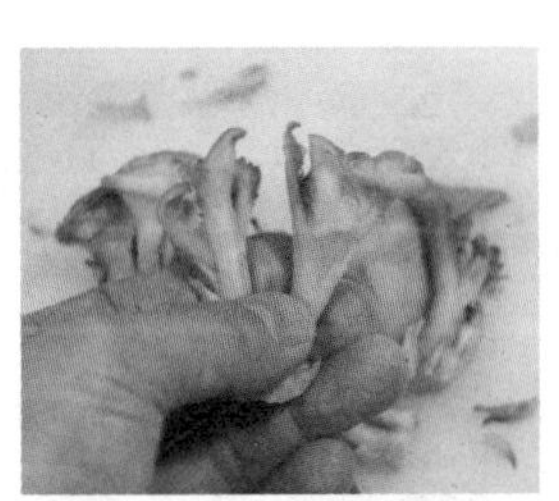

8 将舞茸的蒂切掉后，用手撕散。

▸ 舞茸是一种在日本常出现的菇类，它的口感很脆，味道很香！

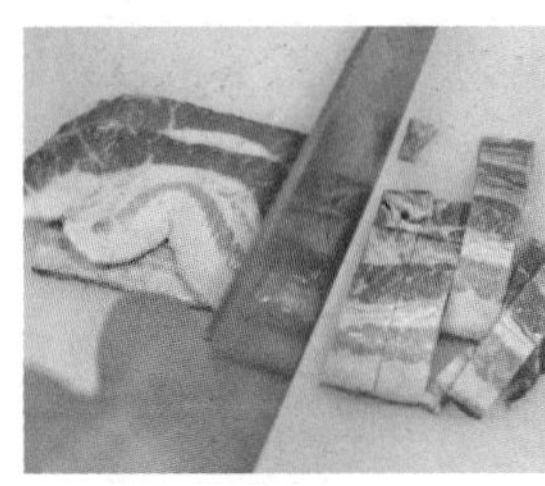

9 将培根切片，洋葱切成薄片。

▸ 如果不喜欢吃肉，不加也可以。

10 在平底锅中放入培根，用中火煎到油分与香味出来（变脆）后，再放入菇类。加一点黄油，将菇类的香味炒出来。

11 加入一点酱油、盐及黑胡椒调味。

12 炒好后倒进盘子里。

13 在平底锅里加入15g黄油，溶化后加入洋葱，炒至透明。

▸ 这是另外一种白酱的做法，要做比较少量且需要与菜类一起做的时候很方便！♪

14 加入面粉，略微翻炒。

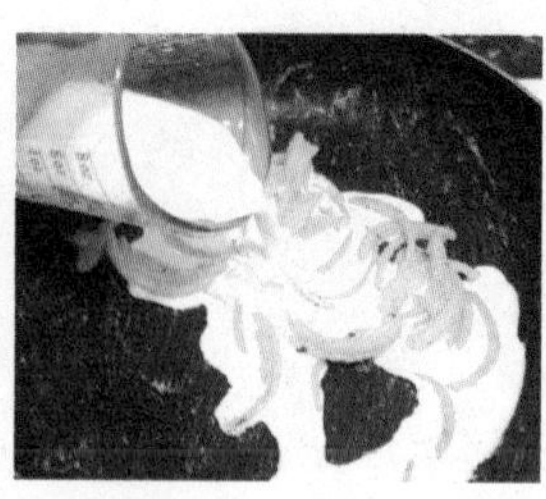

15 熄火，加入牛奶搅拌均匀，确认面糊没有结块。

16 开中火，搅拌至变浓稠，加入盐和胡椒调整味道。

17 将炒好的材料倒回锅里，翻炒一下，倒出来保温。

18 在不粘平底锅的表面涂一点油，开小火，倒入一些调好的面糊。

19 将锅子转一转，让面糊均匀散开，煎至表面略干。

20 放在砧板或烘焙纸上。

▸ 这次不用翻面煎，因为另一面要放入烤箱里烤！

21 将做法18放在中间。

22 放一点披萨奶酪。

23 将四周折起来。

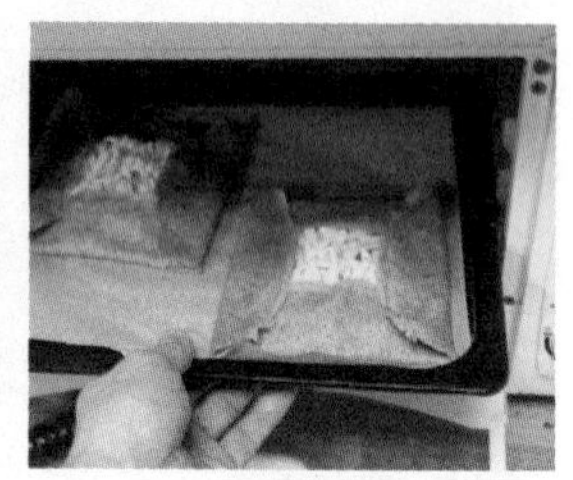

24 摆在烤盘上，放入预热至200℃的烤箱，烤6~8分钟。

▸ 只要看到上面的奶酪溶化就可以拿出来了！

分量 6 个

南瓜 & 菠菜酥派

Samosa（一种用咖喱酱做成的小酥派，可译成"咖喱角"）是一种印度料理，算轻食一类。我第一次吃到这种东西是刚到加拿大的时候，逛印度街时，走进一家印度食材店，在柜台旁边看到这种三角形的食物，盒子上写着印度文，看起来很好吃的样子。这是第一次体验印度人做的地道食物，里面有土豆，还可以尝到一些香料的味道。现在我要自己做了，当然我不会做一模一样的，因为我非常尊重地道的印度料理和文化，不会乱做，这次我来介绍用自己喜欢的南瓜和菠菜做成的咖喱口味馅料，再搭配酥皮简单做出来的好吃的下午甜点！

材料
Ingredients

南瓜 Squash……200g
洋葱 Onion……1/4个
土豆 Potato……1个
菠菜 Spinach……2把
培根 Bacon……2片
黄油 Butter……2小匙
牛奶 Milk……200mL
咖喱块 Curry cube……1块
冷冻酥皮 Pastry sheets……6张

1 将南瓜用汤匙挖出南瓜子后，切成薄片。

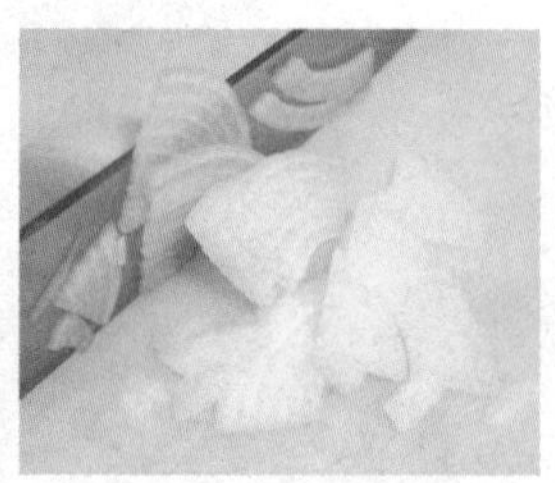

2 将洋葱切成薄片。

3 将土豆切片。

4 将菠菜切段。

▸ 这次用的菠菜很软，所以我没有烫，而是直接切。如果怕有涩味，可以先烫一下哦！

5 在平底锅里放入培根，煎到油分出来后放入洋葱，炒到洋葱变透明，再将土豆放入翻炒。

6 加入一点黄油，等黄油溶化后，再放入南瓜继续翻炒。

7 最后放入菠菜。

8 略微翻炒后，倒入牛奶。

9 盖上锅盖，调小火，将土豆和南瓜煮软。

10 好！都已经熟了。熄火，放入咖喱块。

▸ 开着火加入咖喱块会很快凝固，口感不好。

11 搅拌，确认咖喱块完全溶化后再开火，煮到完成凝固，倒在盘子里冷却。

12 酥皮使用前要从冷冻室移到冷藏室慢慢解冻，然后放在案板上用擀面棍擀大。

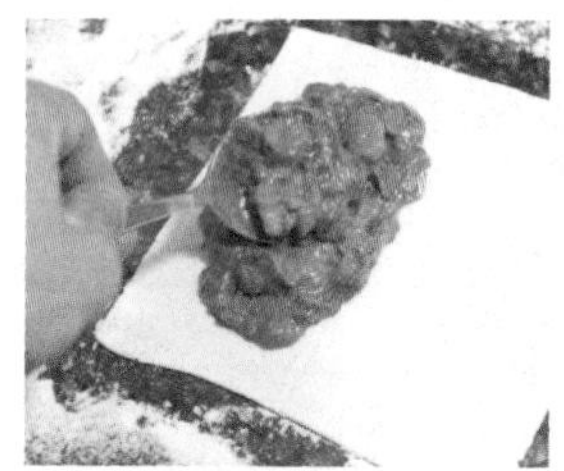

13 将冷却好的馅放在酥皮一半的位置。

14 另外一半用小刀划破。

▸ 切口可以让馅里烤出来的水蒸汽散出去，皮不会湿掉。

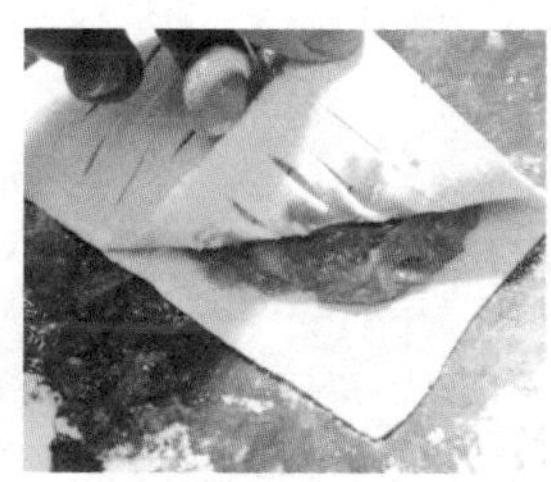

15 将有切口的一面折起来，盖在馅的上面。

16 边缘用叉子压紧。

17 先用干刷子去掉表面多余的面粉，再涂抹上打散的蛋液。

18 放入预热至200℃的烤箱，烤15～18分钟。

▸ 要确认上下两面都有烤色，如果上面已经有烤色，下面还没有，就把上火关掉，或用铝箔纸盖起来继续烤。

分量 1 个（直径23cm烤模）

B.A.T.T.法式咸派

法式咸派的组合非常自由，可以选择放入自己喜欢的馅料。由于凉吃也没问题，因此可以带出去野餐！这次我决定按照三明治里的做法，组装里面的馅料。这种三明治本来叫B.L.T. Sandwich，B是培根，L是莴苣，T是西红柿，去咖啡店吃三明治时，我常会点这道甜点。我还喜欢另一种馅料，就是“T”，也就是金枪鱼（Tuna）！法式咸派可以装入很多馅料一起烤，所以我决定把自己喜欢的材料都放进去！由于烤莴苣与金枪鱼不太对味，于是把它换成了芦笋（Asparagus），所以我的创意咸派可以叫B.A.T.T.法式咸派。当然材料可以换成自己喜欢的！加入炒过的肉泥或者烫过的海鲜类等，然后撒上很多奶酪，大家一起来做一款特别的派吧！

材料 Ingredients

[法式咸派皮] ×2个

▸ 一个可以冷冻起来

黄油 Butter……125g

低筋面粉 Cake flour……250g

蛋黄 Egg yolk……1个

冰水 Cold water……60mL

盐 Salt……适量

[内馅]

培根 Bacon……2片

芦笋 Asparagus……150g

鸡蛋 Eggs……3个

奶酪粉 Parmesan cheese……3大匙

牛奶 Milk……60mL

鲜奶油 Whipping cream……80mL

盐、黑胡椒 Salt & Black pepper……各适量

金枪鱼（罐头）Canned tuna……100g

西红柿 Tomato……1个

披萨奶酪 Pizza cheese……50g

1 先做法式咸派的面团。将黄油切丁或切薄片。将低筋面粉过筛。所有的面团材料放入冰箱保存，确认材料都是冰的。

▸ 做面团的时候，很重要的一点是不要让黄油溶化，否则口感不酥脆。

2 将材料从冰箱拿出来。先将面粉倒在案板上，将黄油切成末，多次少量地混合进面粉里。

3 在面粉中间挖一个洞，放入蛋黄、盐和冰水。

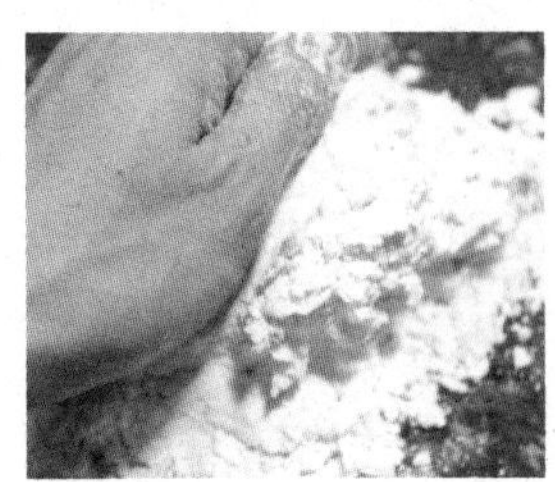

4 将面粉从外向内混合，大致揉匀。

▸ 不要过度混合，否则烤出来没有酥脆的口感！

5 将面团分成两块，分别包起来放在冰箱冷藏30～60分钟。

- 冷藏的时间越久，性质越稳定，可以提前一天准备。
- 这次的量可以做两份，这次我只做一个派，将另外一块面团放在冷冻室，可以保存3～4星期。

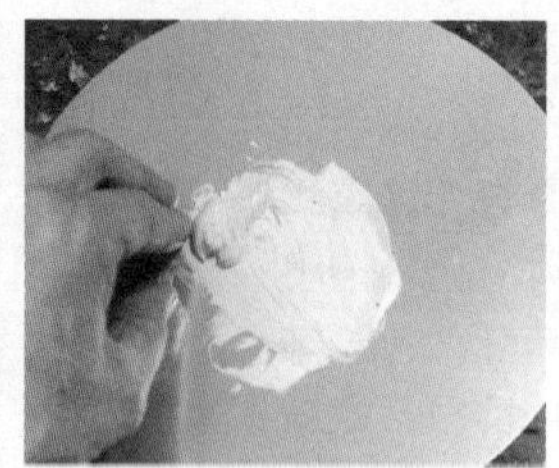

6 等面团的时候准备烤模，在烤模的底部和侧面涂抹黄油。

7 撒上面粉，并将烤模转一转，让面粉平均散开后拍掉多余的。

- 如果你用的烤模是不粘的，可以省掉此程序。

8 面团休息好了！从冰箱拿出来，用擀面棍慢慢擀大。

- 一开始会有一点硬，但不要太用力擀压，容易裂开！

9 比烤模略大一点。将模具放在面团上面测一下大小。

10 用擀面棍将面团卷起来，慢慢铺在烤模上。

11 侧面多塞进去一点。

- 虽然面团经过了冷藏休息，但烘烤之后还是会稍微缩小，因此侧面稍微塞高一点。

12 将擀面棍放在上面滚一滚，多余的皮切下来，再放进冰箱休息30分钟。

13 用叉子在休息好的派皮表面戳几个洞。

- 有洞可以让水蒸汽散出来。

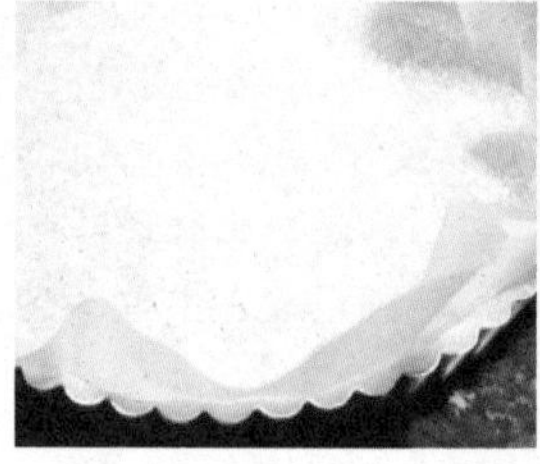

14 上面铺一张烘焙纸，倒入生米或生红豆。

- 这是为了预防膨胀，我常用生米或干燥红豆，也可以用其他干燥豆类代替，这些用过一次以后就不能煮菜了，但是可以反复利用很多次，不会浪费！

15 放入预热至200℃的烤箱，烤8～10分钟定形后，把上面的米和纸拿掉，继续烤3～5分钟。

16 烤到有一点金黄色后拿出来，在表面刷上蛋液。

17 继续烤2～3分钟，待蛋液凝固后拿出来。

18 准备肉馅！将芦笋切段、培根切片后，放入平底锅，加一点黄油，炒出香味来。加入适量的调味料（盐和黑胡椒），入味后，熄火冷却。

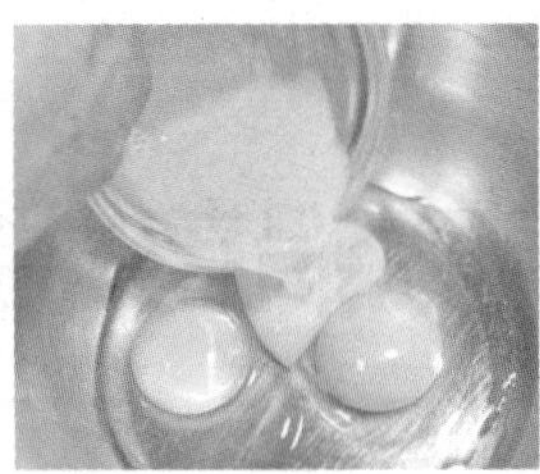

19 将鸡蛋放入钢盆里，将涂抹派皮的蛋液也加进来。

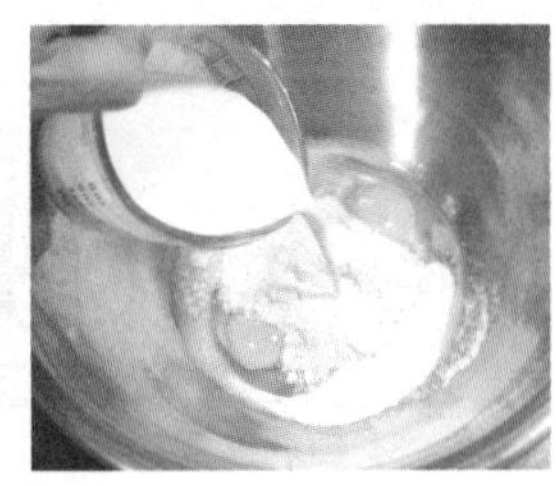

20 放入奶酪粉、牛奶、鲜奶油、盐和黑胡椒混合均匀。

- 鲜奶油与牛奶的比例可以自己调整哦！
- 奶酪粉、披萨奶酪和金枪鱼都含有盐分，调味时要谨慎哦！

21 将炒好的材料放在派皮上面，均匀铺好。

22 金枪鱼罐头里含有很多水分，将其沥干。

23 均匀铺在上面。

24 倒入咸馅。

25 撒上披萨奶酪，放上切片的西红柿。

26 放入预热至200℃的烤箱，烤约20分钟。烤到略微膨胀，表面有一点焦色就好了！

分 量 4 个（直径9cm的小模具）

简单版！平底锅英式松饼

我从来没想过要自己做英式松饼，因为这种松饼日本到处都买得到，连便利商店都有。后来发现不同的地方有不同的饮食习惯，不是每个地方都像日本那么容易购得。但想到自己做的时候要从酵母发酵开始，觉得很麻烦。C=（-。-）还好我家有一点酵母，那么就开始做吧！没想到它竟然还要用特制的英式松饼烤模来做，还要用玉米碎粉，天啊！做个小小的面包还需要买那么多不常用的材料！想一下有什么东西可以代替？结果发现又可以用牛奶盒来做！烤模的部分解决了，玉米碎粉用什么代替呢？若没有颗粒感，就没有了英式松饼的特色。为此特意去买一整包又不值得，想放弃时突然想到玉米碎粉和玉米脆片都是玉米做的，那么我就把早餐吃的玉米脆片打碎看看会怎样！结果很不错！一样有脆脆的口感，还有一点玉米的香味！现在，我就来介绍简单版的用平底锅做松饼的方法！

材料 Ingredients

高筋面粉 Bread flour……130g
干燥酵母 Dry yeast……1小匙
砂糖 Sugar……1小匙
盐 Salt……1/4小匙
温水 Warm water……75mL
黄油 Butter……5g
玉米脆片 Corn cereal……10g

1 准备牛奶盒模具！将牛奶盒洗净、晾干，底部剪掉约3cm的宽度。

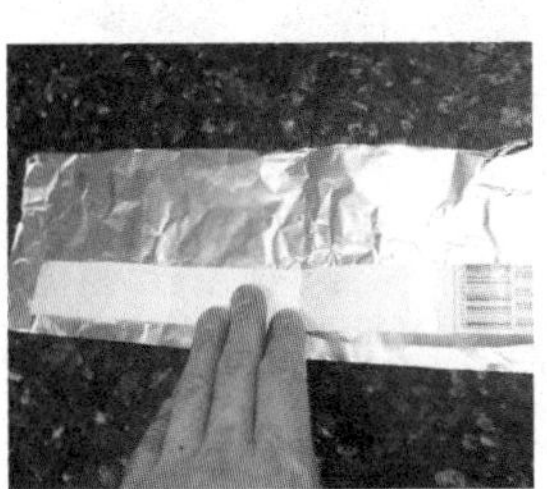

2 展开，用铝箔纸包起来。

3 用钉书机将原本结合的部位钉起来。

▸ 用擀面棍卷成圆形！

4 做了4个。可以多做一些哦！♪

▸ 这个可以重复使用。

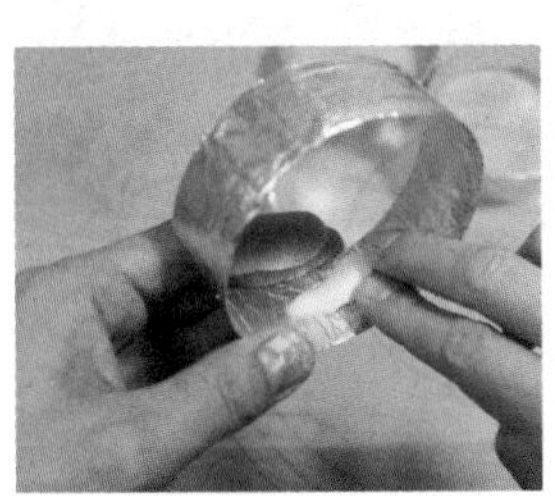

5 与一般的烤模一样进行防粘处理。

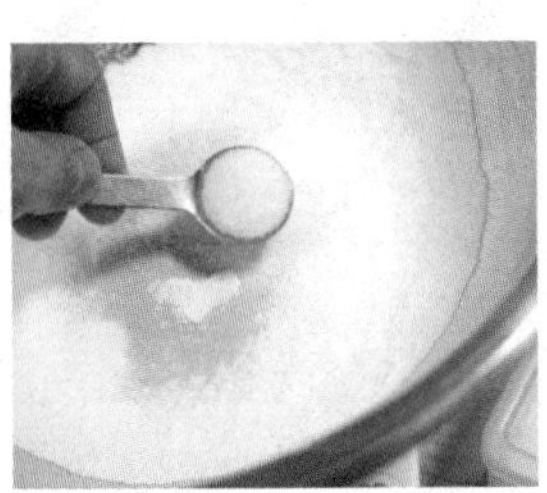

6 开始调粉了！将面粉过筛后，放入酵母、砂糖和盐。

7 将所有的粉类混合均匀。

8 倒入温水。

9 加入变软的黄油，用手混合均匀。

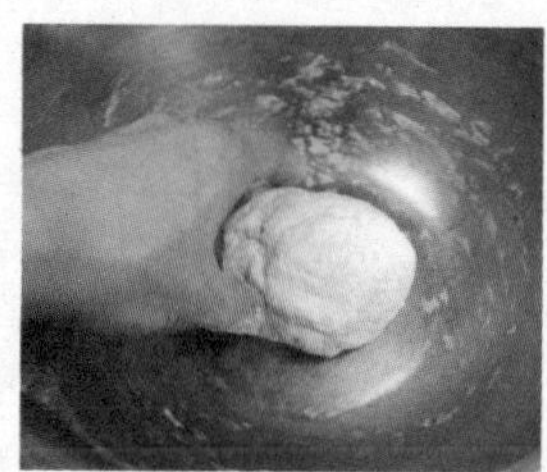

10 将面团混合成一团。

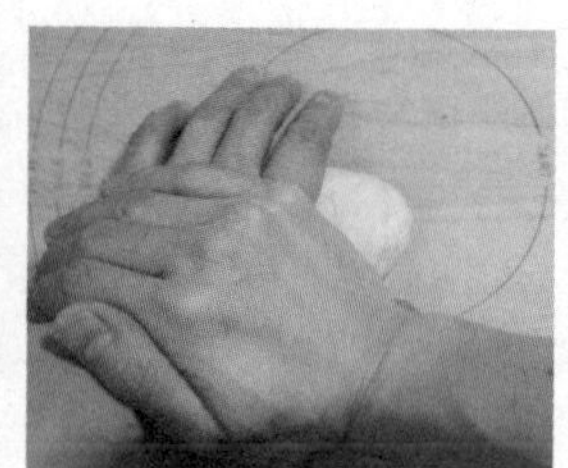

11 开始揉面团。

▸ 揉4～5分钟，面团质感会越来越细！

12 差不多了！将面团调整成球状。

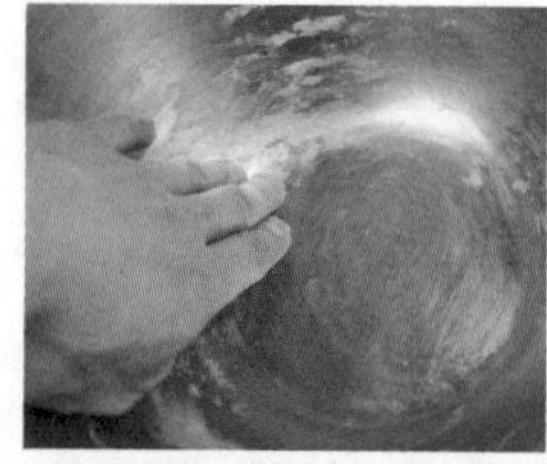

13 在钢盆里涂一点油。

▸ 这样面团比较容易发酵。

14 将面团放进去，用保鲜膜盖起来。

15 如果天气冷，需要在温暖的环境发酵。将钢盆放在40℃左右的温水里约30分钟。

▸ 如果厨房温度在30℃左右，不需要浸泡温水，只要盖起来让它发酵就好了！

16 趁着面团发酵时，准备其他材料。将玉米脆片放入袋子里。

▸ 本来要用玉米碎粉，但很难买到，平常也很少用到。

17 用擀面棍压碎后，倒在盘子里。

18 时间到了！看看面团的发酵程度。用蘸过面粉的手指从中间插进去。中间留个洞表示发酵完成。

▸ 如果还是很有弹性，戳一下后马上缩回来，表示发酵时间不够。

19 在面团表面按压一下，将里面的空气压出来。

20 切成4等份。

21 调整形状。将旁边的面团往里面折，做成表面光滑的圆形。

22 将面团的两面都蘸裹打碎的玉米脆片。

▸ 如果你有玉米碎粉，可以直接用哦！白芝麻也可以。

23 在平底锅里摆放好烤模，再放入面团。

24 用锅盖盖起来让面团再次发酵，静置20～25分钟。

▸ 如果厨房温度在30℃左右，可以直接发酵！

▸ 如果厨房温度很低，可以先用小火加热3分钟左右，温度升高后熄火。

25 发酵了！可以看到面团膨胀起来了！

开小火煎到定形。

26 烤模拿掉之后翻面。

27 再次盖上锅盖，另外一面用小火煎成金黄色。

28 哇！虽然只用了玉米脆片和平底锅制作，但成品很像正宗的英国松饼哦！

Q：怎么吃？

A： 用叉子从侧面插进去剖开，抹上黄油或果酱后食用！

分量 4 人份

班尼迪克蛋佐荷兰酱

MASA's Talk

我的早餐一般是吐司面包，最近都是把面包烤一下，涂上黄油，再搭配一大杯拿铁咖啡，偶尔为了营养一点，会加个鸡蛋！但是煎蛋、欧姆蛋做了很多次了，都已经吃腻了，这次突然想到“班尼迪克蛋”（Egg Benedict）。之前我在加拿大温哥华的格兰佛岛（Granville Island）餐厅工作时，很多客人吃早餐时都会点班尼迪克蛋。欧姆蛋可以大火烹煮快速出菜，但班尼迪克蛋的Poached Egg（水波蛋）则需要慢慢煮，火不能太大，不过这道菜值得耐心做哦！因为它是一道很漂亮的料理，尤其是把蛋切开时，蛋黄流出来的样子非常诱人！

材料 Ingredients

鸡蛋 Eggs……4个
白醋 White vinegar……2大匙
英式松饼 English muffins……4个
黄油 Butter……适量
培根 Bacon……4片
莫拉瑞拉奶酪 Mozzarella……4片

[荷兰酱]
黄油 Butter……100mL
蛋黄 Egg yolks……2个
水 Water……1大匙
柠檬汁 Lemon juice……2大匙
盐、黑胡椒 Salt & Black pepper……各适量

1 制作荷兰酱。将黄油隔温水溶化。

▸ 用微波炉也可以哦！

2 在蛋黄里加入一点水。

▸ 这次做的是味道比较轻的荷兰酱，所以直接用水就好了！

3 略微打发。

4 隔温水继续打发，温度不要太高，以免蛋黄凝固。

5 打到像图片这种硬度就可以了。

6 接下来，一边打发，一边将溶化的黄油慢慢倒进去，让蛋黄与黄油混合。

▸ 与做蛋黄酱差不多，搅拌至乳化。

▸ 正宗的做法是用黄油溶化的清油（分离后上面透明的油），但这样做对一般家庭来说太浪费，全部加进去也没问题！

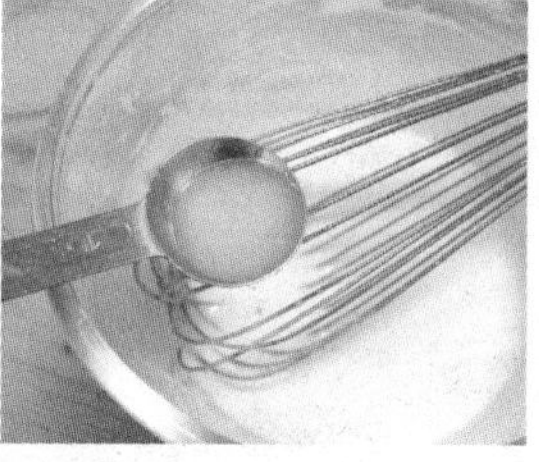

7 加入柠檬汁。

8 加入盐和黑胡椒。

▸ 调味料可以自己调整哦！

9 做水波蛋（Poached Egg）！当锅子里的水煮沸后，调中火，加入白醋。

▸ 加入白醋的水，蛋白会很快凝固。

10 将蛋打到碗里。

▸ 这很重要哦，不要直接打进热水里！

11 用汤匙在锅子里搅一下。

12 让蛋轻轻地滑进去。

13 因为里面的水在流动，蛋白会自己合起来！

14 用网筛轻轻翻面，待外围的蛋白变白、凝固，但里面还是软软的样子时捞出。

15 放在纸巾或纱布上，吸掉多余的水分。

16 将英式松饼用刀子或叉子从侧面剖开。

▸ 英式松饼的做法参考P.228。

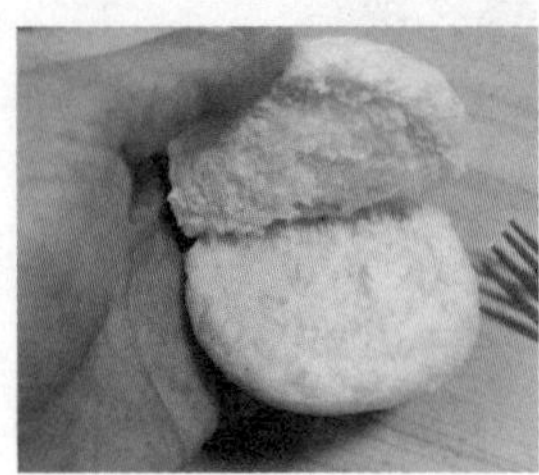

17 用手撕成2片！

▸ 凹凸不平的断面会让烤完的口感更好！

18 放入预热至200℃的烤箱，烤到有点焦色的样子。

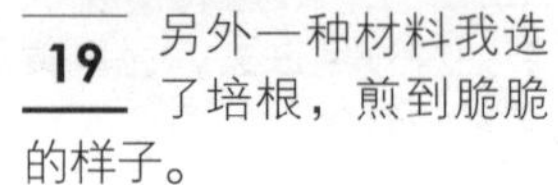

19 另外一种材料我选了培根，煎到脆脆的样子。

▸ 生火腿、熏三文鱼都是很好的选择！

20 放在纸巾上吸收多余的油分。在烤好的松饼表面涂抹一点黄油，再放入水波蛋与莫拉瑞拉奶酪，上面淋上荷兰酱就完成了！ \（>◇<）/

印度式舌饼佐咖喱肉酱

分量

6-8片

材料
Ingredients

[烤饼]

低筋面粉 Cake flour……300g
泡打粉 Baking powder……1小匙
砂糖 Sugar……2小匙
盐 Salt……1/2小匙
鸡蛋 Egg……1个
牛奶 Milk……120mL
黄油 Butter……20g
迷迭香 Rosemary……3或4支
橄榄油 Olive oil……3或4大匙

[咖喱酱]

猪（或牛）肉泥 Ground Pork or beef……200g
洋葱丁 Diced onion……1/2个
胡萝卜丁 Diced carrot……40g
迷迭香 Rosemary……适量
牛奶 Milk……200mL
水 Water……100mL
咖喱块 Curry cube……1/3盒
巧克力 Chocolate……8g
毛豆 Edamame……适量

MASA's Talk

有时候会突然想吃咖喱，但每次都是搭配米饭一起吃，最近刚好我有很多面粉，就来做一种跟咖喱很搭的饼吧！印度有一种舌饼，它的味道很温和，与刺激一点的咖喱搭配刚刚好。它的做法有很多，可以用酵母发酵后，贴在特制的烤壶里面烤，也可以不加入酵母制作。这次我介绍的是比较简单的方法，面团做好后用平底锅煎熟就好了，不过我还是加了一点变化，做出一种意式感觉的烤饼！做了烤饼，当然要介绍一起吃的蘸酱，我做了肉泥咖喱（Keema Curry）。这种咖喱不像牛肉咖喱，不需要煮很久，只要将材料翻炒几下，加入水和咖喱块煮一下就好了！这道食谱就是买一送一哦！不仅能学到烤饼的做法，还顺便能学到简单咖喱蘸酱的做法哟！＼（＾o＾）／

1 将面粉、泡打粉、砂糖和盐全部过筛后混合均匀。

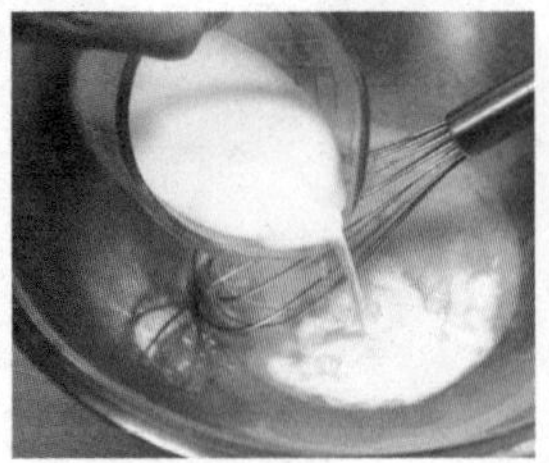

2 在鸡蛋里加入牛奶。

3 加入溶化的黄油。

▸ 黄油用橄榄油代替也可以哦！可以享受不同的香味。

4 倒进做法1里。

▸ 全部一次加进去也没问题哦！

5 用刮刀搅拌。

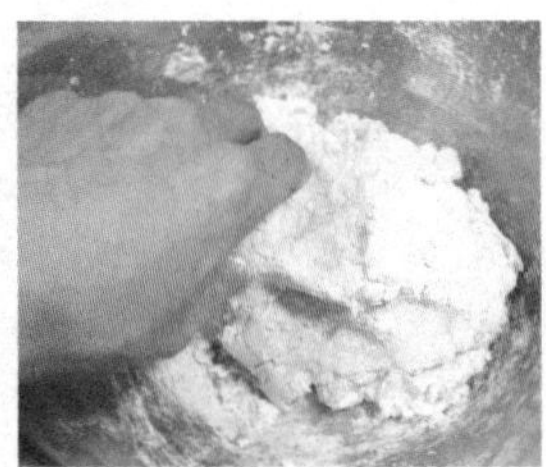

6 大致混合后用手按揉。

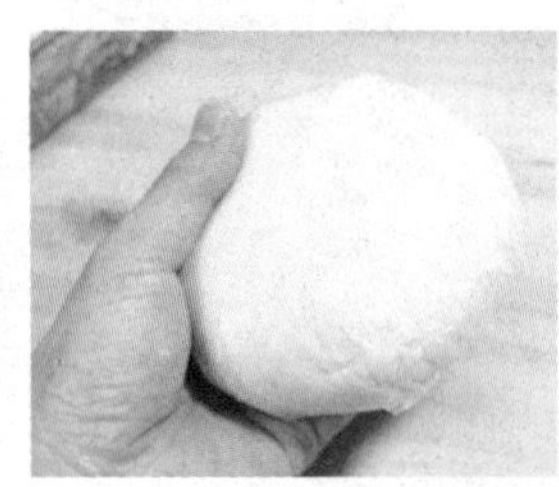

7 揉成表面光滑的样子就好了！用保鲜膜包起来，放置30分钟左右，让面团休息。

8 现在来做一个简单的肉泥咖喱酱吧！在锅里放入猪肉泥，用大火炒到变色。

▸ 要用大火炒才不会有肉的腥味哦！

9 加入切丁的洋葱与胡萝卜，炒到洋葱变透明。

▸ 洋葱炒到透明的样子，才会有甜味出来。

10 倒入牛奶后调成小火。

▸ 我要做味道浓郁的咖喱，如果不习惯奶味的咖喱，换成水也可以！

11 加入新鲜的迷迭香（香草也可以），继续煮15～20分钟。

▸ 用干燥的迷迭香也可以。

▸ 煮的时间久一点，如果太干要随时加水。

12 熄火，加入咖喱块，让它慢慢溶化。

▸ 温度太高时加入咖喱块会让淀粉很快凝固，使得口感不佳。

13 加入巧克力，多一种香味。

▸ 不要加太多哦！因为这道点心是偏咸的。

▸ 加不加都可以，看自己的习惯！

14 最后加入烫过的毛豆，搅拌一下就完成了！

15 时间到了！将面团用擀面棍压成1cm左右的厚度。

16 切成8等份。

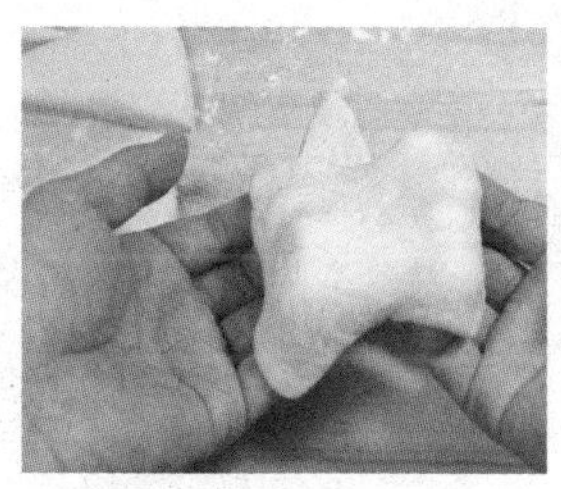

17 每片都用手抻成薄片。

▸ 厚度、大小和形状不需要每片都一样，可以享受不同的口感。

18 平底锅不加油，开中火，放入饼片，煎至表面凹凸不平。

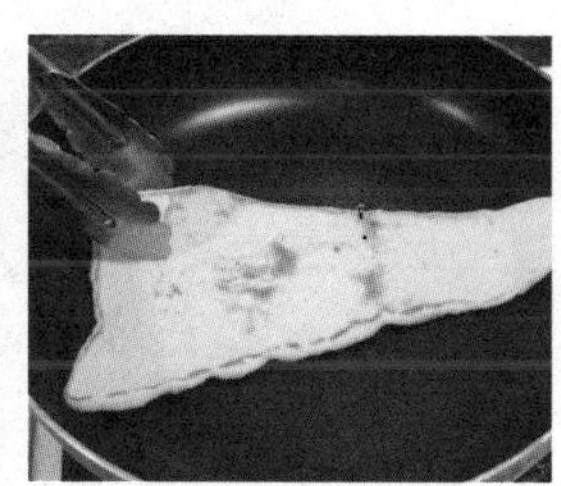

19 翻面继续煎。

20 撒一点迷迭香和柠檬橄榄油。

▸ 用普通的橄榄油也可以！

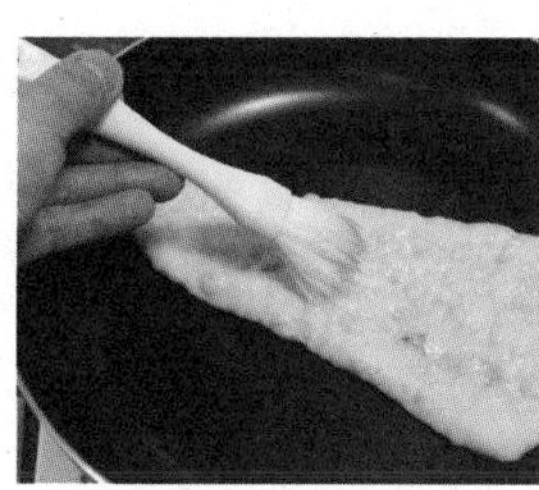

21 放入平底锅用中火煎一下。另外一面也用刷子涂抹橄榄油。

22 完成了。太香、太漂亮了！\(^o^) /。

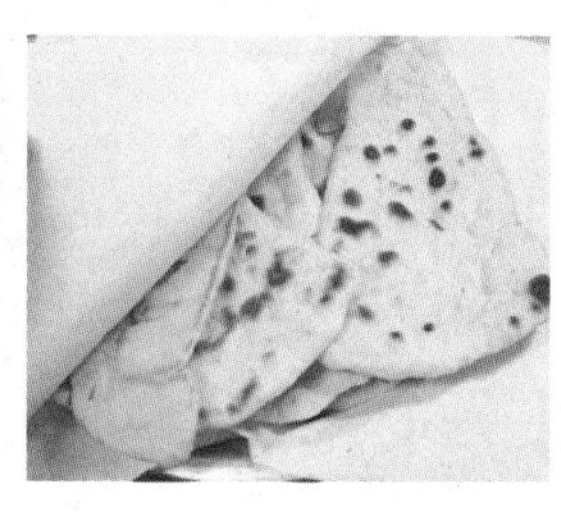

23 为了避免煎好的薄饼干掉，可以先用布包起来。等全部煎好后，搭配咖喱酱一起吃！非常有印度的感觉哦！

Potato Meat Pie

土豆
肉酱奶酪派

分量

2
个 （直径21cm烤模）

材料
Ingredients

[法式咸派皮]

低筋面粉 Cake flour……250g
黄油 Butter……125g
蛋黄 Egg yolk……1个
盐 Salt……适量
冷水 Cold water……60mL

[内馅]

猪肉泥 Ground pork……300g
盐、黑胡椒 Salt & Black pepper……各适量
洋葱 Onion……1/2个
西红柿罐头 Canned tomato……1罐
迷迭香 Rosemary……2支
▸不加也可以！
番茄酱 Ketchup……60g
披萨奶酪 Pizza cheese……60g
土豆 Potatoes……2个
牛奶 Milk……200mL
鲜奶油 Whipping cream……100mL
黄油 Butter……1小匙
盐、黑胡椒 Salt & Black pepper……各适量

哈哈！酥酥脆脆的派皮料理又来了！我非常爱吃这种咸派，现在又设计出来另外一道！虽然每次在外面吃都觉得很好吃，但口感总觉得有点干，自己做的时候，换了另外一种派皮！搭配经典的肉酱，会更有满足感，来！一起做做看喽！

1 将凝固好的面团擀大后，放在涂抹黄油并粘附面粉的模具里。放入冰箱让面团休息，预防缩小。

- 派皮做法参考P.225。
- 如果有剩余的冷冻派皮面团，最好提前一天移到冷藏室慢慢解冻。

2 在肉泥里撒上盐和黑胡椒腌制入味。

3 平底锅开大火，放入肉泥，煎到有点焦色出来。

- 不要一直搅拌，要像烧肉一样，才有肉的香味。

4 炒好后倒出来。

5 锅子不用洗，利用煎肉的油炒切丁的洋葱。

6 炒到洋葱变透明后，将炒好的肉泥倒回去。

- 分开炒比较快，也不会有太多水分出来。

7 放入切末（或打成泥）的西红柿罐头，盖上锅盖，用小火煮至少30分钟。

- 西红柿罐头比较适合熬煮。如果要用新鲜的西红柿，要先去掉皮哦！
- 如果水分蒸发太快，可以加些水。

8 加入迷迭香。

- 加入百里香也很好哦！

9 煮酱时，将土豆切片。

10 锅子里加一点黄油，开中火，黄油溶化后，放入切好的土豆，炒至表面稍微变色。

11 倒入牛奶、鲜奶油、盐和黑胡椒。

12 小火继续煮到土豆快熟还有一点脆脆的程度。

- 因为等一下还要烤，不要煮到全熟，否则容易碎掉，很难摆在派皮里。

13 在派皮的表面用叉子戳洞。

14 上面放一张烘焙纸，用生米压住预防膨胀，再放入预热至200℃的烤箱，烤10分钟左右。

15 将烘焙纸和米拿掉，继续烤至全部呈现金黄色（2~3分钟）时拿出来。

16 在肉里放入盐和黑胡椒。加入番茄酱补充一点甜味。

▸ 这个肉酱不仅可以用在派上，也可以和意大利面拌匀一起吃，很好吃哦！^v

17 将土豆摆在烤好的派皮上面。

18 淋上肉酱。

▸ 请注意！材料的分量是做两个派皮的。这次我只烤了一个派皮，将剩下的肉酱冷却后，放入密封袋里冷冻起来，下次再用！^ v（可保存2~3星期）。

19 撒上披萨奶酪。

▸ 奶酪的分量根据自己的喜好决定！

20 放回烤箱里，因为里面的馅料都是熟的，所以用高温（上下火约250℃）烤到上面有点焦色就可以了！

Crispy & Crunchy Bacon Cheese Scone

香脆培根 & 奶酪司康

分量

10-12个（直径6cm的小烤模）

材料 Ingredients

黄油 Butter……100g
低筋面粉 Cake four……250g
泡打粉 Baking powder……1大匙
培根 Bacon……4或5片
披萨奶酪 Pizza cheese……70~80g
迷迭香 Rosemary……2或3支
盐、黑胡椒 Salt & Black pepper……各适量
蛋黄 Egg yolks……2个
牛奶 Milk……80~90mL

司康有很多种口味，我印象中不管是甜味还是原味，味道都比较淡。这次我要做适合早餐吃的司康！我个人比较习惯吃西式早餐，平常都是烤吐司面包吃，因为早上不太想做太复杂的料理。这次介绍的司康就是把早餐常用到的材料混合进面团里，再放入烤箱中，就可以闻到奶酪和培根焦焦的香味。♪单吃就已经很满足了，如果把中间撕开，稍微烘烤后加入炒蛋，就可以变成更丰富的咸点心！这种面团做好后可以保存一星期左右，也可以将烤好的司康冰起来，吃的时候加热一下。来！倒一杯牛奶，一起来欢迎健康的早餐吧！＼（ ^o^ ）／

1 将黄油块切成薄片，先放入冰箱，然后准备其他材料。

2 将低筋面粉与泡打粉一起过筛，混合均匀后，与黄油一样先冰起来。

▸ 做这种面团时温度管理很重要！将材料先冰起来比较好处理哦！

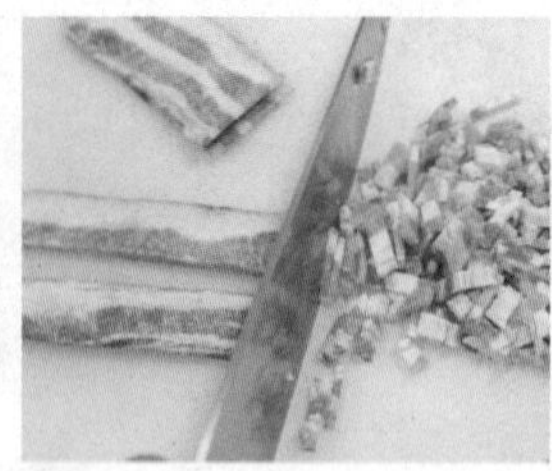

3 将培根切成小丁。

▸ 用火腿代替也可以哦！

4 将培根丁放在纸巾上，再覆盖另外一张纸巾，吸一下油分。

5 放入微波炉里加热1～2分钟，去除多余的油分与水分。

▸ 上面的纸可以防止油溅出来。

▸ 也可以用平底锅开小火，将油分煎出来。

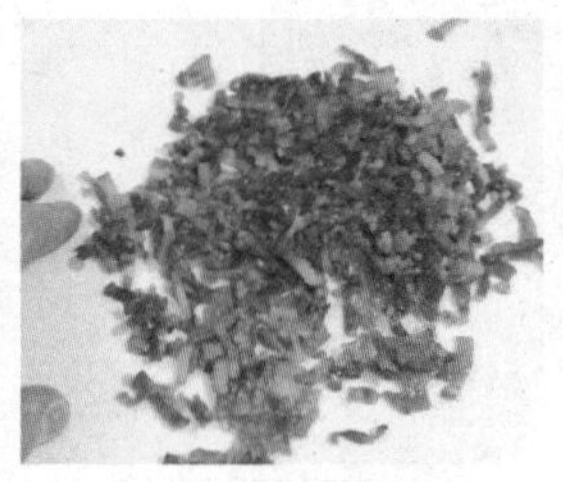

6 加热到这种程度，脱油后会缩小。

▸ 加热的时间根据实际情况调整哦！

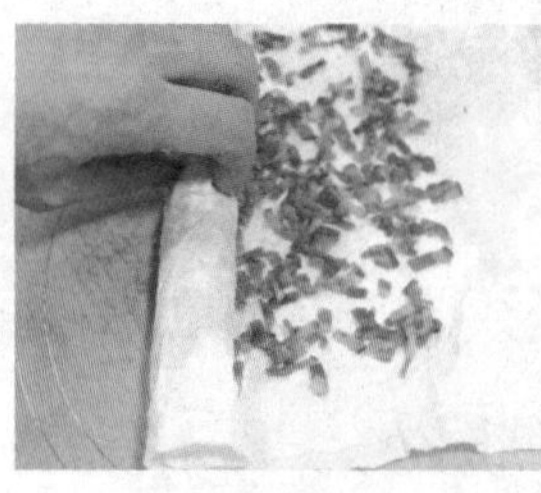

7 如果还有油分，把培根摆放在新的纸巾上，连同纸巾一起卷起来。

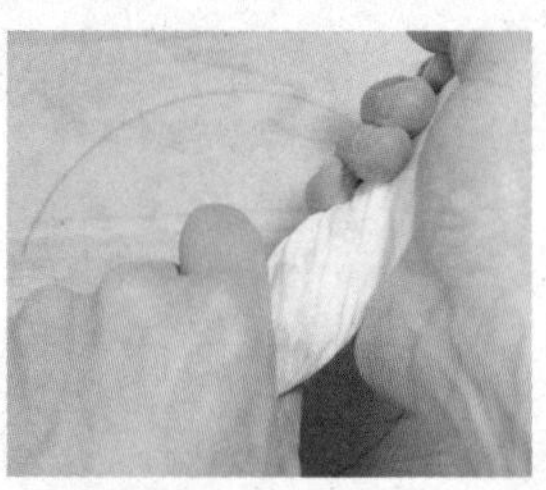

8 扭一扭，让纸巾充分吸收油分，然后让培根冷却。

9 开始做面团！将面粉倒在工作台上，放入黄油，用切面刀切成末。

▸ 黄油一次不要放入太多，不然全部粘起来会变成一大块！

10 用手将黄油与粉混合均匀。

▸ 由于手有温度，不要揉搓太久，黄油溶化后会不好处理哦！

11 装入钢盆里。

12 放进处理好的培根与披萨奶酪。

13 加入切成末的迷迭香，也可以加入一点盐和黑胡椒调味。

▸ 培根与奶酪本身带有咸味，所以不要放太多盐哦！

14 将材料混合均匀。

15 加入蛋黄。

16 加入牛奶。先倒入80mL左右。

17 用刮刀搅拌，看看还要不要再加牛奶。

▸ 根据培根的脱水程度和奶酪本身的油分，决定加入的牛奶的量。

18 混合均匀后，用手揉成一团。

▸ 不要揉过度哦！大概混合在一起就可以了。揉太久就没有了酥松的口感。

19 调整形状后，用保鲜膜包起来，放入冰箱冷藏使其凝固（大约1小时）。

20 时间到了。将直径6cm的圆形烤模蘸一下粉，预防粘黏。

21 将面团擀成1cm～1.5cm后，用压模压出圆饼。

22 剩下的混合在一起，再用压模继续压。

23 这次我总共做了12个。将面团放在铺有烘培纸的烤盘上，用刷子在表面刷上一层蛋黄液。

▸ 这次我要颜色深一点的，所以用的是蛋黄。用全蛋或牛奶也可以哦！

24 放进预热至200℃的烤箱，烤12～15分钟，表面有金黄色就差不多了！

▸ 如果无法确认是否烤好，拿出来一个撕开，如果还有粘度，就放进烤箱继续烤。

分量 2 个（直径20cm烤模）

两种馅料组合免发酵披萨

周末到了，来做披萨吧！披萨最好玩的地方，是可以将喜欢的材料随意组合！我很喜欢吃披萨，但不管多小的片，每次吃两三片就腻了，因为只能吃到一种口味。如果自己在家做，一定要解决这个问题！可以一次享受很多种口味！其实披萨最麻烦的部分是用酵母发酵的过程，但这次不需要调整温度，马上就可以烤。饼皮上的馅料（Topping）我用了一半一半（Half&Half）的方式，这样子量不会太多，还可以享受不同的口味。这次馅料我选了清爽口味的干贝&圆白菜，另外一半是我个人喜欢的培根&金枪鱼组合。两种完全不同的口味，吃起来完全不会腻！还可以运用书中介绍的酱料，只需烤2次就可以享受4种口味的披萨，周末时候请试试看吧！

材料 Ingredients

[披萨皮]

高筋面粉 Bread flour……200g
盐 Salt……2g
砂糖 Sugar……2g
柠檬橄榄油 Lemon olive oil……1大匙
温水 Warm water……100~110mL

[全部馅料]

西红柿糊 Tomato paste……6大匙
橄榄油 Olive oil……1大匙
洋葱 Onion……1/4个
腌橄榄 Olive……12个
综合干燥香草 Dried assorted herbs……适量
披萨奶酪 Pizza cheese……200g

[干贝馅料]

鸡蛋 Boiled eggs……2个
圆白菜心 Cabbage……1个
干贝 Scallops……6个
蛋黄酱 Mayonnaise……20g
咖喱粉 Curry powder……1/2小匙

[培根金枪鱼馅料]

培根 Bacon……3片
金枪鱼（罐头）Tuna……1罐

1 将面粉过筛后，加入盐与砂糖。

▸ 披萨皮稍微有一点甜味会比较好吃。

2 加入橄榄油，用打蛋器稍微搅拌。

▸ 加入油分烤出来会比较酥脆。

▸ 喜欢酥松口感的人可以多加一点橄榄油。

3 加入100mL左右的水。

▸ 不要全部加入哦，要观察面团的湿度。

4 用刮刀搅拌，如果太干，可以再加一点水。

5 混合均匀后，用手按揉。

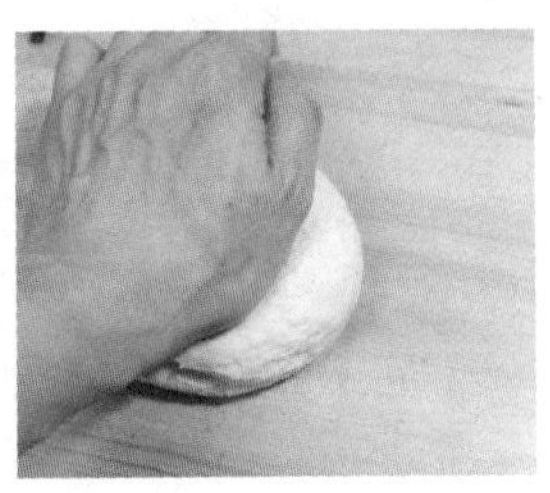

6 放在工作台上将面团揉光滑。

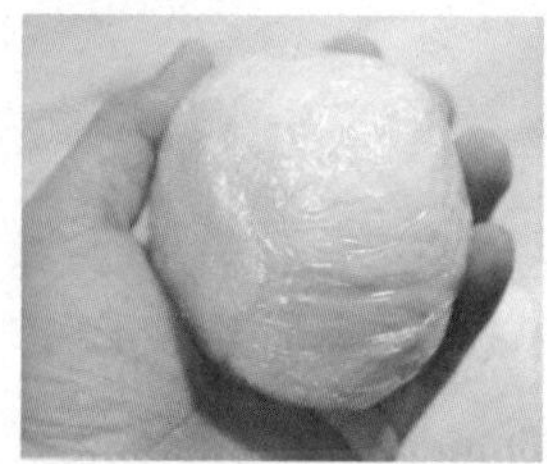

7 用保鲜膜包起来，放入冰箱，让面团休息15分钟左右。准备其他材料！

8 将鸡蛋放入装有冷水的锅子里，开火，沸腾后再煮12分钟。时间到了，将鸡蛋捞出，冲水冷却。

▸ 重点要将蛋煮到全熟（Hard boiled egg），所以怎么煮都可以！

9 这是现成的腌黑橄榄，里面的籽还在，用刀子在侧面划一圈。

10 去掉籽后，将橄榄肉切成丁。

▸ 如果是已经去籽的橄榄，直接切丁就可以了！

11 将培根切片。

12 将水煮蛋去壳，用切蛋器（Egg slicer）切片。

▸ 若没有这种工具，可以用刀子切！

13 将圆白菜心洗净后切块。

▸ 芦笋也可以！当季的蔬菜都可以用。

14 海鲜类需要先处理一下。用高温将干贝表面煎出焦色。

▸ 一般用烫的方式，但这样做海鲜的鲜汁容易流失，有点可惜，所以我选用了煎的方式封住鲜味！

15 煎好后切成小块。

16 在碗里铺一张保鲜膜，放入蛋黄酱与咖喱粉。

17 用保鲜膜将材料包裹起来，混合均匀。

18 将面团拿出来，切半。

19 在工作台上面撒一点面粉，将面团按成扁圆形。

20 用擀面棍擀成直径约30cm的薄片。

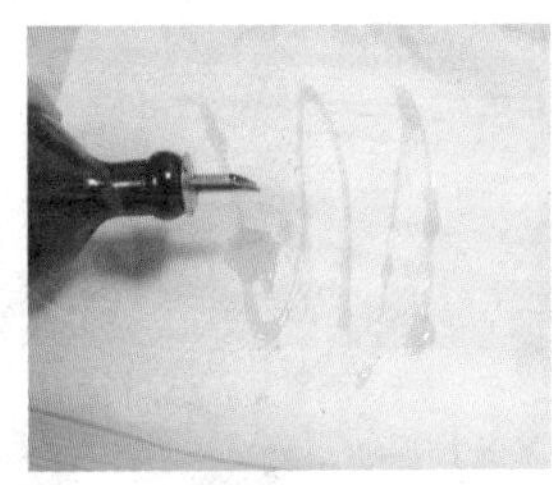

21 在烘焙纸上淋一点橄榄油。

22 将擀好的披萨皮放在烘焙纸上，上面涂抹西红柿糊。

▸ 西红柿糊可以用现成的披萨酱或将番茄酱与猪排酱混合。

23 在饼皮上摆放基本材料，如切成片的洋葱、切丁的橄榄。

24 一半放上金枪鱼与培根。

▸ 将金枪鱼罐头里面的水倒掉，并挤掉鱼肉里多余的水分！

25 另外一半放准备好的圆白菜心、水煮蛋与干贝。

26 用牙签将咖喱口味蛋黄酱外层的保鲜膜扎破。

27 挤在有干贝的那面。

28 上面撒上干燥香草和披萨奶酪。

29 放入预热至200℃的烤箱，烤10~12分钟！

Super Quick Two Flavored Steamed Rice Pizza

快速版！两种口味米饭披萨

分量

1个

材料 Ingredients

[橄榄圣女果罗勒口味]

圣女果 Mini tomatoes……3个

橄榄 Olive……2或3粒

罗勒 Basil……5张

综合干燥香草 Assorted dried herbs……适量

米饭 Steamed rice……130g

鸡蛋 Egg……1个

盐、黑胡椒 Salt & Black pepper……各适量

奶酪粉 Parmessan cheese……2大匙

披萨奶酪 Pizza cheese……30g

[明太子口味]

明太子 Mentaiko……1大匙

葱（切丁）Green onion（chopped）……1/2根

海苔片 Seaweed……1张

米饭 Steamed rice……130g

鸡蛋 Egg……1个

奶酪粉 Parmesan cheese……2大匙

披萨奶酪 Pizza cheese……30g

谁说披萨一定要用面团烤？我们也可以用米来做哦！这种料理我也称为披萨。其实我个人很喜欢吃一道超简单的日本料理叫“生蛋拌饭”，就是在米饭里加入生鸡蛋，再淋点酱油一起吃。“生蛋拌饭”的变化很多，可以加入不同的材料做出不同的风格。一般都不需要加热，直接生吃，但加热后也可以做出很好吃的咸点心。利用这种做法，我来做一个非常可口的亚洲式披萨吧！不但可以免做披萨外皮就可以享受披萨的口感，还可以选择自己喜欢的馅料做成独创的披萨哦！这次我做了两种口味，一种是比较传统的组合，加入橄榄、圣女果、罗勒之类的；另外一种则是明太子口味！

1 将圣女果切成小丁状。

2 这次用的橄榄是有籽的，先在侧面用小刀划一圈。

3 去籽后切丁。

4 在碗里面放入米饭，加入切好的橄榄、圣女果，以及撕成小片的罗勒。

5 加入一点干燥香草（没有也可以不加）。

6 将鸡蛋放进去搅拌一下。

7 加入奶酪粉、盐和黑胡椒。

▸ 奶酪粉本身有咸味，不要加太多盐哦！

8 搅拌均匀。

9 在平底锅上淋一点耐热橄榄油，开小火。

▸ 色拉油也可以。

10 将所有材料放入平底锅里。

11 用锅铲均匀摊开，调整形状。

12 放入披萨奶酪。

13 盖上锅盖，加热约5分钟后拿掉锅盖，切成6等份。

▸ 是的！这次不用翻面，盖上锅盖，用小火加热，自己就熟了！

14 另外我要做明太子口味，这是超市买的明太子。

▸ 进口超市比较容易买得到。

15 将明太子放在铝箔纸上，中间切开，用小刀背部或刮刀将里面的卵刮出来。

▸ 因为明太子的味道和颜色都很重，放在铝箔纸上切比较方便处理！

16 将明太子和葱花加入到米饭里。

17 放入撕成小片的海苔片。

▸ 我用的是做原味寿司的大张海苔，也可以用已经调过味的海苔片。

18 将鸡蛋放进去。

19 加入奶酪粉，将材料混合均匀。

▸ 由于明太子和奶酪粉本身有咸味，所以不需要另外加入调味料。

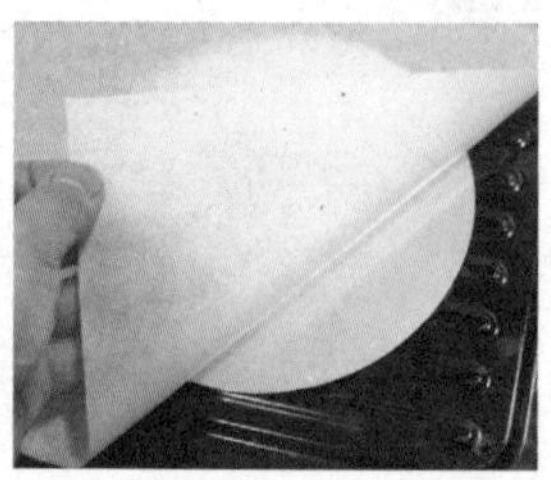

20 另外这片我要用烤箱来做。由于我的烤盘表面凹凸不平，所以先放上一个派的烤模底，再铺上一张烘焙纸。

21 将准备好的材料倒在中间。

22 用刮刀调整形状。

▸ 可以参照烤模的形状调整！

23 上面放披萨奶酪。

24 放入预热至200℃的烤箱，烤8分钟左右，烤至表面有一点焦色就好了！

▸ 米饭披萨的加热方法可以自己选择哦！煎或烤都可以！♪

分 量 2 个（15cm × 4cm烤模）

超级浓郁南瓜奶酪舒芙蕾

是的！南瓜食谱又来了！超级厉害的南瓜先生可以扮演很多角色，这次它要演绎“舒芙蕾”（Soufflé）哦！不知道大家对舒芙蕾的印象如何，其实它不只有甜的，也有咸的哦！平常看到的原味舒芙蕾就是在蛋黄白酱中加入打发好的蛋白一起烘烤，因其本身的味道很温和，可以加入很多不同的材料。当然舒芙蕾有一个让人很烦恼的特点，就是容易缩小。在烤箱里烤得非常膨松，结果很开心地拿出来后，很快就塌陷变小了。所以，大家要记得，如果要做给客人吃，一定要现场制作，让他们耐心地等待舒芙蕾烤出来！（ > < ）// 这样才不会错过它膨松、漂亮的美丽瞬间！

材料
Ingredients

南瓜泥 Squash paste……50g
黄油 Butter……30g
低筋面粉 Cake flour……25g
牛奶 Milk……200mL
蛋黄 Egg yolks……2个
奶酪粉 Parmesan cheese……2大匙
盐 Salt……1/4小匙
蛋白 Egg whites……3个份
盐 Salt……适量

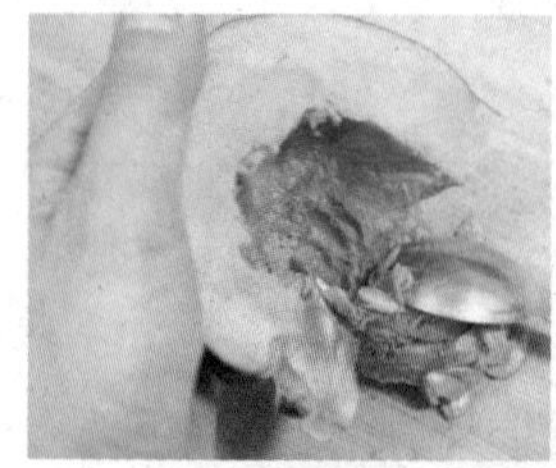

1 将南瓜挖籽、削皮，然后切成小块。

2 这次用蒸的方式。在平底锅中铺上蒸盘，加入水，水煮沸后，放入装南瓜的盘子，盖上盖子蒸熟。

▸ 用什么方式都可以，如蒸笼、电锅、微波炉，目的是让南瓜熟透！

3 制作蛋黄白酱，做法跟白酱差不多。锅里放入黄油，开中小火，黄油溶化后，放入过筛的面粉。

4 将面粉与黄油混合均匀，继续加热到产生很细的泡沫。

5 泡沫出来后熄火，倒入牛奶。

▸ 如果开着火加入牛奶，会很快凝固。

6 一边搅拌一边倒入，确认牛奶与面糊混合均匀后，再开中火。

7 不停搅拌，浓稠后熄火。

▸ 要搅拌至锅底的角落哦，以免焦糊！

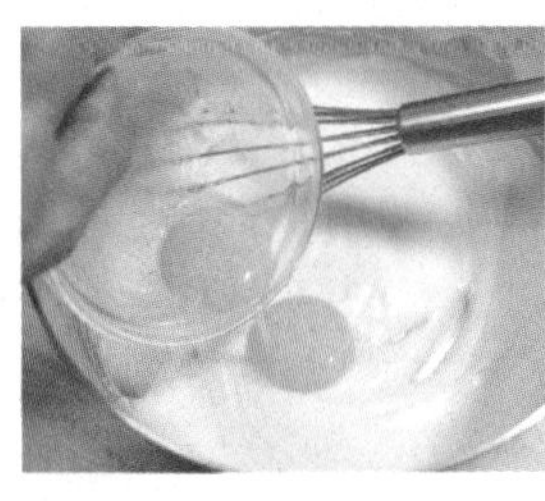

8 倒入钢盆里，放入蛋黄搅拌均匀，备用。

9 将南瓜捣成泥。由于量不多，我直接用网筛过滤。

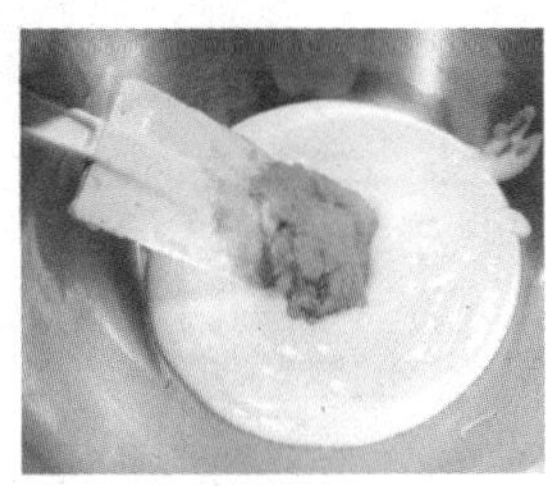

10 在蛋黄白酱里加入南瓜泥搅拌均匀。

11 加入奶酪粉和盐搅拌均匀。

12 准备耐热烤模，在里面涂一点黄油。

13 打发蛋白。将蛋白打散，放入一点盐。

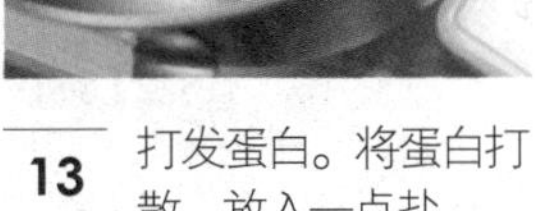

▸ 加点盐打发起来比较细腻。

14 打到打蛋器拿起来可以立起来的硬度。

15 先放入1/3的打发蛋白，用打蛋器略微搅拌后，再放入剩余的，用刮刀拌匀。

▸ 一次全部放入不容易混合均匀，拌匀时不要让泡泡消掉哦！

16 倒入耐热烤模里。

17 放入预热至180℃的烤箱，在烤盘上倒入热水，烤20～25分钟。外表膨胀，表面有焦色的时候就可以拿出来。

▸ 拿出来要马上吃哦！

Beer Battered Assorted Tempra

啤酒风味
洋式天妇罗

分量

4
人份

材料
Ingredients

虾 Prawns……8个
南瓜 Squash……120g
秋葵 Okura……8支
鸿禧菇 Shimeji mushrooms……1包
毛豆 Edamame……60g
紫苏叶 Oba leaves……4张

[两种和风酱]
和露（柴鱼酱油） Soba tsuyu……120mL
水 Water……200mL
白萝卜泥 Daikon……4大匙
香菜 Cilantro……1把
柠檬汁 Lemon juice……1个
七味粉 Nanami powder……1小匙
抹茶粉 Green tea powder……2小匙
盐 Salt……1小匙

[面糊]
啤酒 Beer……120mL
蛋黄 Egg yolks……2个
蛋白 Egg whites……2个份
低筋面粉 Cake flour……125g
盐 Salt……适量

这道点心与油条（Fritter）的做法有一点接近，但是这次我要用啤酒来调面糊！啤酒的气泡与打发的蛋白混在一起炸，会导致“非常活泼的膨胀”，而且啤酒的微香味也会留在里面。吃这种点心时，一定要蘸酱，但不是番茄酱和塔塔酱，这次我要来做一种创意的和风蘸酱！

1 先处理虾！将牙签从虾的背部扎进去，把肠泥拉出来。

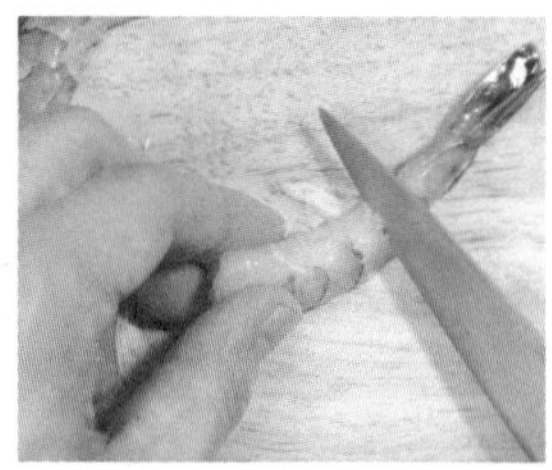

2 去壳以后，为预防虾卷起来，在肚子上切几刀，将筋切断。

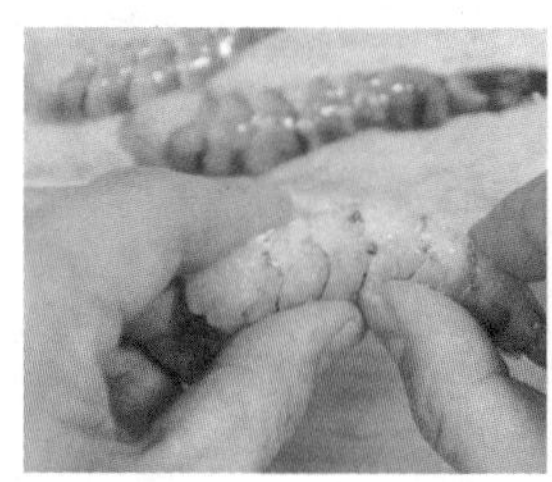

3 弯折一下调整形状。

▸ 只用刀子切，有的筋可能没有完全断掉。

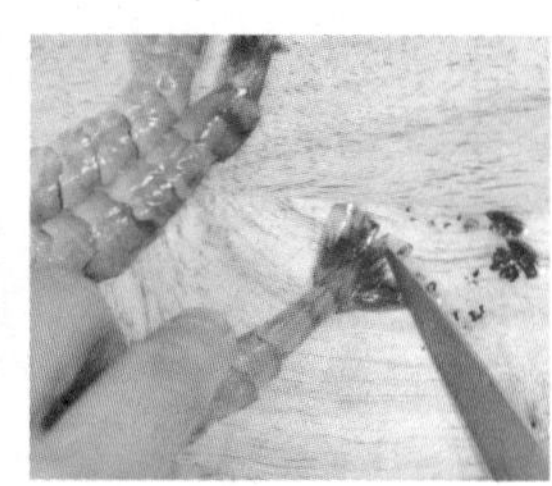

4 将尾端切掉，刮出里面的水。

▸ 尾巴里面有水，如果不处理，油炸时容易溅油！

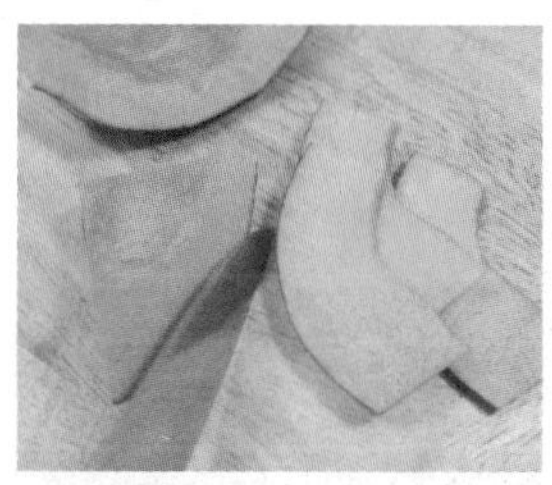

5 如果南瓜皮不是很厚，可以不去皮，直接切成薄片。

6 营养丰富的秋葵来了！将顶部切掉，用削皮刀在表面削几下。

7 秋葵的表面有细毛，将秋葵放在撒有盐的砧板上滚动，利用盐粒磨掉这些细毛。

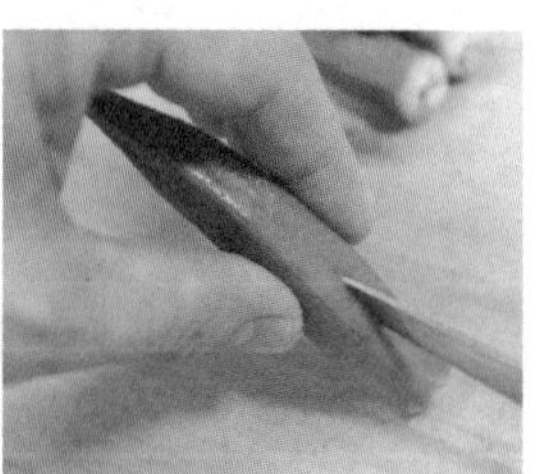

8 将表面的盐粒与细毛冲掉后，为了预防溅油，在侧面用刀子扎几个洞。

9 将鸿禧菇的根部切掉，用手撕开。

10 加入烫过的毛豆。

11 接下来准备蘸酱！我用的是龟甲万的“和露”，这种酱不仅可以拌面吃，用来蘸天妇罗也很合适！

12 和露是浓缩的，需要加些水调整浓度。

▸ 我加入的水量比较少，因为还要加入其他水分。

13 用磨泥板制作白萝卜泥，放在“和露”里。

- 知道吗？白萝卜靠近叶子的部分比较甜，适合生吃！
- 知道吗？白萝卜里的物质会分解油分，所以吃炸物时常会出现。

14 加入切末的香菜和七味粉，再挤入柠檬汁。

- 还可以准备抹茶盐，将盐与抹茶混合就好了。

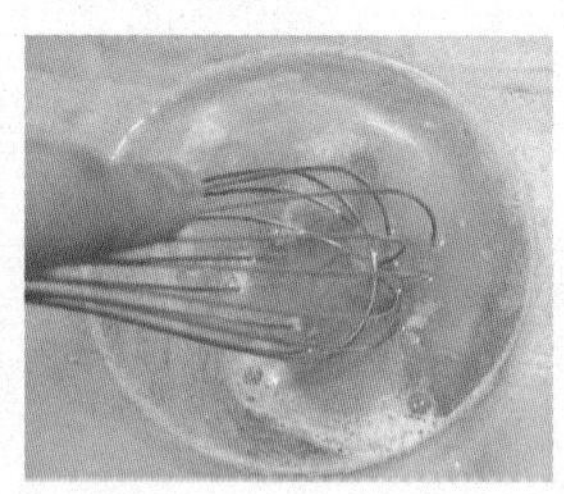

15 终于要准备面糊了！将啤酒与蛋黄混在一起。

- 啤酒？对！利用啤酒的气泡和香味，可以做出很香很松软的面衣！
- 要留有啤酒的气泡，不用打发，略微搅拌一下就好了！

16 放入过筛好的面粉与盐混合一下。

- 不用搅拌太多次，留一些结块也没关系，这样才会有脆脆的口感！

17 在蛋白里加一点盐，打发到可以立起来的硬度。

- 加入盐可以打发出很细腻的气泡！
- 蛋白的打发方式参考P.253。

18 将打发好的蛋白分次混合进步骤16里。

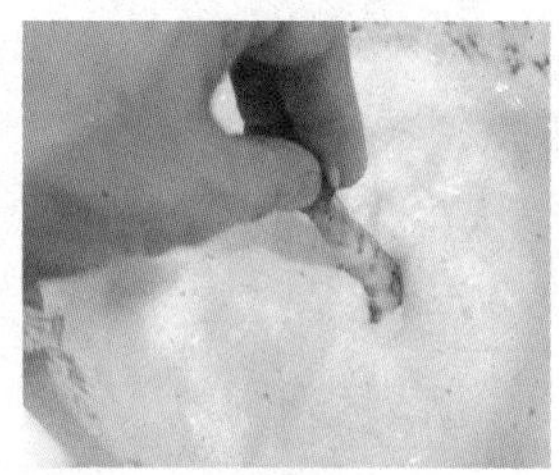

19 将处理好的材料均匀粘裹面衣。

- 炸虾的时候，可以拿着尾巴部位，不裹面衣的尾巴炸完后显露出漂亮的红色。

20 轻轻放进170℃的炸油中。哇！马上膨胀起来了！炸2～3分钟。

- 时间要根据虾的大小调整哦！
- 因为里面有啤酒和蛋白，很容易膨起来。

21 炸紫苏叶的时候，可以只粘裹一面，这样子可以看到漂亮的绿色！

22 将鸿禧菇和毛豆放入面糊中拌匀。

23 用汤匙舀起少量，放入炸油里。

- 一次不要放太多，不然中间不容易炸酥脆。

24 炸好后，放在吸油纸或铁架上沥油，再装入盘子里，与蘸酱一起上桌！

分量 4-6 人份

非常红色！
西红柿&红甜椒&西瓜冷汤

牛西红柿的味道很浓，颜色也很漂亮，不需要加热，直接享受它的原味会更好。再找找家里还有什么，突然看到西瓜和红甜椒！我特别喜欢红甜椒烤过的味道，与西红柿搭配一定很好吃。还有西瓜的甜味，会把这两种味道中和，感觉是非常完美的组合，最后撒一点海盐，加上特级初榨橄榄油，哇！太好喝了！而且材料的颜色都是红色的，装盘后很漂亮！虽然做法很简单，调味也只有盐和黑胡椒而已，但是每种菜的特色都能保留，是一道非常有满足感的清爽冷汤。^^b 赞！

材料
Ingredients

全熟牛西红柿 Tomato……1或2个
红甜椒 Red bell pepper……1个
西瓜 Water melon……400g
海盐 Salt……适量
黑胡椒 Black pepper……适量
特级初榨橄榄油
Extra virgin olive oil……适量
柠檬 Lemon……1个
意大利陈醋 Balsamic vinegar
……适量

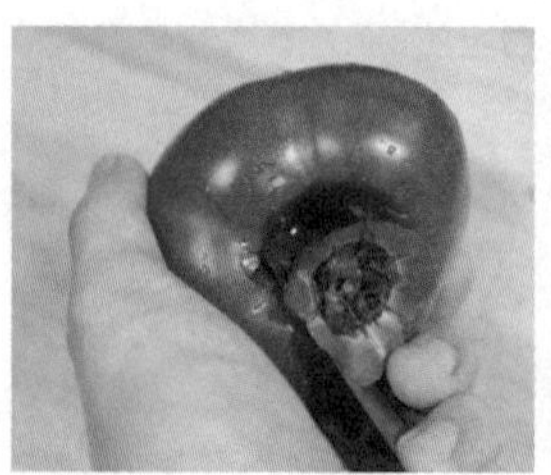

1 将小刀插入牛西红柿的尾端，转一圈切掉蒂。

▸ 要小心手哦！慢慢来。

2 在锅子里将水煮沸，放入西红柿，烫10～15秒。

▸ 烫的时间不要太长，只是为了去皮，不要煮熟哦！

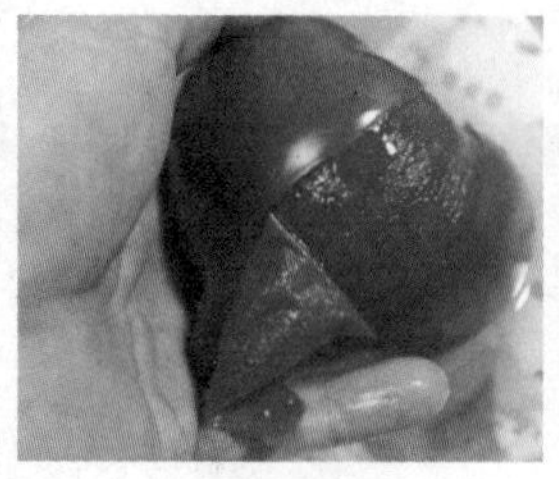

3 放入冰水中让它冷却，将皮剥掉。

4 将去皮的西红柿放在砧板上，从侧面切开。

5 中间的籽用刀子切掉。

▸ 籽的部位有酸味，所以决定去掉。

6 红甜椒也要去皮。将它放在烤架上直接烤。

▸ 因为不吃皮，所以烤黑也没关系，不仅容易去皮，味道也会更香！

7 烤到像图片这样黑就可以了！

▸ 如果不习惯这种方式，也可以放进烤箱烤到皮有一点焦黑，但会花比较长的时间。

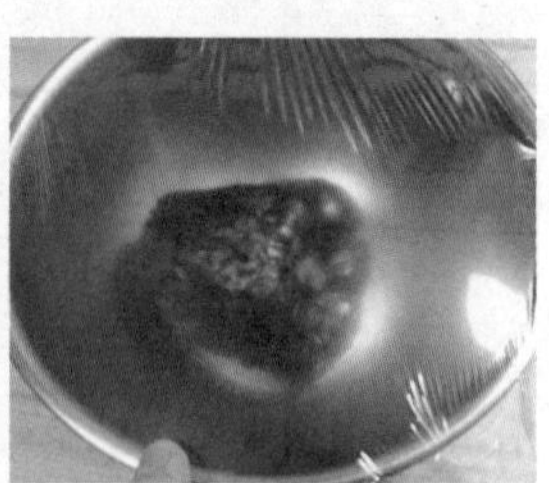

8 用铝箔纸包起来或放在钢盆里，用保鲜膜盖起来闷一下。

▸ 稍微闷一下，皮比较容易去掉。

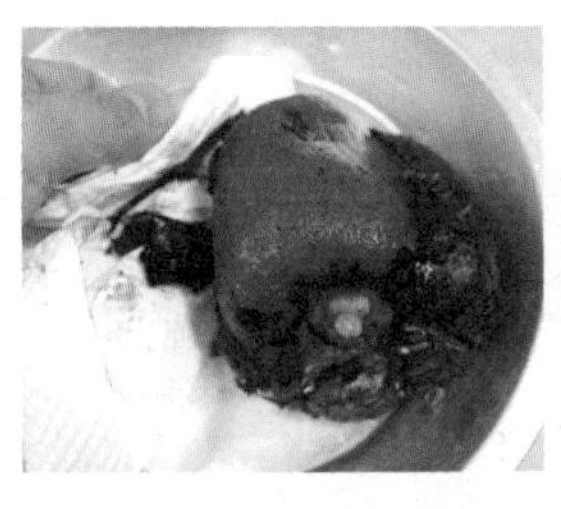

9 用纸巾将黑掉的皮擦掉。

▸ 如果还怕有烤得黑的部分，可以用水冲一下，但是不要一直泡在水里洗哦！不然烤出的香味会变得比较淡！

10 用手撕开，去掉蒂和籽。

11 将撕开的红甜椒切成小片。

12 处理西瓜。将果肉切成小块。

13 三种红色的蔬果都处理好了，颜色很鲜艳！^^b。

14 将全部材料放入果汁机里。

15 你们要好好融合哦!

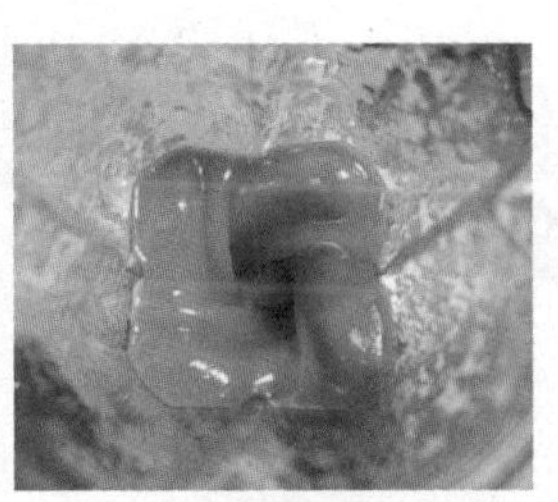

16 启动果汁机！哇！很快就融合了!

17 倒进碗里。

18 加入海盐和黑胡椒调整味道。

▸ 我特意选了海盐，因为它的咸味比较温和，而且有会回甘的矿物质（Mineral）之类的味道。就像是吃西瓜的时候撒点盐的效果一样，会衬托出材料本身的甜味！

19 为了增加香味，再加入少量的橄榄油和意大利陈醋，搅拌均匀放入冰箱冷藏，喝的时候可以挤点柠檬汁进去。

▸ 这种汤一定要冰冰的喝，这样才可以享受清爽微甜的味道！而且一定要搭配柠檬片哦！如果要加点辣味，可以再配Tabasco（塔巴斯科地区的辣汁）！^^。

Part 6

Let's have a happy sweet time

Tart, Pie, Puff and Chocolate Cake

美味超人气的各式塔、派与泡芙

Green Tea Custard Creamed Tart
Almond Pie with Pear Topping
Okinawa Style Purple Sweet Potato Pie
Easy Homemade Lemon Pie
Rolled Pastry Pie with Almond Custard Filling
Strawberry Cream Cheese Mille-feuille
English Tea & White Chocolate Mousse Tart
Orange Custard Cream with Cinnamon Flavored Tart
Crispy Topping Creamed Puffs
Green Tea Flavored Éclair
Double Black Sesame Creamed Puffs
Blueberry Cream Cheese Almond Tart
Caramel Custard Banana a Tart
Non-bake Easy Chocolate Cake
Taro Chocolate Mont Blanc

Green Tea Custard Creamed Tart

分量 18 个

抹茶卡仕达酱季节水果塔

大家应该会发现我很爱做卡仕达酱。老实说，小时候我不太爱吃这种酱，因为蛋的味道很重，口感粘粘的，吃一口就很容易腻。自己开始学料理和甜点后，也一直躲着这种酱。后来在法式料理餐厅工作时，帮客人装饰点心的时候，淋上去的酱是Sauce Anglaise，第一次吃到这种酱时马上就喜欢上它！蛋的味道不是很重，而且味道很浓郁，与任何一款蛋糕都很搭配！后来知道它的英文名字叫Custard Sauce，因此才知道，原来卡仕达酱并没有那么糟。制作时，卡仕达酱与淀粉一起加热之后的凝固状态不同而有不同的差别，可以加入其他材料进行调整，现在我已经变成卡仕达酱的超级粉丝！这次介绍的是抹茶口味，听起来有一点怪，但蛋的味道与抹茶却莫名得搭，再加上水果，口感更加丰富。

材料 Ingredients

[抹茶卡仕达酱]

玉米粉 Corn starch……25g
抹茶粉 Green tea powder……3g
牛奶 Milk……250mL
蛋黄 Egg yolks……3个
砂糖 Sugar……50g

[原味鲜奶油]

鲜奶油 Whipping cream……100mL
砂糖 Sugar……10g

[塔皮]

黄油（无盐）Butter……125g
砂糖 Sugar……50g
蛋黄 Egg yolk……1个
低筋面粉 Cake flour……250g
盐 Salt……2g
水 Water……40mL

[装饰]

芒果 Mango……2个
蓝莓 blueberries……适量
薄荷叶 Mint……适量

1 准备抹茶卡仕达酱。将玉米粉与抹茶粉一起过筛。

2 一边加热牛奶，一边在蛋黄里加入砂糖搅拌。

3 将蛋黄打成乳黄色。

4 加入粉类搅拌均匀。

5 加热的牛奶锅子旁边产生泡泡后熄火，倒入做法4中搅拌均匀。

6 倒回牛奶锅里。

7 开中火加热，不停搅拌直至完成凝固。

▸ 完全搅拌，防止角落焦糊。

8 倒入钢盆或铁盘中冷却，为防止表面干燥，可以先涂一点黄油。

9 准备塔皮。为预防黄油溶化，先将材料全部冰起来。取出后，将黄油放入粉里，用刮刀切到很细。

▸ 切拌过程中若发现黄油变软开始溶化，先放回冰箱。

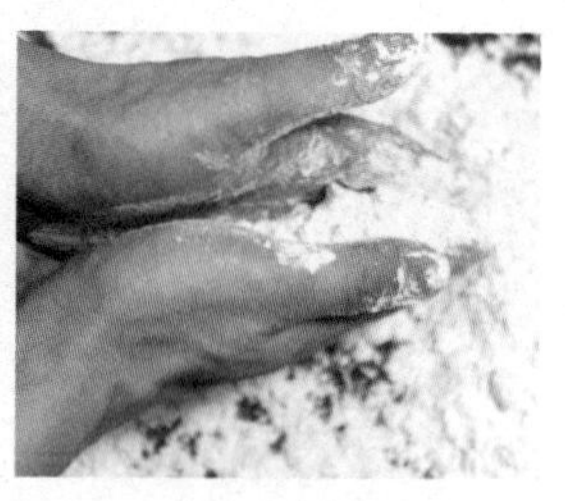

10 黄油全部切好后，用手混合。

▸ 这个动作不要太久，避免黄油溶化！

11 中间用手挖一个凹洞，放入蛋黄、盐、砂糖和水。

12 将材料混合起来。

▸ 不要过度揉压，否则没有酥脆的口感。如果怕黄油溶化，可以用刮刀混合。

13 用保鲜膜包起来，放入冰箱至少30分钟。

14 这次我要做迷你塔，所以选了小烤模。

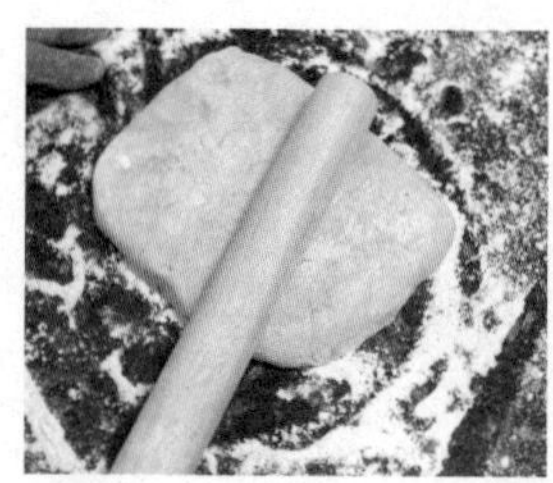

15 将面团拿出来，用擀面棍擀成0.5cm左右的厚度。

16 先用比烤模略大一点的压模压出来。

▸ 烤完后面团会缩小，所以要切大一点。

17 将面团铺在烤模里。

18 用保鲜膜覆盖后放入冰箱。

19 制作馅料！在鲜奶油里加入砂糖，打至八分发。

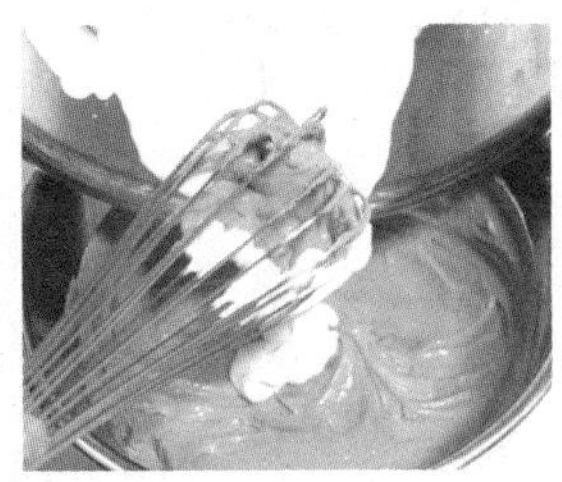

20 冷却后的卡仕达酱有一点硬度，用打蛋器稍微搅拌一下，与打发好的鲜奶油混合均匀。

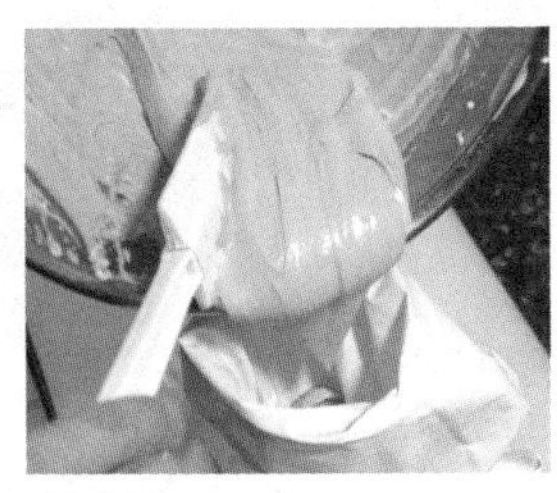

21 选择自己喜欢的挤花嘴形状（这次我用的是星形），把卡仕达酱装进去，放入冰箱冷藏。

22 将塔皮拿出来。

▸ 如果一次用不了很多，可以像图片这样叠起来，密封后放入冰箱冷冻室保存！

23 在塔皮的表面用叉子扎一些洞。

24 铺上烘焙纸，再放上红豆。

▸ 这是为了预防膨胀。我用的是干燥红豆，也可以用其他干燥豆类或生米代替。

25 放入预热至150℃的烤箱，烤10～15分钟。

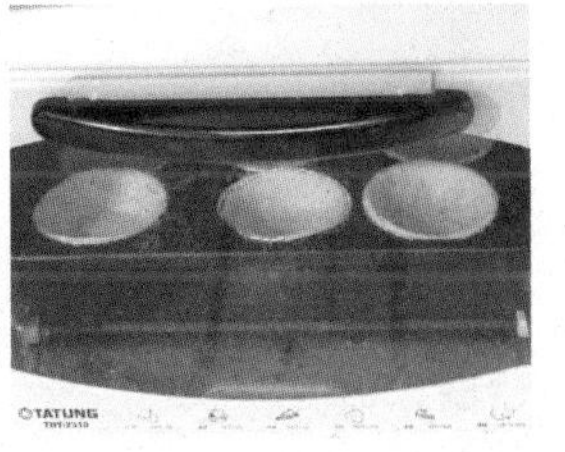

26 将烘焙纸和红豆拿出来，再烤2~3分钟，至塔底有烤色后，拿出来冷却。

▸ 烤小的塔皮时要观察每片的烘烤程度，中途可以将烤盘上的派皮交换位置，会烤得比较均匀。

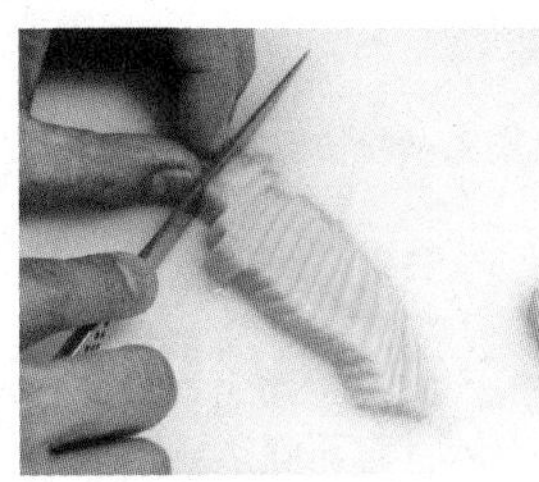

27 将装饰用的蓝莓和芒果清洗干净。将芒果削皮后，切成薄片。

▸ 芒果、草莓、木瓜、葡萄都可以用，当季水果就可以！

28 塔皮冷却后，拿掉烤模，挤上卡仕达酱。

29 放上切好的水果！

Almond Pie with
Pear Topping

洋梨杏仁快速酥皮派

分量

12个（直径8cm烤模）

材料 Ingredients

［酒腌洋梨］

洋梨 Pears……3个
白酒 White wine……200mL
水 Water……200mL
砂糖 Sugar……60g
蜂蜜 Honey……2大匙
柠檬汁 Lemon juice……1/2个
君度橙酒 Cointreau……2小匙

［杏仁馅］

黄油（无盐）Butter……70g
砂糖 Sugar……60g
鸡蛋 Egg……1个
杏仁粉 Almond powder……70g
朗姆酒 Dark rum……1小匙

［酥皮］

酥皮（冷冻）Pastry sheets……2张

MASA's Talk

我很少吃水梨，但洋梨软软的口感我很喜欢。料理洋梨我习惯用煮的方式，用葡萄酒煮一下后再腌1～2天，直接吃或配卡仕达酱都很好！当然也可以用来做甜点，第一个想到的是洋梨塔。如果不想准备塔的面团可以用冷冻酥皮代替！洋梨搭配杏仁馅烤出松软的口感，可以享受不一样的派！利用这种方式，上面的馅料可以换成不同的水果。做成综合派也不错！派也可以这样轻松享受，大家试试看吧！

1 这次我选了红色的洋梨。用削皮刀掉皮后切半。

▸ 绿色的或水梨也可以用哦!

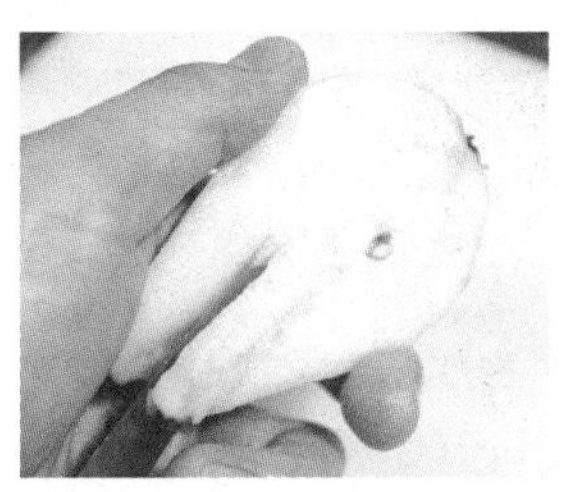

2 里面有一条纤维，把它切掉。

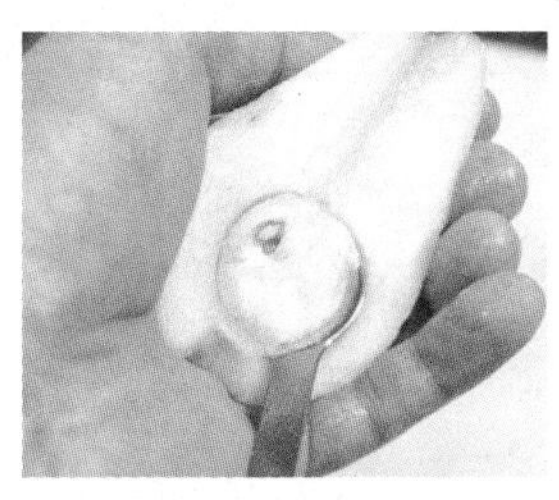

3 用小汤匙将中间的籽挖出来。

4 锅里加入白酒和水，煮沸后转中火。

▸ 用红酒也可以，可以做成漂亮的红色腌渍水果！比例是一样的。

5 甜味我加入了砂糖与蜂蜜；酸味，则加入柠檬汁。

▸ 只用蜂蜜味道太强，可以与砂糖混合后使用。

6 将处理好的洋梨放进锅子里。

7 盖上锅盖，用小火煮15分钟左右。

8 将烘焙纸折起来，剪成圆形，旁边剪出很多小洞。

▸ 做法参考P.56。

9 洋梨煮好后，静置冷却，加入香酒。

▸ 这次我用的是君度橙酒，加入洋梨酒味道更香！

10 用保鲜盒密封起来，放入冰箱可以保存一星期左右。

▸ 时间越久越入味！♪

11 准备杏仁馅！将黄油软化后，加入砂糖。

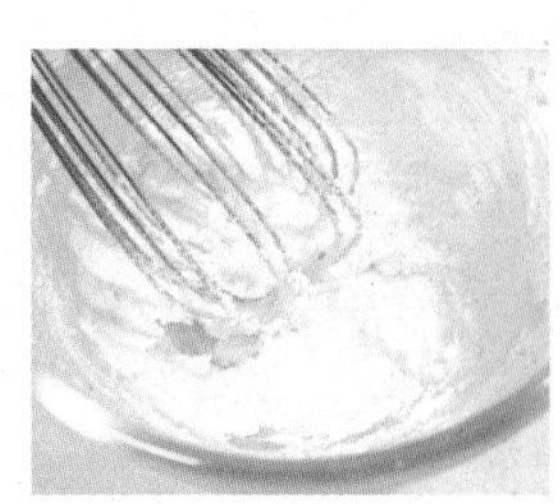

12 搅拌成乳霜状。

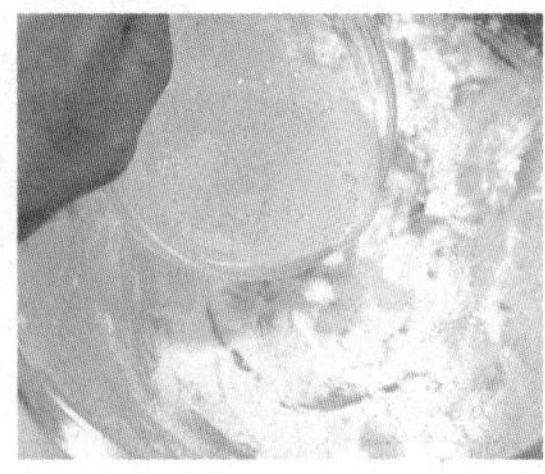

13 将鸡蛋打散后分次倒入，每次倒入都搅拌均匀。

▸ 蛋液一次全部倒入很容易分离。如果分次倒入还是有分离，隔温水稍微加热一下也可以哦！

14 放入杏仁粉，用刮刀搅拌。

15 加入一点朗姆酒。混合均匀后，放入装有圆嘴（1cm）的挤花袋中。

▸ 这是为了多一种香味，如果不习惯酒味，不加也可以哦！

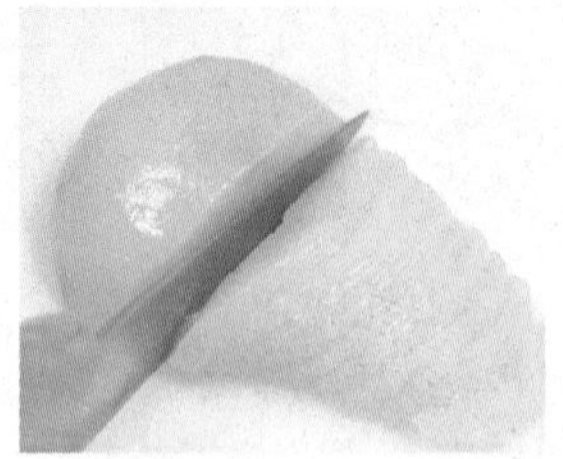

16 将腌好的洋梨拿出来（至少提前一个晚上），用纸巾吸掉多余的水分后切成薄片。

17 制作酥皮。将解冻后的酥皮切下1/4。

▸ 用一整片也可以，看你想做多大的派。

18 在工作台上把酥皮擀大。

19 将酥皮贴在铝箔盘上，用叉子扎一些洞，放入冰箱30分钟左右。

20 将酥皮取出，挤上杏仁馅。

21 将切成薄片的洋梨放在上面。

22 放入预热至150℃的烤箱，烤15~18分钟。烤至馅料熟透，外皮酥脆的样子拿出来冷却。

23 如果想让表面有光泽，在果酱里加一点水搅拌均匀。

24 用刷子在洋梨上涂上薄薄的一层果酱。

▸ 不仅外观漂亮，还可以防止干燥。

Okinawa Style
Purple Sweet Potato Pie

超人气伴手礼 冲绳风 紫薯迷你塔

分量

12个（8cm×10cm的小烤模）

材料 Ingredients

紫薯 Purple sweet potato……150g
鲜奶油 Whipping cream……120mL
糖粉 Icing sugar……10g

[塔皮]

（只用1/2，剩下的可以冷冻保存，下次再用！）

黄油（无盐）Butter……125g
砂糖 Sugar……50g
蛋黄 Egg yolk……1个
低筋面粉 Cake flour……250g
盐 Salt……2g
水 Water……40mL

[紫薯馅]

紫薯 Purple sweet potato……180g
黄油（无盐）Butter……50g
砂糖 Sugar……40g
蛋黄 Egg yolk……1个
低筋面粉 Cake flour……20g
肉桂粉 Cinnamon poweder……3g
朗姆酒 Dark rum……1小匙

[装饰]

薄荷叶 Mints……适量

MASA's Talk

前几年第一次从台湾去冲绳，感觉和台湾很像，气候也跟台湾差不多，而且吃到的一些冲绳料理都很好吃。最后一天还去了礼品店购买甜点，有饼干、糖果、甜甜圈等。其中有一种点心比较特别，之前没见过，包装上面写着“红イモタルト”，就是用紫薯做的塔，看起来很吸引人！我买了一盒，味道还不错。仔细研究它的原料，嗯，不是很复杂，而且台湾也有紫薯！那么就来介绍一下吧！这次的做法有一点像黄地瓜塔，塔皮里装着以紫薯为基底烘烤而成的紫薯饼，上面是与鲜奶油一起打发口感较轻的紫薯酱。这是一款可以享受两种紫薯口感的小小的塔，不用去冲绳就可以吃到的人气名产哦！

1 这次我用的是上次剩下的塔皮，先切成小块。

▸ 这种面团可以冷冻起来，使用时提前移到冷藏室慢慢解冻。

▸ 塔皮的做法参考P.264。

2 擀成2～2.5mm的厚度，铺在小烤模上。

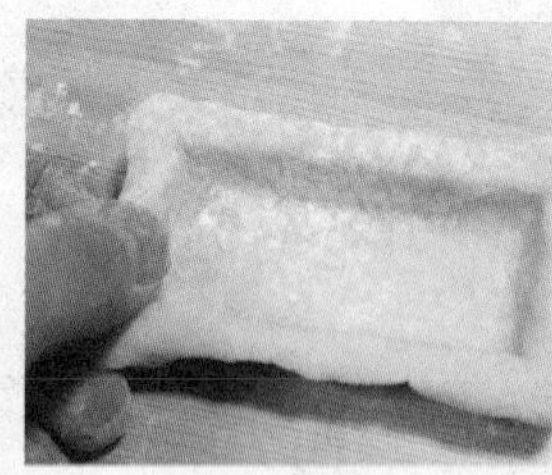

3 这是用来制作“费娜雪”（Financier）饼干的烤模，也可以用来作为塔模。

4 为避免膨胀，在面皮表面扎洞。

5 为预防缩小，用保鲜膜包起来，放入冰箱让面筋休息约1小时。

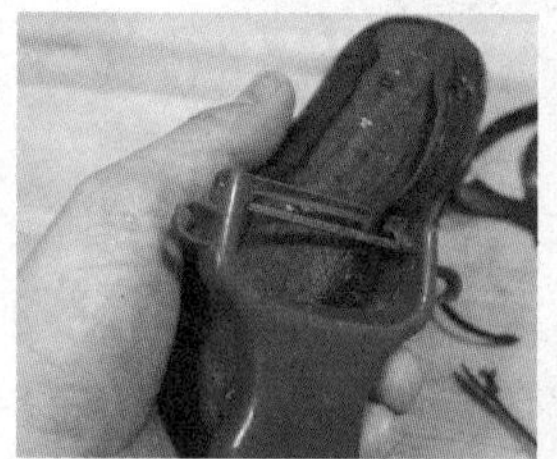

6 制作紫薯馅。将漂亮的紫薯洗干净，削皮后切成小块。

▸ 如果买不到紫薯，也可以用黄地瓜。

7 用蒸、煮、微波的方式都可以，加热到熟透。

8 将180g紫薯、黄油和砂糖放入食物料理机里。

▸ 如果没有食物料理机，也可以放在碗里用擀面棍捣碎!

9 将这3种材料搅碎。

▸ 紫薯还有一点温度的时候比较好处理哦!

10 放入蛋黄，加入一点朗姆酒。

11 用刮刀将侧面的材料刮进去。

12 放入过筛的低筋面粉和肉桂粉。

13 全部混合好了！

▸ 请注意！加入面粉后，面团会变得比较硬，而且打的时间太久，食物料理机的马达会烧掉，所以不要连续打！

14 将紫薯馅装在挤花袋里，均匀挤在烤模里约一半满。

15 放入预热至150℃的烤箱，烤15～18分钟。

16 烤好后取出，放在铁架上冷却。

17 将另外150g紫薯放入食物料理机里，加入砂糖打成泥状。

▸ 已经冷掉了也没关系！

18 放入鲜奶油，搅拌均匀。

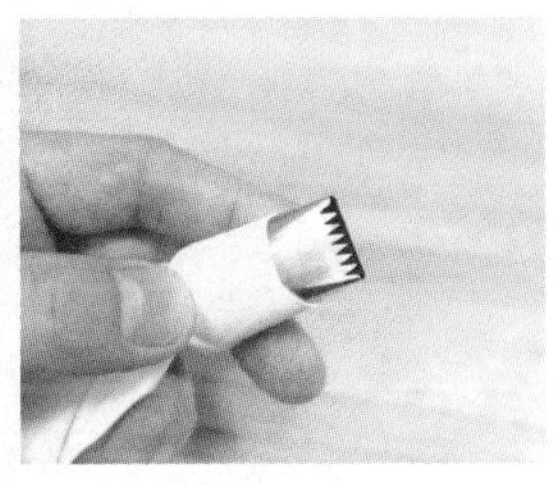

19 放入挤花袋中。这次用的挤花嘴是扁平头的，像牙齿一样，一边是锯齿状一边是平的。

20 挤出来像扇形的样子。

21 也可以在长方形的派上挤出波浪形的馅，并摆上小薄荷叶当做装饰！

Easy Homemade
Lemon Pie

大分量！超简单手工火山柠檬派

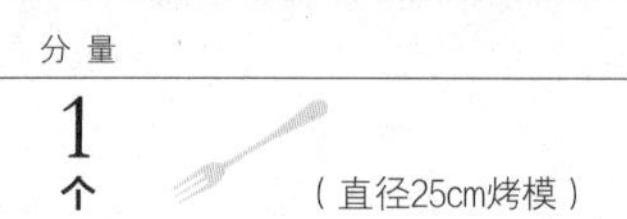

分量

1个（直径25cm烤模）

材料
Ingredients

［卡仕达酱］

柠檬 Lemon……1个
蛋黄 Egg yolks……3个
砂糖 Sugar……50g
玉米粉 Cornstarch……30g
▸可以用地瓜粉代替
牛奶 Milk……300mL
柠檬汁 Lemon juice……50mL

［派皮］

黄油（无盐）Butter……120g
糖粉 Icing sugar……50g
盐 Salt……2g
蛋 Egg……1个
低筋面粉 Cake flour……200g

记得小时候妈妈常做这种蛋糕给我吃。第一次吃到时，有一点不习惯，因为印象中蛋糕都是很甜的，但妈妈做的这种点心感觉不太一样。它也是甜的，但上面白色的部分不是鲜奶油，而且下面有一点酸酸的。后来学料理与烘焙时才知道，上面烤的像棉花糖（Marshmallow）样子的是蛋白，下面是柠檬口味的卡仕达酱。可惜的是，妈妈已经在天堂了。这种点心的特性就是在味道浓郁的卡仕达酱里加入柠檬汁和柠檬皮，并在上面涂抹了大量蛋白，口感很清爽，吃很多也不会腻！我建议将上面的蛋白烤焦一点，就像火山的样子，味道很香哦！

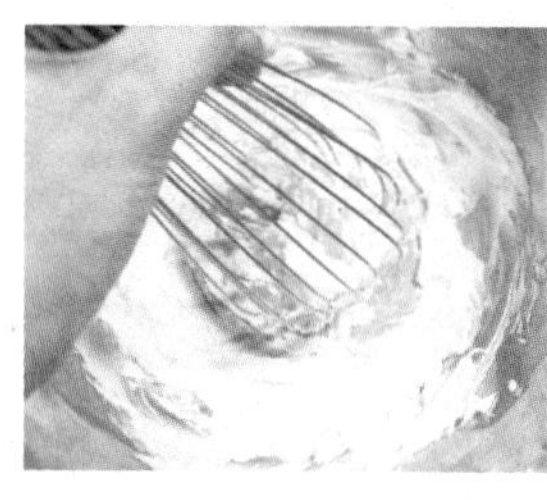

1 准备派皮。将黄油放在钢盆里，放置室温下变软后，搅拌成乳霜状。

2 加入糖粉。

- 糖粉比较容易混合，如果没有，也可以用砂糖代替哦！

3 加入一点盐，搅拌均匀。

- 加盐不仅为了调整味道，盐分会让面粉里面的蛋白质稳定，还有延展面筋的效果！所以这个步骤不能省略哦！

4 将全蛋打散，分次少量倒入，混合均匀。

- 鸡蛋一次加入太多，黄油与蛋液容易分离。
- 鸡蛋要提前从冰箱拿出来，放在室温下，防止黄油结块。

5 加入过筛的低筋面粉。

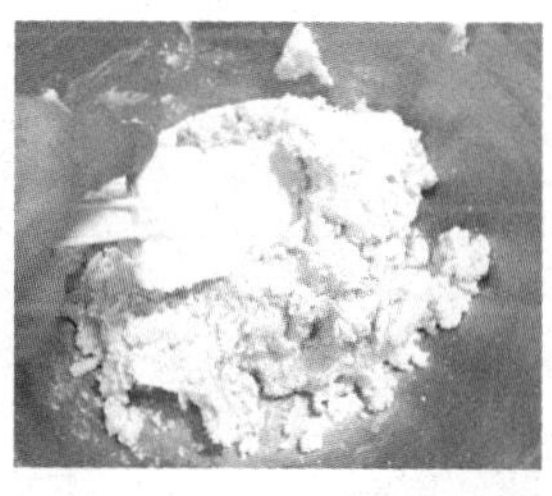

6 用刮刀拌匀，混合在一起。

- 这不是做面包，要做酥脆的皮，不要过度混合哦！

7 这个量可以做两个派。揉成圆形后分别包起来。

8 将面团放入冰箱至少30分钟，让黄油凝固。

- 面团可以冷冻保存2~3个星期。这次我只用了一块，另外一块上面写上标记，装入密封袋，放入冰箱冷冻起来。

9 在工作台上撒点防粘粉，用擀面棍把面团擀大。

10 将烤模放在上面，看看够不够大。

- 注意侧面的高度哦！最好比烤模略大一点。

11 把皮卷在擀面棍上，移到烤模上铺好。

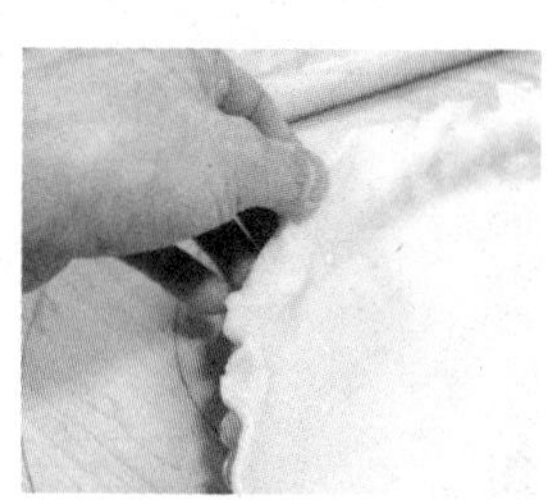

12 侧面多留一点，塞进去。

13 用擀面棍在上面滚一下，将多余的皮切掉，放入冰箱冷藏。

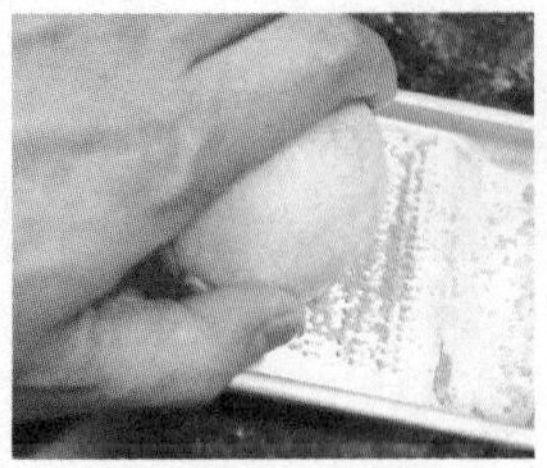

14 准备柠檬卡仕达酱。将柠檬洗好后磨碎。

▸ 只磨表面就好了，白色的部分苦味比较重。

15 将柠檬皮末放入牛奶里加热。

16 在蛋黄里加入砂糖搅拌均匀。

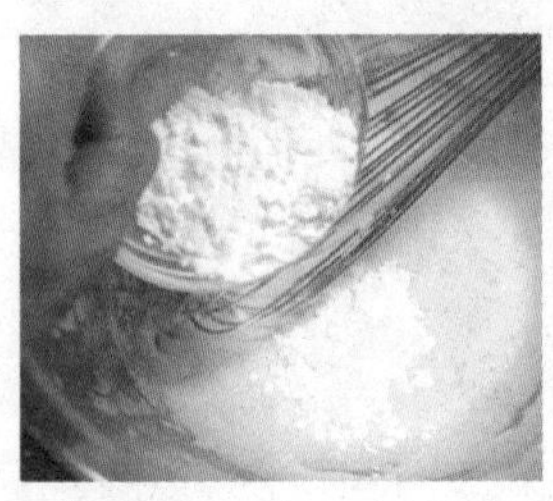

17 放入玉米粉搅拌均匀。

▸ 为什么用玉米粉？用淀粉做的卡仕达酱凝固后比较硬，口感比较脆，容易溶化。用地瓜粉代替也可以哦！

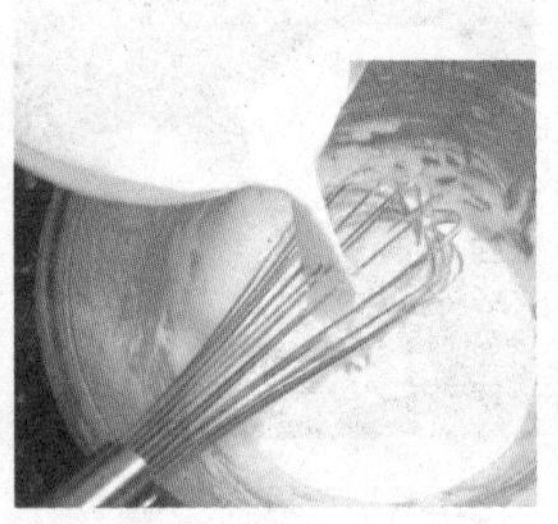

18 牛奶加热到锅子旁边有泡泡出来时就可以熄火了，倒入打发好的蛋黄里，搅拌均匀。

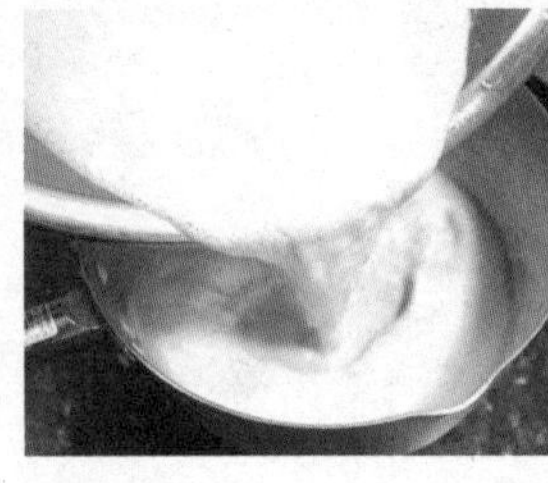

19 倒回锅子里。

20 开中小火加热，用平头的木匙画横的8字形，刮至锅底。

▸ 画横8可以均匀搅拌！

21 看到表面有泡泡时就表示完成凝固了，可以熄火。

22 放入柠檬汁，搅拌均匀。

▸ 我想留有新鲜柠檬的芳香，所以柠檬汁不用加热，最后才加入。

23 为了做出绵密、细滑的口感，用网筛过滤。

▸ 这时候可以顺便去掉柠檬皮。

24 将派皮拿出来，用叉子扎几个洞。

25 上面铺烘焙纸，放上红豆或生米，然后放入预热至200℃的烤箱，烤8～10分钟。

26 派皮表面大概烤干了，拿掉上面的东西。将温度调整至180℃，继续烤6～8分钟。

▸ 请注意！时间和温度要根据烤箱情况调整哦！o(__)o

27 烤到侧面和底部都焦黄就可以了。

28 派皮稍微冷却后，将卡仕达酱铺在派皮上，用刮刀均匀抹开。

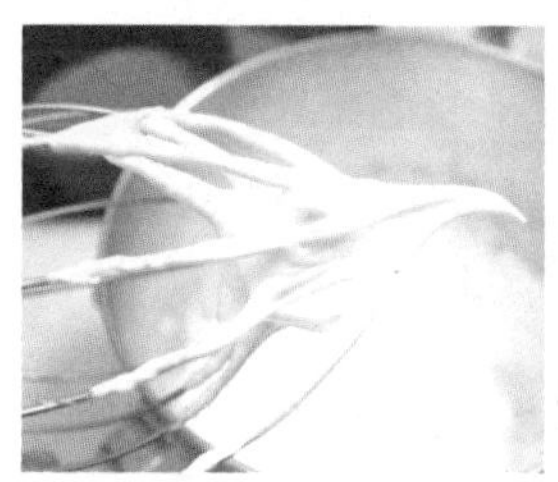

29 将烤箱只开上火，调为200℃，将蛋白打发至图片这样的硬度。

30 铺在卡仕达酱上。

31 用刮刀的侧面画出纹路。

32 放入上火预热至200℃的烤箱里面最底层，烤至表面上色。

▸ 我们只需要上面均匀上色，烤盘如果与上面的火太靠近，表层的酱容易焦。

33 烤到大概图片的颜色或再焦一点！无论是马上吃，还是冷却后再吃，都很好吃，可以享受不一样的口感！

分量 12 个

喷香杏仁卡仕达酱牛角派

已经介绍过很多用到酥皮的食谱，这次我来和大家分享另外一种变化！日本有一种点心叫“コロネ”（Corne”），意思是“动物的角”。在日本，有一种面包形状与这种角一样，里面装满黄油或巧克力馅。其实用酥皮还可以做口感较轻的一种派！本来我想找个圆锥形的烤模贴在表面烤。但是，大家一定知道，我不会让大家去买这种很少用到的道具！没错！自己做就可以了！就像小时候做手工一样，只要找厚一点的纸，使用剪刀和钉书机就做好了，烤出来的效果完全没问题！一样酥酥脆脆的漂亮圆锥形派完成了！而且这次特别将杏仁口味的卡仕达酱装在里面。烤香的杏仁碎放入卡仕达酱里，味道超级香！另外一款美味的卡仕达酱诞生了！来！赶快泡杯咖啡或红茶，享受轻松快乐的下午茶吧！

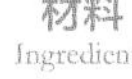

材料 Ingredients

酥皮 Pastry sheets……4张
黄油（无盐）Butter……适量
面粉 Flour……适量
鸡蛋 Egg……1个

［杏仁卡仕达酱］

蛋黄 Egg yolks……2个
砂糖 Sugar……30g
玉米粉 Corn starch……15g
牛奶 Milk……150mL
杏仁片（烤）Sliced almond……20g
君度橙酒 Cointreau……适量
鲜奶油 Whipping cream……80g
砂糖 Sugar……5g

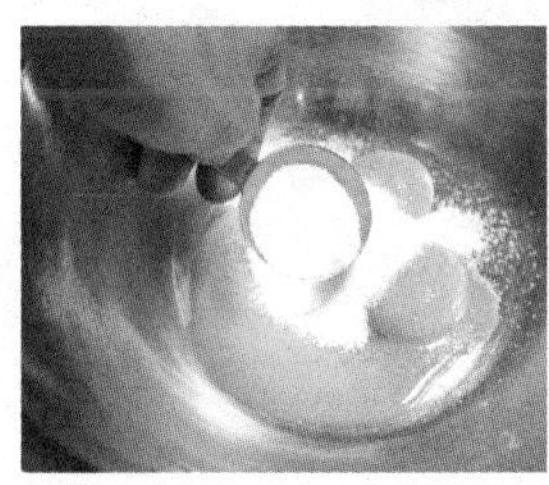

1 制作卡仕达酱。将蛋黄和糖搅拌成乳黄色，将牛奶倒入锅子里加热。

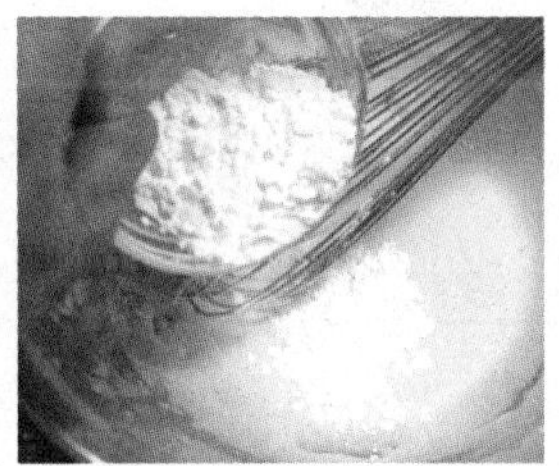

2 蛋黄里加入玉米粉混合均匀。

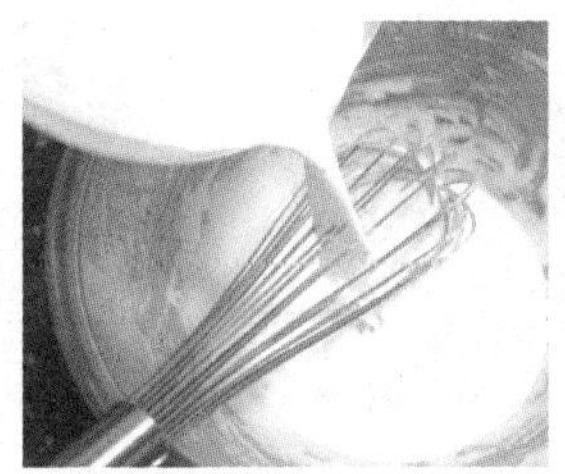

3 牛奶加热至锅子旁边有泡泡出来时熄火，倒入打发好的蛋黄里，搅拌均匀。

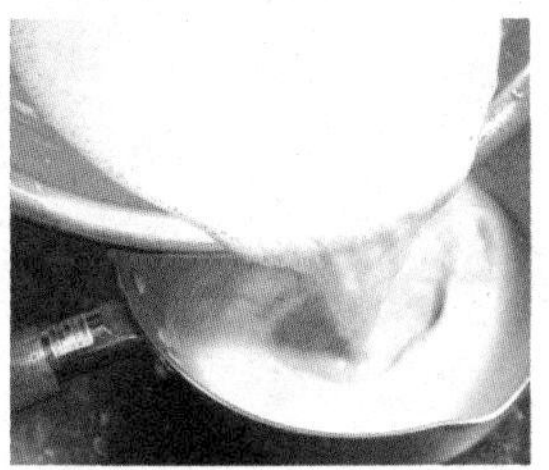

4 倒回锅子里。

5 用中小火加热，用平头的木匙画横8，轻刮锅底。

6 看到表面有泡泡时表示完成凝固了，熄火，倒入钢盆里。

7 将烤好的杏仁片放入果汁机或食物料理机里打成末。

▸ 要享受脆脆的口感，不用打太细哦！

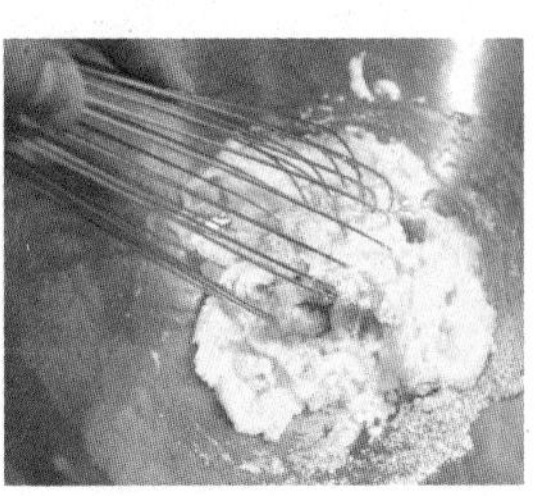

8 将杏仁碎放入做法6里，混合均匀。

▸ 这种酱可以提前一天做好，冷藏保存！

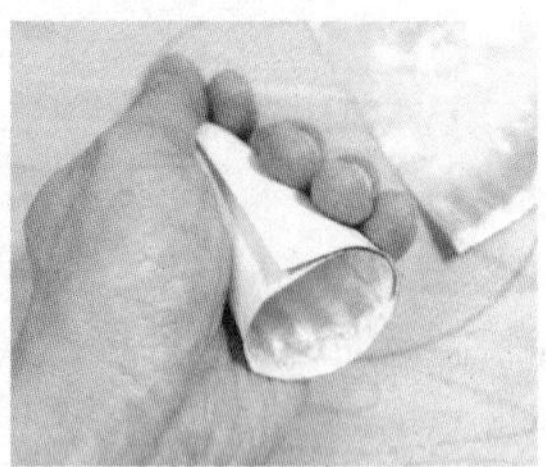
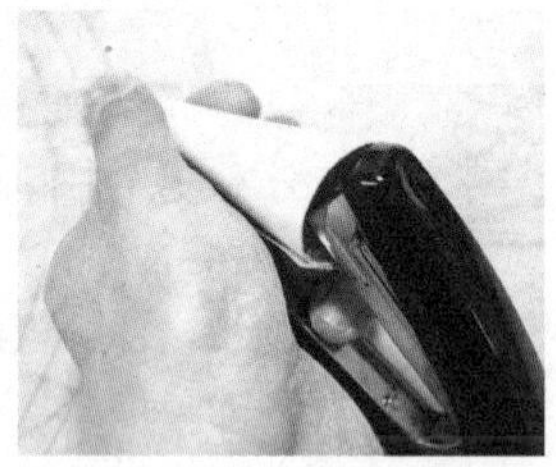

9 制作圆锥形模具。烘焙店应该有，如果买不到，可以自己做。像图片的这种纸盘就可以用，先剪一半。

10 再剪一半。

11 卷起来。

12 用钉书机钉起来，固定形状。

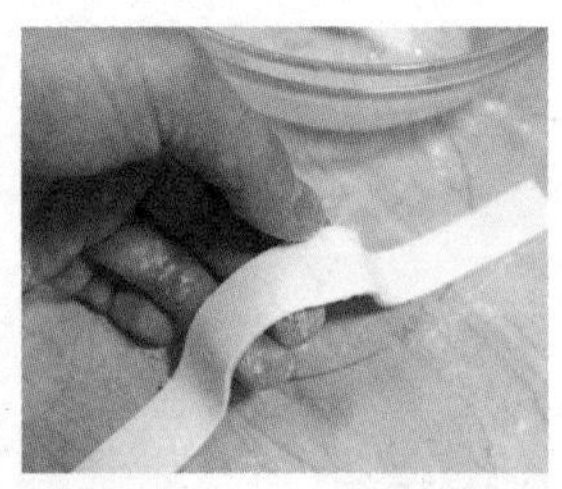

13 将酥皮从冷冻室拿到冷藏室解冻，用擀面棍擀长。

▸ 酥皮从冷冻室直接拿至室温下容易出水，最好先移到冷藏室慢慢解冻。

14 切成6等份。

15 将两条酥皮用蛋液黏合成一条很长的酥皮条。

16 压扁。

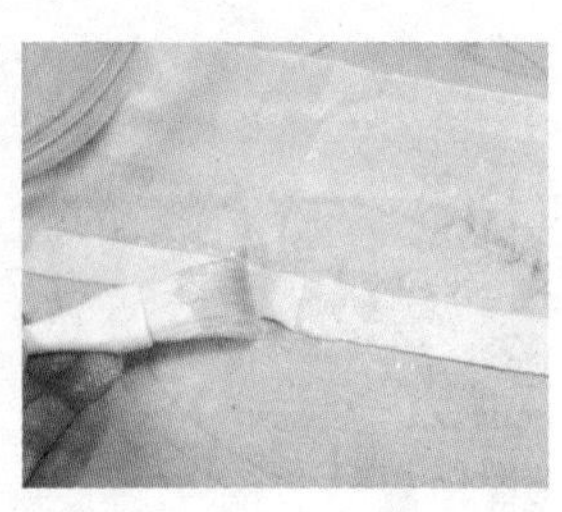

17 一张酥皮可以制作3条！

18 在准备好的模具表面涂抹黄油。

▸ 将烘焙纸卷起来再用钉书机固定也可以哦！这样可以跳过做法18和做法19。

19 均匀粘裹面粉。

20 酥皮表面用刷子涂抹蛋液。

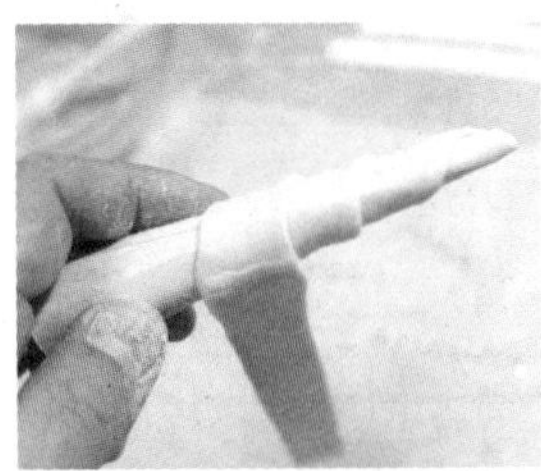

21 将涂抹蛋液的一面朝外，从尖端开始卷，最后粘住固定。

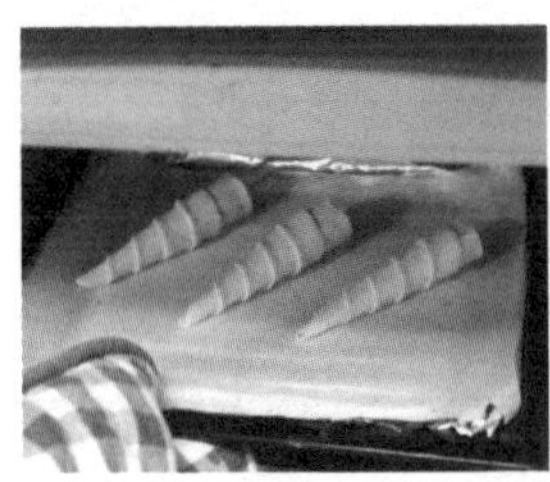

22 卷好后放在铺有烘焙纸的烤盘上，放入预热至180℃的烤箱，烤8～10分钟。

▸ 一次可以多烤一点哦！

23 烤好后脱模，放在铁架子上冷却。

▸ 要趁热时脱模，否则冷却后酥皮缩小，不容易取下。

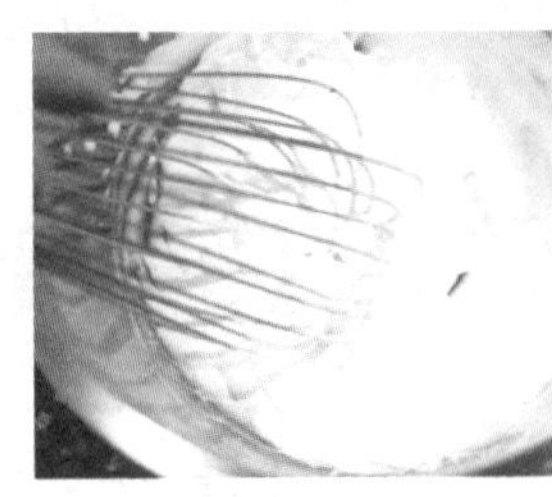

24 在鲜奶油中加入砂糖后打发。

25 放入准备好的杏仁卡仕达酱里混合均匀。

26 可以加入香酒类。我加入的是君度橙酒。

▸ 可以用自己喜欢的酒，不加也可以。

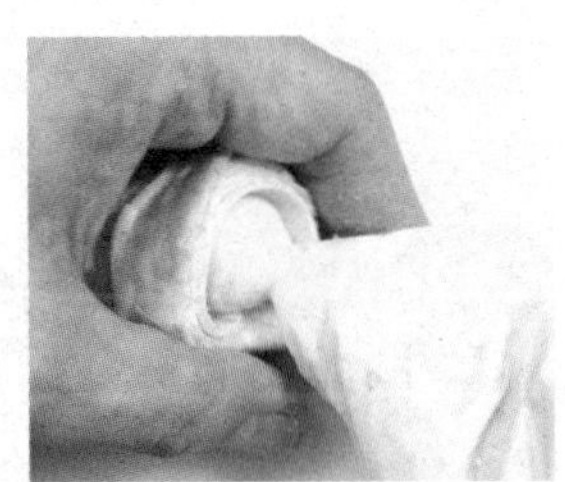

27 装在袋子或挤花袋里，将杏仁卡仕达酱挤在酥皮卷里面。

Strawberry Cream Cheese Mille-feuille

分量 2 人份

草莓口味的奶酪酥皮千层派

可爱的酥皮点心来了！我发现中文真得很厉害，譬如，“千层”法文叫mille-feuille，日文叫“ミルフィーユ”就是简单的外来语发音。但中文就比较贴切，光看字就可以知道它是怎么样子了！千层派本来是用面团将黄油片包起来，折成很多层，然后将烤好的酥皮叠上去，也就是用很多层的派做出很多层的点心。m（*д*）m 但是别担心，我来介绍简单版的千层派！刚好最近买到新鲜的草莓，就来做草莓口味的千层派吧！它和草莓蛋糕一样都是人气很高的点心。这次我想做有一点奶酪蛋糕味道的千层派，所以决定用草莓奶油奶酪的馅来做。奶酪的浓郁和草莓组合在一起非常好吃，而且和酥酥香香的皮也非常搭配！不用自己擀千层皮就可以享受这么好吃的派，实在太幸福了！

材料 Ingredients

[草莓奶酪千层派]

酥皮 Pastry sheets……2张
奶酪 Cream cheese……80g
草莓 Strawberries……60g
糖粉 Icing sugar……20g
鲜奶油 Whipping cream……80mL

[装饰]

草莓 Strawberries……10~12个
薄荷叶 Mints……4片
糖粉 Icing sugar……适量

1 将冷冻酥皮从冷冻室移到冷藏室，慢慢解冻后，用擀面棍擀大。

▸ 冷冻酥皮直接放在室温下容易出水。

2 切成3等份。

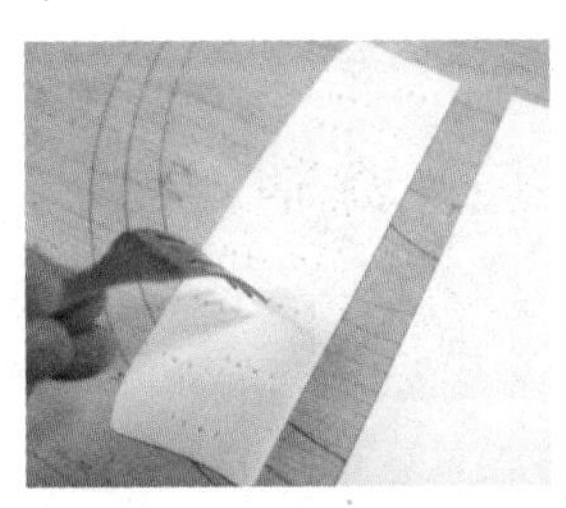

3 用叉子扎洞后，放入冰箱冷藏室至少30分钟。

4 将奶酪装在碗里。如果还很硬，可以隔温水稍微加热一下。

▸ 变软一点就可以了，不用加热到完全溶化。

5 将草莓用叉子压成泥。

▸ 用食物料理机搅打也可以。

6 在奶酪里加入糖粉搅拌均匀。

7 放入草莓泥混合均匀。

▸ 可以换成当季的水果。芒果不错，颜色非常漂亮！

8 将酥皮摆在烤盘上。

9 上面铺一张烘焙纸，撒上干燥的豆类或生米后，放入预热至200℃的烤箱，烤10分钟左右。

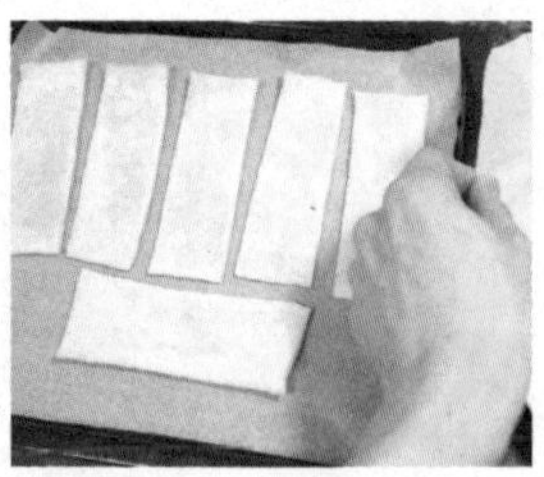

10 酥皮已经定形干燥了，将上面的纸拿掉，烤5分钟左右，至金黄色。

11 烤好后取出，放在铁架上冷却。

- 若酥皮温热，加入酱类后容易溶化。

12 将鲜奶油打至九分发左右，硬一点没关系。

- 由于装盘时需要重叠上去，馅太软容易塌。

13 与草莓奶酪混合均匀。

- 如果觉得太软，可以放入冰箱使其凝固。

14 将挤花袋装上圆形的尖口挤花嘴（可以挑选自己喜欢的形状）。

- 由于里面有草莓的籽，如果用太细的挤花嘴，会卡住哦！

15 挤在酥皮上面。

- 不要挤太多，要做3层，太高容易倒哦！

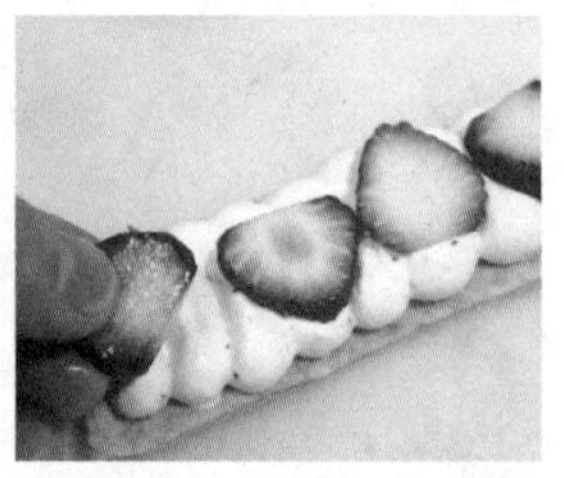

16 摆放切成薄片的草莓。

- 草莓片也不要太厚哦！

17 将另外一片酥皮的一面涂抹馅料。

- 如果烤好的酥皮有一点凹凸不平，先在砧板上用手压一下。

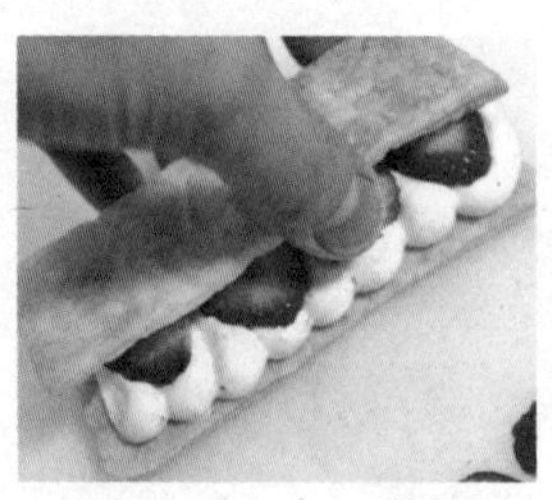

18 将有馅的那面朝下，粘在草莓上。上层也是同样操作。

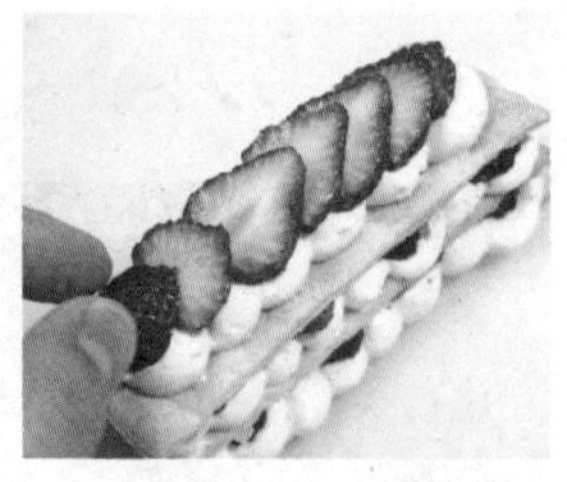

19 最后在上面装饰切好的草莓（整颗草莓也可以）及薄荷叶，并撒一点糖粉！

- 这么高怎么吃呢？别担心！用餐刀和叉子很容易切分！享受酥酥的草莓千层派吧！♪

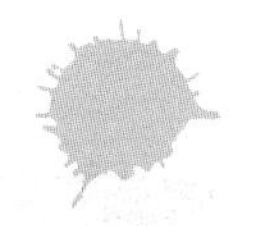

English Tea & White Chocolate Mousse Tart

红茶白巧克力慕斯塔

分量

1 个 （直径25cm烤模）

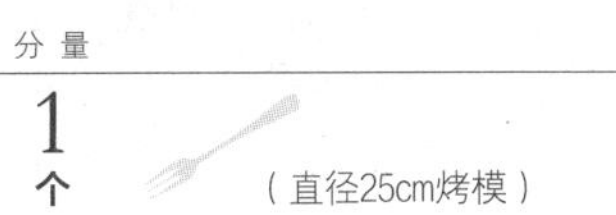

材料 Ingredients

[可可塔皮]

低筋面粉 Cake flour……180g
可可粉 Coco powder……15g
黄油（无盐） Butter……120g
糖粉 Icing sugar……40g
盐 Salt……适量
鸡蛋 Egg……1个

[红茶 & 白巧克力慕斯]

红茶（叶）Tea leaves……5g
牛奶 Milk……120mL
白巧克力 White chocolate……120g
鲜奶油 Whipping cream……150mL
吉利丁片 Gelatin sheet……6g

[装饰]

草莓 Strawberry……1个
巧克力片 Chocolate sheet……1片

MASA's Talk

呃……差点忘记了这个特别的节日！2月14日还容易记得，但这个白色情人节却很容易错过。^^;之前住在加拿大时，2月14日，大家会互相祝贺并赠送礼物。好像只有在日本，才会这么隆重地庆祝白色情人节（3月14日）。刚好我研究了一些用到白巧克力的甜点。我个人很喜欢白巧克力，它本身比较甜，可以直接吃，也可以做成白巧克力甜点。这次我来介绍与白巧克力超搭的组合。用到两种微苦但清香的材料，一种是优雅的伯爵茶叶！因为我个人很少喝红茶，所以不知道它与一般的茶叶哪里不一样，于是泡了一杯喝喝看，嗯！不错！非常英式的感觉。另外一种材料是可可粉，这是我经常用到的材料。有红茶微苦香味的松软白巧克力慕斯和酥酥脆脆也是微苦的可可塔皮搭配，味道超级棒。大家试试看哦！

1 准备可可塔皮。在过筛的低筋面粉里，加入过筛的可可粉。

▸ 由于可可粉容易结块，所以要用细一点的网筛过筛哦！

2 将两种粉类混合均匀。

3 在回软的黄油里加入糖粉和盐。

4 搅拌成乳霜状。

▸ 让它含有很多空气，才会有酥脆、轻盈的口感！

5 将恢复室温的鸡蛋打散后，分次少量加入，每次加入都用打蛋器混合均匀。

▸ 蛋液一次全部放入，黄油容易结块。用恢复至室温的蛋也可以预防结块。

6 放入粉类。

7 用刮刀切拌。

8 大致混合后，分成2等份，放在保鲜膜上。

▸ 这次的量可以做2个塔，因此要将一半的量冷冻保存。

9 整理成圆形包起来，放入冰箱冷藏0.5～1小时。

▸ 放入密封袋，可以冷冻保存2～3星期。

10 将面团放在工作台上，撒一点面粉，用擀面棍擀大。

11 铺在烤模上，放入冰箱冷藏至少30分钟。

12 用叉子扎洞。

13 上面铺一张烘焙纸，再撒上干燥豆类或生米，放入预热至200℃的烤箱，烤8～10分钟。

14 将烤盘拿出来，拿掉塔皮上的红豆，再放入烤箱烤6～8分钟。烤好后取出，放在铁架上冷却。

- 时间和温度要根据烤箱进行调整！将塔皮底部烤到脆脆的样子就好了！

15 准备红茶慕斯。将泡过水的吉利丁片放入水里。

16 将白巧克力切丁后，隔温水让它溶化。

17 在锅子里加入牛奶与红茶叶，放置1～2分钟。

- 先泡一下，让叶子充分吸收水分，香味才能完全散发出来。

18 将水煮至沸腾时熄火，放入泡好的吉利丁片搅拌至完全溶化。

19 用网筛过滤到白巧克力钢盆里。

20 在另一个钢盆里将鲜奶油打至约七分发。

21 将做法19隔冰水用刮刀搅拌。

22 稍微凝固后加入打发好的鲜奶油，混合均匀。

- 小心！不要让它完全变硬，看到有一点浓稠的感觉就好了。

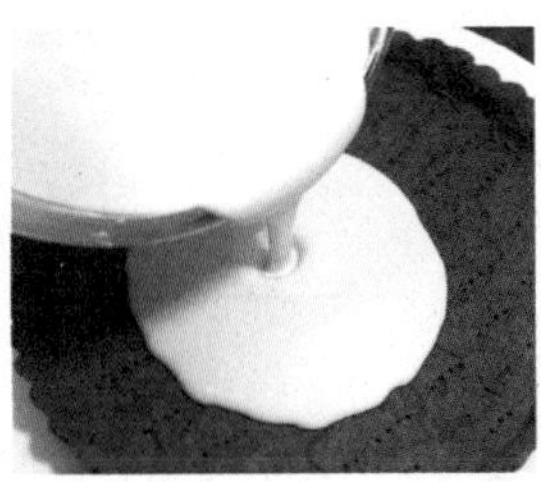

23 轻轻倒入冷却好的塔皮里，放入冰箱使其凝固！吃的时候放上切片的草莓和巧克力片装饰。

Orange Custard Cream
with Cinnamon Flavored Tart

无敌组合！
柳橙卡仕达酱&肉桂粉塔皮

分量

10个（8cm×4cm×1.5cm的小烤模）

材料
Ingredients

[塔皮] X2个

黄油（无盐）Butter……125g
低筋面粉 Cake flour……250g
肉桂粉 Cinnamon powder……5g
砂糖 Sugar……50g
蛋黄 Egg yolk……1个
盐 Salt……2g
水 Water……40mL

[柳橙卡仕达酱]

柳橙皮 Orange skin……1个
柳橙汁 Orange juice……300mL
蛋黄 Egg yolks……4个
砂糖 Sugar……60g
玉米粉 Corn starch……30g
鲜奶油 Whipping cream……100mL
砂糖 Sugar……5g
君度橙酒 Cointreau……1或2小匙

[焦糖柳橙]

水 Water……1大匙
砂糖 Sugar……35g
柳橙薄片 Sliced oranges……10片
柳橙汁 Orange juice……150mL

[装饰]

薄荷叶 Mints……适量

本来打算介绍基础的小馅饼，烤好塔皮，装饰上卡仕达酱，上面放一些水果。这么简单？那么这次我要来介绍MASA独创的无敌迷你塔！塔皮已经介绍过原味、可可口味。那么，还有什么口味呢？对！肉桂！肉桂塔皮非常香，它会加强塔本身的味道深度。这么厉害的皮要与谁来搭配呢？苹果不错，水梨也很好，但我一直想要做橘子风味的卡仕达酱，所以选择了柳橙！不仅用到了汁，还加入柳橙味超浓的皮，与蛋黄浓郁的味道是非常绝妙的组合！装饰的部分用到的是柳橙焦糖（Caramélisée）！微苦香浓的焦糖柳橙酱与一起煮过的柳橙片非常对味！虽然这款点心很费工夫，但吃到嘴里的那一刻会让人忘记辛苦的制作时间！朋友们，一起挑战无敌的点心吧！（;≧∀≦）／

1 准备塔皮，将黄油切成薄片或小块后，放入冰箱。

2 将低筋面粉过筛，放入肉桂粉混合均匀，放入冰箱。

▸ 将材料先冰起来，可以预防黄油溶化！

3 倒入食物料理机里。

▸ 如果没有机器也没问题，直接用手拌！塔皮的做法参考P.264。

4 放入一半量切好的黄油。

▸ 一次全部加入容易粘住。

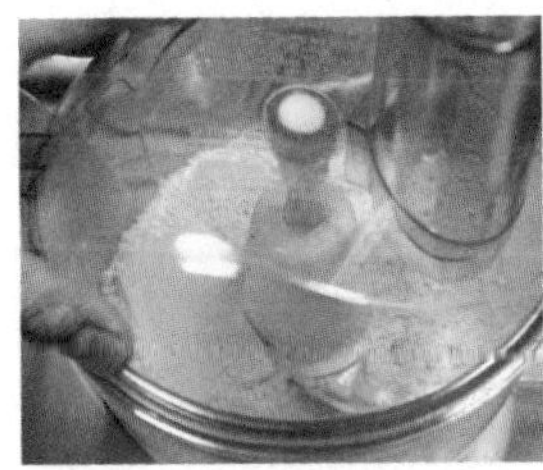

5 将黄油搅打到末。

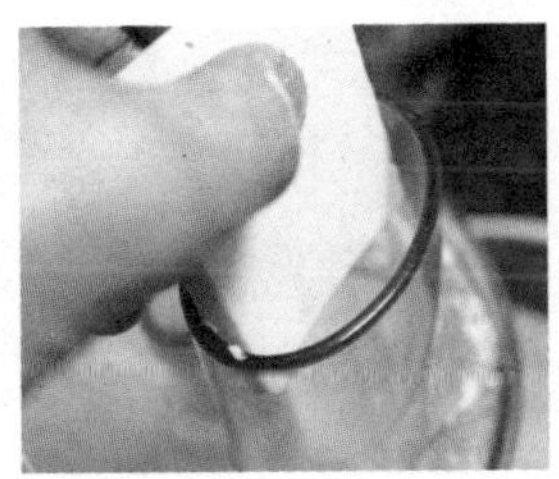

6 放入剩下的黄油，再次将黄油搅打成末。

7 放入砂糖与盐。

8 加入打散的蛋黄液和水，开始搅打。

9 打至材料大致混合的程度就好了。

▸ 不要打太久哦！机器的马达容易烧掉！而且没有酥松的口感！

10 分别倒在两张保鲜膜上。

11 将保鲜膜卷起来，包好面团，放入冰箱30分钟左右，让黄油凝固。

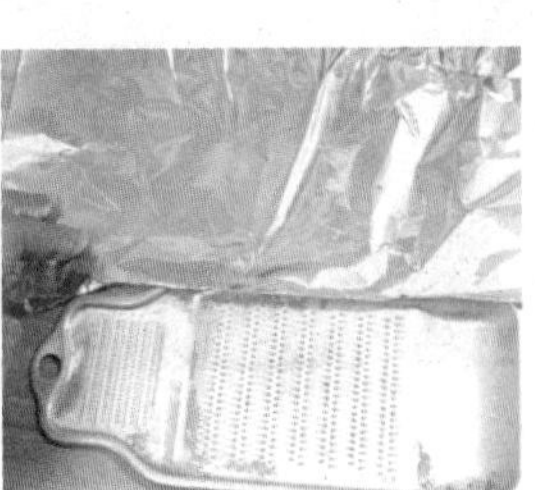

12 准备馅料。这次我要做柳橙风味的卡仕达酱。在磨泥板的表面贴一层铝箔纸！

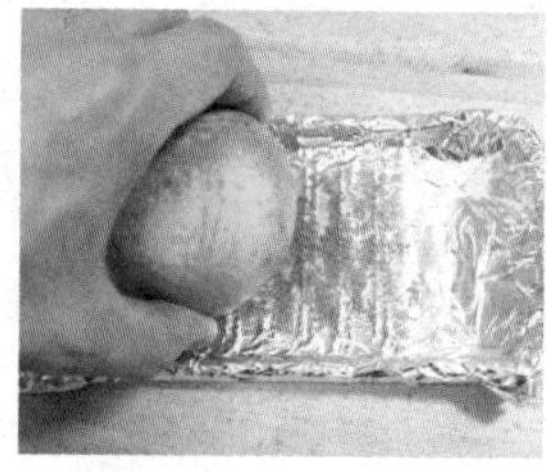

13 将铝箔纸表面压出牙齿的形状，可以磨柳橙皮了！

14 刮好后将铝箔纸撕开，看！这么简单就磨好柳橙皮泥了！

15 将柳橙切半，挤出300mL柳橙汁后，将柳橙汁过滤一下，去掉籽。

16 在蛋黄里加入砂糖，搅拌成乳黄色。

17 加入玉米粉搅拌一下。

18 加入过滤好的柳橙汁搅拌均匀。

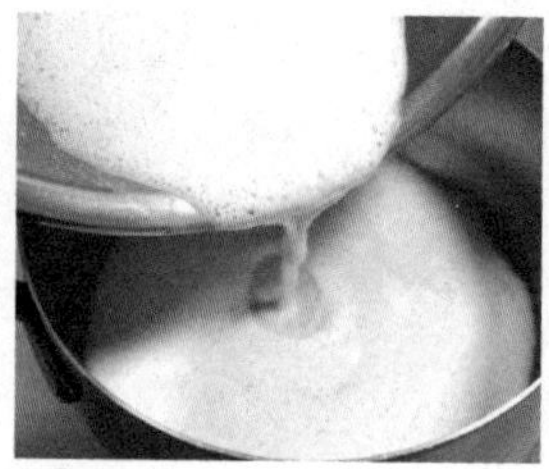

19 倒入锅子里。

20 将柳橙皮泥也放进去，开中小火加热。

21 用打蛋器搅拌至完成凝固。

▸里面有淀粉，加热时锅底角落容易粘住，要注意哦！

22 凝固后倒在盘子里，让它冷却。

23 为了预防干燥，可以涂抹一点黄油形成一层油膜，这样就可以不包裹保鲜膜了！

24 用制作“费南雪”（Financier）饼干的烤模当做塔模。为避免粘黏，在表面涂一点黄油。

▸形状随意，圆形也可以用哦！

25 撒些面粉，让粉均匀散开，拍掉多余的粉类。

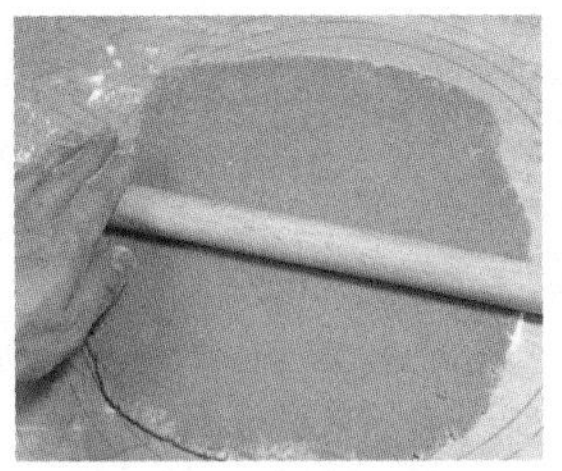

26 将凝固好的面团拿出来。在撒有防粘粉的工作台上将面团擀成0.5cm左右的薄片。

27 按烤模的大小切好。

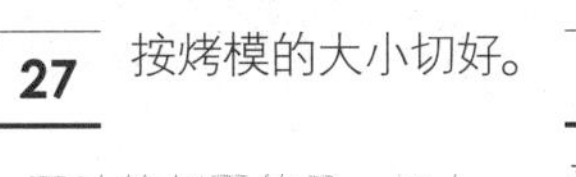

▸ 要计算侧面的量，切大一点哦！

28 将多出来的部分切掉，用保鲜膜包起来放在冰箱冷藏30分钟。

29 准备焦糖柳橙。在锅子里加入水、砂糖，开中火。

30 煮到颜色有一点变成黄色时，调成小火。

▸ 柳橙皮的部位也有微苦味，不需要煮到像做布丁时那么黑哦！

31 放进切成薄片的柳橙与柳橙汁。

32 将锅子底凝固的焦糖搅拌一下，让它溶化。

33 煮到皮变软时，将用烘焙纸剪成的“落盖”贴在表面，用小火继续煮。约5分钟后拿起纸，翻面后再盖起来，继续煮5分钟左右。

▸ “落盖”的做法参考P.59。

34 柳橙皮变软后，拿掉“落盖”，开大火煮到浓稠后熄火冷却。

35 将塔皮取出，用叉子扎洞。

▸ 扎洞是为了让水蒸汽蒸发出来。

36 将烘焙纸剪成小片盖在塔皮上，上面放有重量的东西。

▸ 这是预防膨胀的动作，我用的是干燥红豆。也可以用其他的干燥豆类或生米代替。这些豆用过一次以后就不能做菜了，但可以作为重物利用很多次，不会浪费！

37 放入预热至180℃的烤箱，烤8分钟，定形。

38 拿掉烘焙纸，再放入烤箱烤5分钟左右。

▸ 下面也要烤好哦！

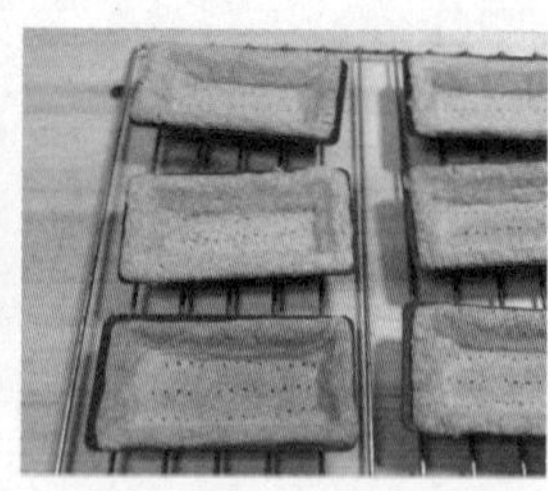

39 烤好后拿出来，戴上手套小心地把烤模拿掉，放在铁架上冷却。

40 柳橙卡仕达酱冷却好了，倒入钢盆里。

41 用打蛋器搅拌一下，让它松软一点。

42 在另外的钢盆里倒入鲜奶油和砂糖，打至八分发左右。

43 放入卡仕达酱里混合均匀。

44 加入一点君度橙酒。

▸ 君度橙酒是有柳橙味的香酒，用柑橘甜酒（Grand Marnier）也很适合！

45 将柳橙卡仕达酱装在挤花袋里，挤在冷却好的塔皮上面。

▸ 这次用的是星形尖口的挤花嘴，可以用自己喜欢的形状哦！

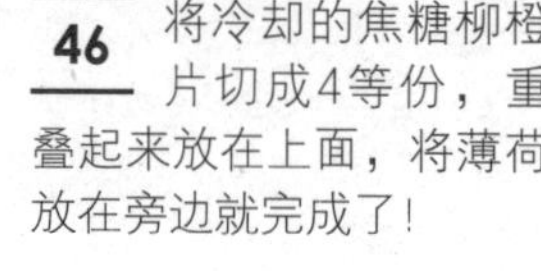

46 将冷却的焦糖柳橙片切成4等份，重叠起来放在上面，将薄荷放在旁边就完成了！

分量 15 个

两种口味！
香草卡仕达酱脆脆饼干泡芙

泡芙食谱来了！“泡芙”日文叫“シュークリーム”（Syu-kuri-mu）发音听起来像“Shoe cream”的样子。＼（*_*;）泡芙原本是法国的点心，法文叫Choux a la crème，后来日本人开始这样叫，很多人还以为这是英文名字呢？所以，如果有听到日本人说“シュークリーム”，他的意思是“Creamed puff”（；＞＜）// 懂吗？泡芙的做法不是很复杂，但很多人还是会遇到相同的问题：没有膨涨、烤好后马上缩小等。因为步骤很简单，很容易落掉重点！这次我介绍的有一点特别，上面放上饼干面团一起烤，就会有口感香脆的皮，而且会凸显卡仕达酱的香草口味！还有另外一种口味，就让抹茶来参加吧！看看你想做哪个？当然两个一起做也可以哦！

1 准备两种口味的饼干。在两个钢盆里分别放入黄油，放在室温下让它变软。

2 将所有的粉类过筛。原味饼干只需要过筛低筋面粉。

3 抹茶粉过筛后，加入面粉中，混合均匀。

4 将变软的黄油搅拌成乳霜状，加入砂糖。

▸ 做饼干时，黄油需要搅拌成乳霜状，这样口感比较轻盈。

材料 Ingredients

[原味饼干]

低筋面粉 Cake flour……25g
黄油（无盐）Butter……25g
砂糖 Sugar……20g

[抹茶口味饼干]

低筋面粉 Cake flour……20g
抹茶粉 Green tea powder……3g
黄油（无盐）Butter……25g
砂糖 Sugar……20g

[泡芙]

低筋面粉 Cake flour……30g
高筋面粉 Bread flour……30g
黄油（无盐）Butter……40g
水 Water……100mL
盐 Salt……1g
砂糖 Sugar……2g
鸡蛋 Eggs……2或3个（约100g）

[香草卡仕达酱]

蛋黄 Egg yolks……2个
砂糖 Sugar……45g
玉米粉 Corn starch……15g
牛奶 Milk……150mL
香草荚 Vanilla beans……1支
鲜奶油 Whipping cream……60mL
砂糖 Sugar……5g

[抹茶卡仕达酱]

▸ 做法参考P.263

蛋黄 Egg yolks……2个
砂糖 Sugar……50g
玉米粉 Corn starch……15g
抹茶粉 Green tea poeder……3g
牛奶 Milk……150mL
鲜奶油 Whipping cream……60mL
砂糖 Sugar……5g

5 加入砂糖搅拌均匀。

6 放入过筛的面粉，可以一次全部加入。

7 用刮刀拌匀，不用搅拌太久。

8 倒在保鲜膜上。

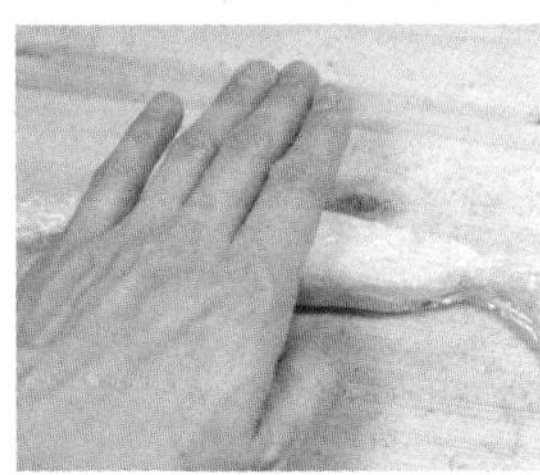

9 像糖果一样包起来，卷成直径为1.5～2cm的圆柱形。

10 抹茶口味也是同样的方法。加入砂糖和粉类，混合均匀后包起来。

11 两种都包好了！放入冰箱让它凝固。

12 开始做泡芙了！将两种面粉过筛后混合。

▸ 只用低筋面粉，烤完后皮比较薄，摸起来比较软。相反，只用高筋面粉做，皮会厚一点，摸起来比较硬。这次我利用两种面粉的特长，比例是1：1。

13 准备蛋液。将鸡蛋打散。

▸ 鸡蛋的分量根据面团的黏稠度稍微调整。

14 在锅子里放入黄油（无盐）、水、盐与砂糖，开中火，让黄油溶化。

▸ 加热至90℃左右就好了，不用一直煮哦！

15 黄油溶化后熄火，放入过筛好的面粉。

16 用木匙搅拌均匀。

17 面团表面变光滑。

18 放回炉上，开中火，搅拌至锅子底部能看到很薄的面皮粘住。

▸ 这个过程叫“Dessecher”（法文），即“糊化”，加入面粉后温度下降，不容易糊化，再次加热让温度升高。

19 熄火，分几次加入蛋液，每次加入都混合均匀，如果太硬，继续加入蛋液调整硬度。

▸ 蛋液不要一次全部加入哦！参考的量是大约100g。

20 混合至将木匙提起时，面糊慢慢形成倒三角形。

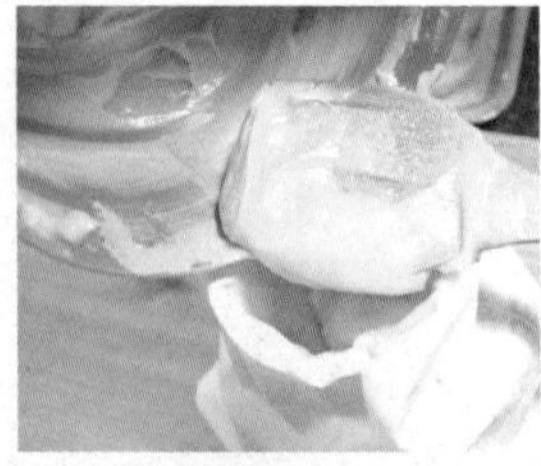

21 放在装有直径约1cm圆口尖形挤花嘴的挤花袋里。

22 准备饼干。将面团从冰箱拿出来，切成薄片。

▸ 不要太厚哦！太重，泡芙不容易膨胀。

23 在烤盘上铺一张烘焙纸，挤出直径约4cm的面糊，保留3cm的间隔。

▸ 如果怕挤不均匀，可以先在烘焙纸后面画上圆圈照着挤。

24 将切片的两种口味的饼干放在上面。

▸ 如果要做普通的泡芙（不放饼干的），挤出面团后，上面喷一点水再烤！不然在烤的过程中，上面干燥太快，膨胀不起来！

25 放入预热至200℃的烤箱烘烤约10分钟，膨胀后，将温度降到170℃，继续烤15~18分钟定形。

▸ 若烤的时间不够，从烤箱拿出来时容易缩小。膨胀以后，用低温继续烘烤就能够固定形状。

26 烤好了！膨胀成圆圆的可爱样子！如果上面的饼干再薄一点，会更加膨胀哦！

27 接下来准备泡芙的卡仕达酱。先做香草口味的。将香草荚剖开，用刀尖把中间的籽刮出来。

▸ 它是干燥的，但有一点软，表面粘粘的才正常。如果看到白白的东西，是香草汁结晶的汁液，不是发霉哦！

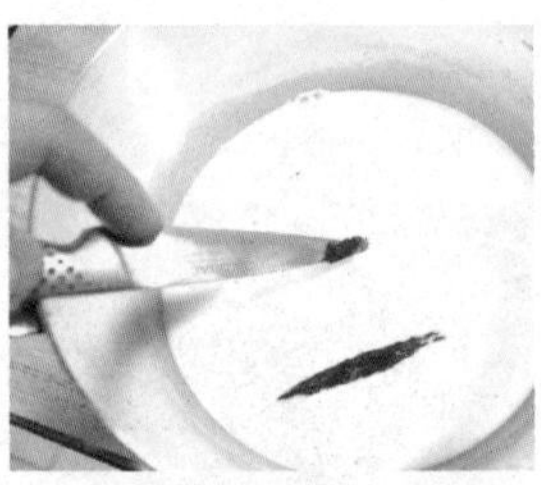

28 将香草籽和香草荚全部放进牛奶里加热，直到锅子旁边出现泡泡。

▸ 不用煮太久哦！否则香草的味道会散发掉！

29 将蛋黄与砂糖混合，搅拌至变色，再放入玉米粉搅拌均匀。

30 将加热好的牛奶倒入网筛过滤。

▸ 香草籽通过也没关系，只过滤掉香草荚就好了。

31 将牛奶加入到做法29里，开中小火加热，搅拌至凝固。

▸ 要注意角落的淀粉焦糊哦!

32 煮至质地浓稠、泡泡出来就表示凝固完成了，可以熄火。

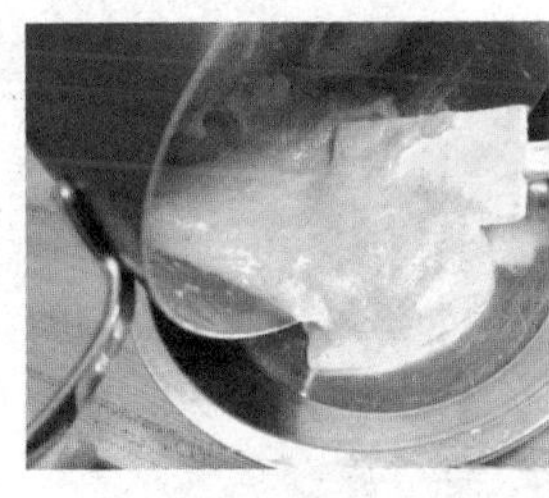

33 倒在盘子或钢盆里，让它冷却。

34 放凉，为预防干燥，用叉子插一块黄油块涂在表面，形成油膜。

35 冷却后放入钢盆里，用打蛋器搅拌成松散状。

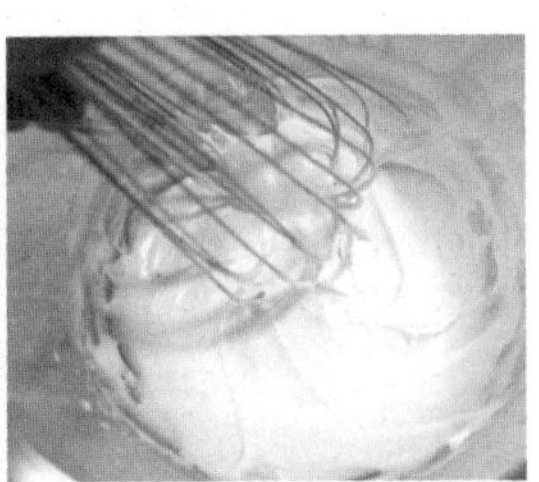

36 在鲜奶油里加入砂糖，打至八分发。

37 放入卡仕达酱，搅拌均匀。

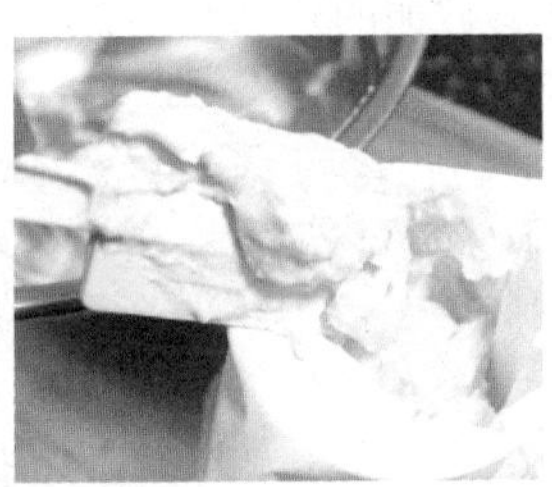

38 放入星形尖口的挤花袋里。

▸ 这次我将泡芙切开装馅，如果不想切开，可以选细一点的圆尖口挤花嘴。

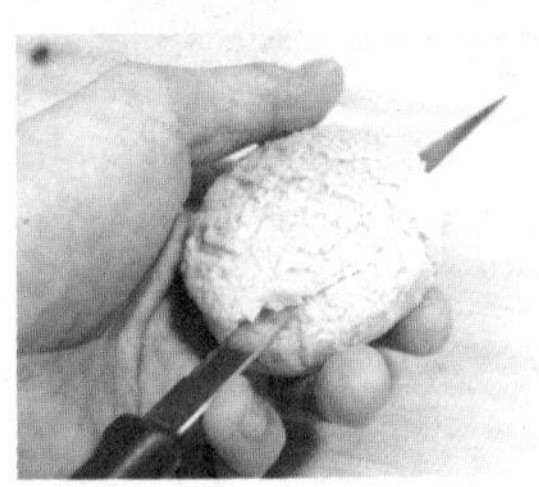

39 将冷却好的泡芙皮从中间切开。

▸ 或用筷子在底部插洞。

40 在泡芙皮里挤上香草卡仕达酱。抹茶口味的装酱方式同样操作。

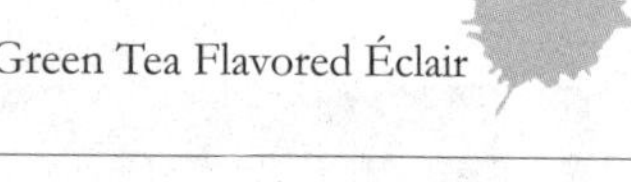

Green Tea Flavored Éclair

贪心双馅
抹茶闪电泡芙

分量

10个

材料 Ingredients

[抹茶泡芙]

低筋面粉 Cake flour……30g
高筋面粉 Bread flour……30g
抹茶粉 Green tea powder……3g
黄油（无盐）Butter……40g
盐 Salt……1g
砂糖 Sugar……2g
水 Water……50mL
牛奶 Milk……50mL
鸡蛋 Eggs……2个

[抹茶鲜奶油&红豆馅]

鲜奶油 Whipping cream……150mL
砂糖 Sugar……15g
抹茶粉 Green tea powder……1或2小匙
红豆馅 Red beans paste……150g
鲜奶油 Whipping cream……20mL

[抹茶糖霜]

抹茶粉 Green tea powder……1/2小匙
水 Water……1.5大匙
糖粉 Icing sugar……80g

在台湾第一次看到“闪电泡芙”时，完全不知道是什么意思。后面的“泡芙”还好，前面两个字让我百思不得其解。后来在网络上查询后才知道，“闪电”有两种说法：因为它中间龟裂的样子看起来像闪电；另一种说法是，里面的馅很多，咬一口，馅容易掉下来，所以要像闪电一样赶快吃完。我个人喜欢第二种说法！因为我也很喜欢泡芙里溢出很多的馅，所以这次我要来介绍馅料超丰富的闪电泡芙！先来分享一下材料，我常备的秘密武器又出现了！是的！抹茶先生！抹茶香味的皮和里面的红豆馅组合在一起，很和风的样子，但又有泡芙特别的脆脆口感，吃起来非常法式！来！贪心一点装入很多馅吧！然后赶快大口吃下去！＼（>◇<）／

1 将低筋面粉与高筋面粉混合后过筛，抹茶粉也过筛进去。

2 用打蛋器搅拌均匀。

3 在锅里放入黄油、盐、砂糖、水和牛奶。

▸这次我加入了牛奶，味道会比较浓郁。

4 开中火，让黄油溶化，看到旁边有泡泡出来时就可以熄火。

5 离火，将调好的粉类全部倒入。

6 用木匙搅拌至表面光滑。

7 开中火，搅拌至锅子底部有很薄的面皮粘住。

8 熄火，分几次加入蛋液，每次加入都充分混合。

▸蛋液不一定要全部加入哦！参考量约100g。

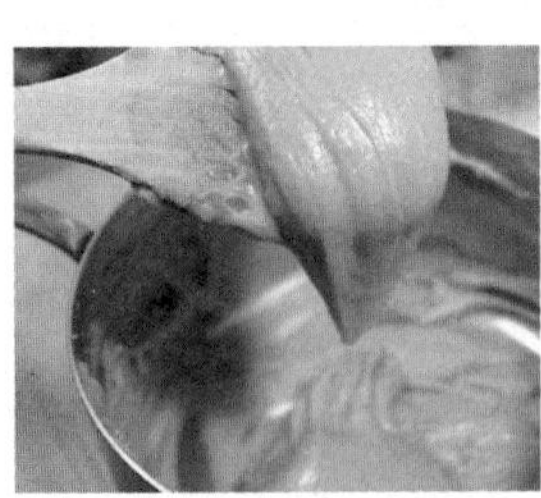

9 混合至像图片这样的稠度。木匙提起来，面糊慢慢垂下来成倒三角形。

▸如果太稀，挤出来时容易散开，变成扁扁的形状。

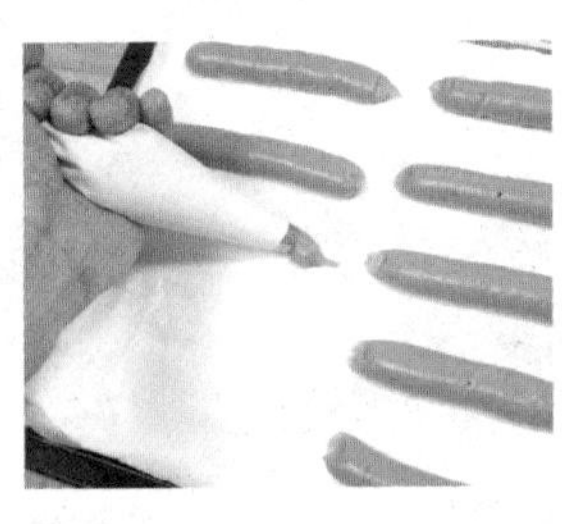

10 开始挤！放入直径约1.5cm的尖口挤花袋中，挤出大概10cm长的条状。

▸如果你喜欢圆形的泡芙，就挤出圆形！

11 如果有剩下的蛋液，就用刷子涂抹在表面，如果已经用完，就在上面喷点水。

▸因为烤的时候，面团的表面太干燥会导致很难膨胀。

12 放入预热至200℃的烤箱，烘烤至膨胀后（约10分钟），将温度降至170～180℃，继续烤15～18分钟定形。

▸若烤的时间不够，从烤箱拿出来后容易缩小。膨胀后继续用低温烤，固定形状。

13 烤好了！放在铁架上让它冷却。哇！我看到一些闪电。

14 准备抹茶鲜奶油。在鲜奶油里加入砂糖和抹茶粉。

15 搅拌至有点硬度，装在挤花袋中。

16 准备馅料。将红豆馅与鲜奶油混合。

▸ 我用的是上次做点心时剩下的红豆馅，做法参考P.116。

17 搅拌至能够挤出的硬度。

18 准备抹茶糖霜。将糖粉和水混合均匀。

19 用网筛筛入抹茶粉，调整成自己喜欢的颜色！

20 开始装馅了！确认馅彻底冷却后，用刀子从中间切开。

▸ 没有彻底冷却就装馅容易溶化哦！

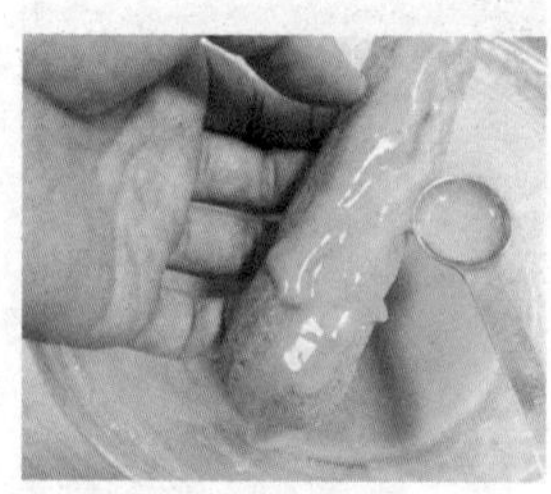

21 盖子的部分淋上抹茶糖霜。放在旁边让它稍微凝固。

▸ 用汤匙、手指、刷子或任何自己惯用的工具都可以，重点是不要涂太多。

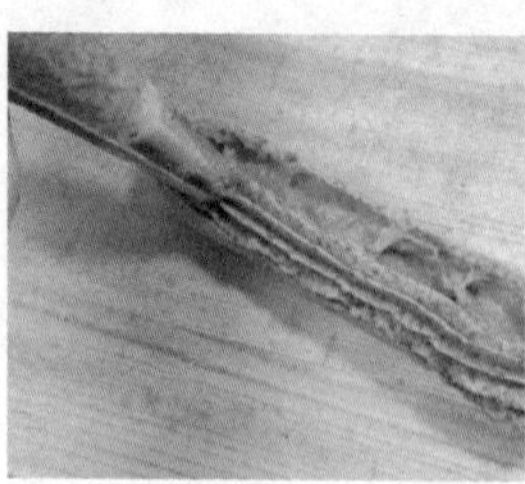

22 下面的部分挤上红豆馅。

23 另外涂抹抹茶鲜奶油。

▸ 如果没有红豆馅，只有抹茶鲜奶油，这样也很美味哦！

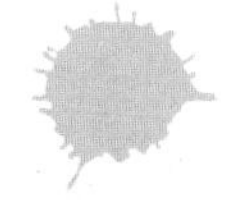

Double Black Sesame Creamed Puffs

双重 黑芝麻圈泡芙

分量

6个（直径8cm的小烤模）

材料 Ingredients

［黑芝麻卡仕达酱］

牛奶 Milk……150mL
蛋黄 Egg yolks……2个
砂糖 Sugar……45g
玉米粉 Corn starch……15g
黑芝麻粉 Black sesame powder……30g
鲜奶油 Whipping cream……100mL
砂糖 Sugar……5g

［泡芙］

低筋面粉 Cake flour……30g
高筋面粉 Bread flour……30g
黑芝麻粉 Black sesame powder……10g
黄油（无盐）Butter……40g
水 Water……100mL
砂糖 Sugar……2g
盐 Salt……1g
鸡蛋 Eggs……2个

MASA's Talk

泡芙第3弹来了！老实说，我之前觉得做泡芙有一点麻烦，要慢慢加入蛋液，并不停搅拌，手很容易酸。（*_*;）后来开始认真研究它的特点，调整面糊里面的馅、涂层（Coating）等，发现这种点心真的有很多变化！我最喜欢的部分，是看它们慢慢长大！每块形状不一定一模一样，但都很可爱！最后就是用各种口味的卡仕达酱帮它们穿上不同的衣服（装上不同馅料）。有空时大家可以试试看。做成戒指形状的黑芝麻香脆泡芙皮，里面再装上快爆出来的大量黑芝麻卡仕达酱。虽然皮是黑芝麻，馅也是黑芝麻，双重的芝麻口味却一点都不会腻！最棒的是黑芝麻含有很多营养成分，是一款亚洲材料与欧式点心融合的完美健康点心！

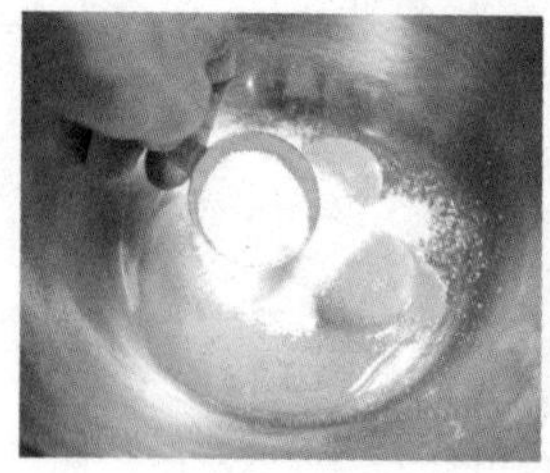

1 准备黑芝麻卡仕达酱！牛奶加热的同时，在另外的钢盆里将砂糖加入蛋黄里搅拌到变色。

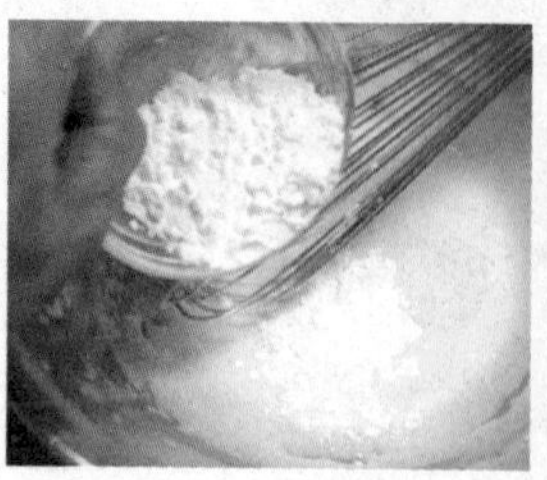

2 加入玉米粉，搅拌均匀。

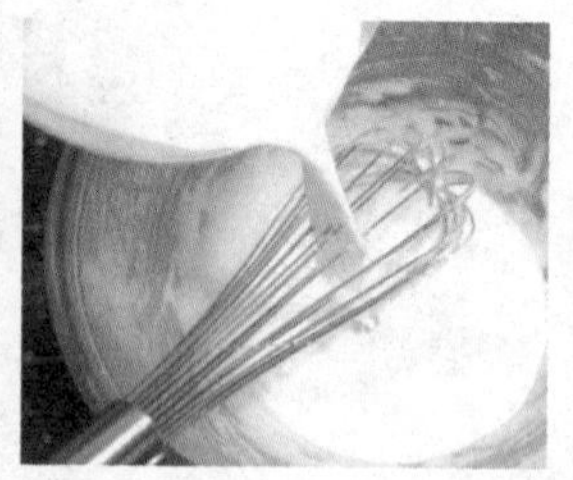

3 加热的牛奶锅子旁边有泡泡出来后可以熄火，倒入蛋黄的钢盆里，搅拌均匀。

4 倒回锅子里。

5 放入黑芝麻粉。

6 开中小火，搅拌至完成凝固。

7 开始凝固了！黑芝麻的颜色也比较明显，而且可以闻到黑芝麻的香味！

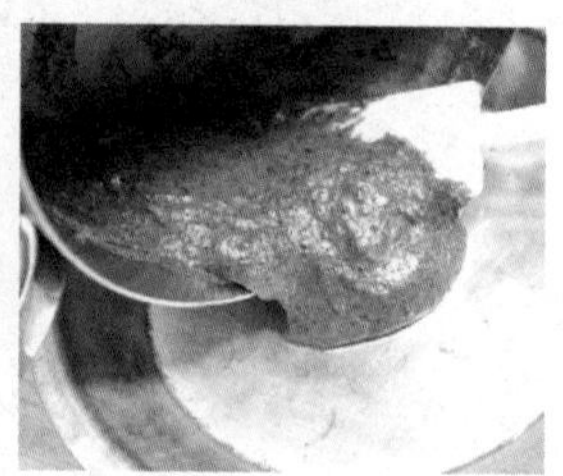

8 凝固之后，把酱倒入盘子里。

9 为避免干燥，在表面涂一点黄油，形成一层油膜。

10 找一个压模放在烘焙纸上画出直径约8cm的圆形。

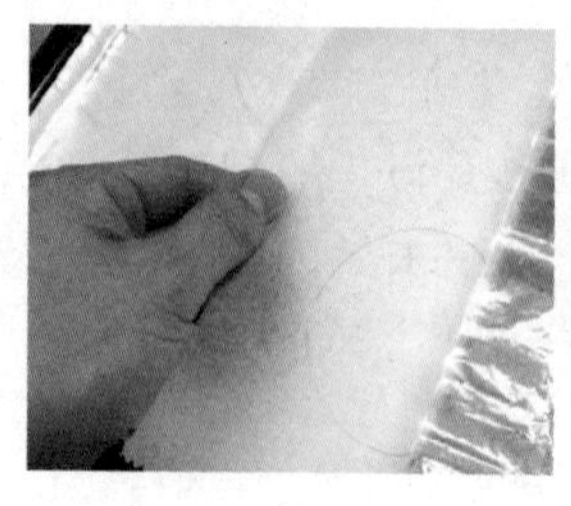

11 在烤盘上铺一张铝箔纸，画线的一面朝下放入。

12 这是做好的泡芙面糊。

▸ 做法参考P.293。

13 在准备好的泡芙面糊里放入黑芝麻粉。

14 混合均匀后装进直径约1cm的圆形尖口挤花嘴的挤花袋中。

15 在烘焙纸上挤出4个圆圈。

▸ 如果不太习惯挤成圆圈，可以做成普通的泡芙形状。

16 如果有剩余的蛋液，用刷子涂抹在上面。如果没有蛋液，就在表面喷点水。

▸ 表面要补一下水分，否则烤的时候上面干燥不容易膨胀。

17 放入预热至200℃的烤箱烘烤约10分钟，膨胀后，将温度降到170～180℃时，继续烤15~18分钟定形。

▸ 如果烘烤时间不够，从烤箱拿出来后容易缩小。膨胀以后，用低温继续烘烤，能够固定形状。

18 烤好了！拿出来放在铁架上冷却。

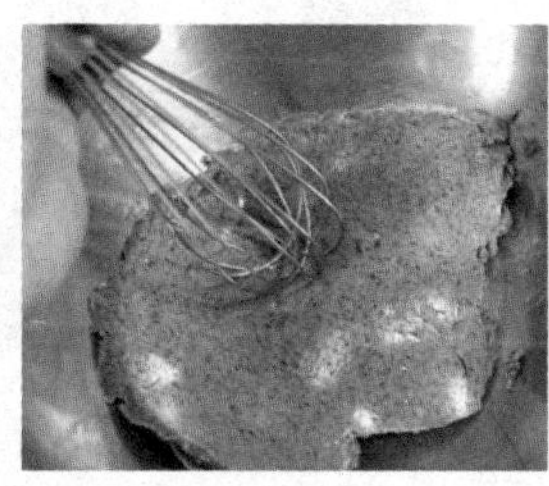

19 将冷却的黑芝麻搅拌一下。

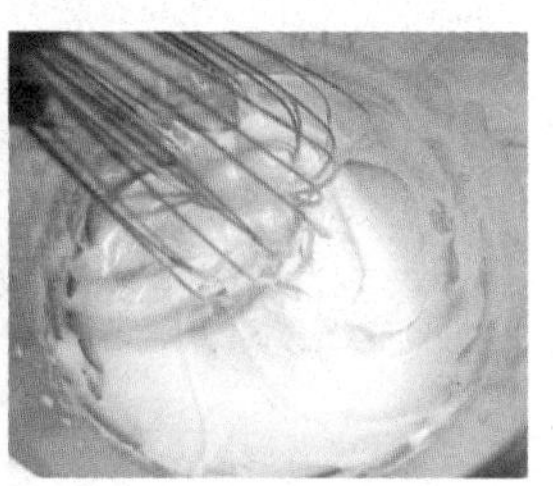

20 在鲜奶油中加入砂糖，搅拌均匀。

21 将打发好的鲜奶油放入黑芝麻卡仕达酱中，混合均匀。

22 将冷却的泡芙圈从中间剖开。

23 将卡仕达酱装入星形挤花嘴的挤花袋中，在泡芙上挤出两层，把上面的泡芙盖起来。

分量 1 个（直径20cm烤模）

美丽蓝莓奶酪香喷喷杏仁酥塔

蓝莓是我很爱用的一种水果，混合进其他材料中会变成很漂亮的紫色！由于它本身的味道不像它的颜色那么重，所以我决定先做浓缩的蓝莓酱，然后混合进馅里。做这种点心时，我特意分成了两个部分。这种塔底本来不需要先烤，可以放入馅后一起烘烤，但为了让杏仁的香味散发出来，我决定先稍微烤一下，让香味出来之后再倒入馅。另外，为了要留住它漂亮的紫色，决定用低温烤久一点，让表面不像一般烤奶酪塔那样有那么深的颜色。结果果然做出了上面绵密，下面充满丰富杏仁风味的酥脆皮。切片吃一口，哇哦！就像在天堂一样！这次我做了大量的蓝莓酱，将烤好的塔切片，与打发的鲜奶油一起搭配，非常豪华！学会这种做法后，也可以在杏仁风味的塔底上挤出喜欢的卡仕达酱，底部铺上碎饼干与黄油，上面填入蓝莓奶酪馅来烘烤。选择自己喜欢的组合，就是做烘焙最好玩的地方！

材料
Ingredients

[杏仁塔皮]

黄油（无盐）Butter……145g
低筋面粉 Cake flour……240g
杏仁粉 Almond powder……35g
糖粉 Icing sugar……80g
蛋黄 Egg yolks……1个

[蓝莓酱]

蓝莓（冷冻）Blueberries（frozen）……500g
砂糖 Sugar……80g
柠檬汁 Lemon juice……80mL

[蓝莓奶酪]

奶酪 Cream cheese……220g
砂糖 Sugar……40g
玉米粉 Corn starch……8g
鸡蛋 Egg……1个
鲜奶油 Whipping cream……70g
蓝莓酱 Blueberry sauce……50g

[装饰]

薄荷叶 Mints……适量

1 准备杏仁口味的甜塔皮。将黄油放入钢盆里，放置室温下。

2 将低筋面粉和杏仁粉过筛后混合均匀。

3 将黄油搅拌变色后，放入糖粉搅拌均匀。

4 放入蛋黄搅拌均匀。

5 放入过筛的粉类。

6 换成刮刀切拌。

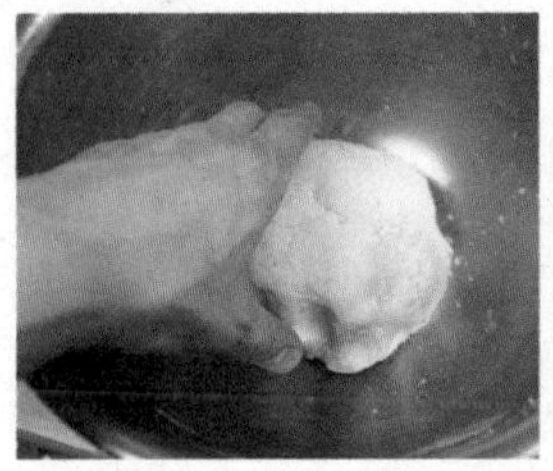

7 材料混合后，用手揉成团。

- 用手揉面团，黄油容易溶化，所以不要揉太多次哦！大概就好了。

8 这是2个塔皮的量，分成2等份包起来，放入冰箱让它凝固。

- 这次用一个，另外一个放入密封袋，冷冻起来下次再用！

9 制作蓝莓酱。放入蓝莓、砂糖与柠檬汁后，开中火煮出水分。

- 蓝莓的甜度不太一样，砂糖与柠檬汁的量可以自己调整。
- 这次我用的是冷冻蓝莓，也可以用其他的冷冻莓类哦！如果买到新鲜的当然可以用！做法相同！

10 一开始会感觉很干，加热后水分就会出来。不用煮太久，6~8分钟就好了！

11 蓝莓煮好了！用电动搅拌器打成泥，倒入钢盆里冷却。

- 一次可以多煮一点，冷冻保存哦！
- 用果汁机搅打也可以哦！不用打得太细。保留颗粒可以享受果肉的口感。

12 要擀塔皮了！这种里面有杏仁粉的面团比较容易裂开，装入袋子里，比较好处理哦！

13 用擀面棍隔着袋子擀大，不需要防粘粉哦！

14 测一下皮的大小。侧面要略高于烤模！

- 如果面团开始变软，放回冰箱使其变硬。

15 别忘记在烤模的侧面与底部涂抹黄油并粘些面粉哦！这种含有杏仁粉的面糊比较容易粘住。

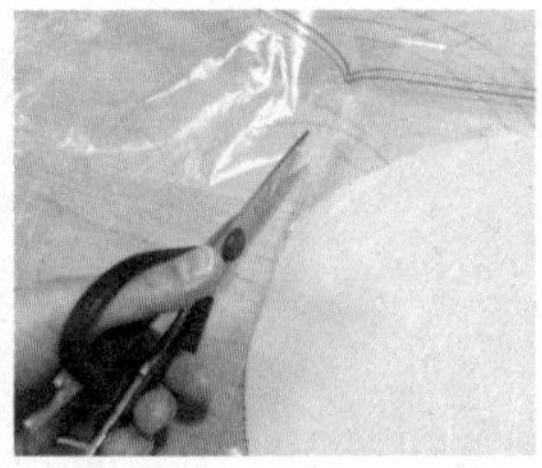

16 从袋子旁边剪开。

- 这个袋子可以再次利用哦！

17 连同袋子拿起，将没有袋子那面朝下轻轻放在烤模上，把上面的袋子拿掉。

- 用这个方式不容易裂开！

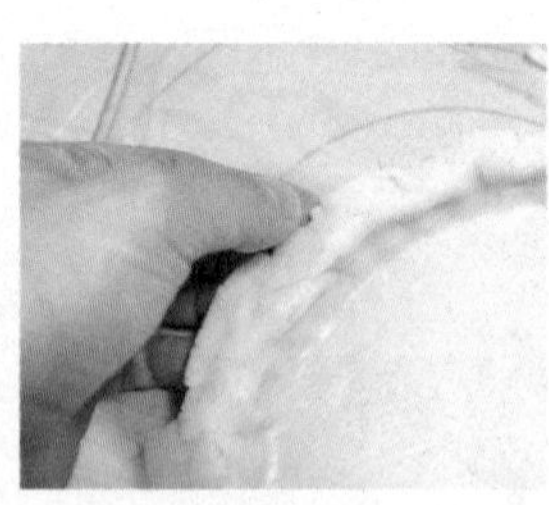

18 将侧面塞进去，确认边角贴合。

- 面皮容易碎掉，如果破掉，用多余的面团补一下就好了。

19 用擀面棍在烤模上面滚一下，去掉多余的面皮。

20 用保鲜膜覆盖，放入冰箱至少30分钟。

- 做派的程序比较多，前一天可以做到这里，隔天继续做会很轻松！♪

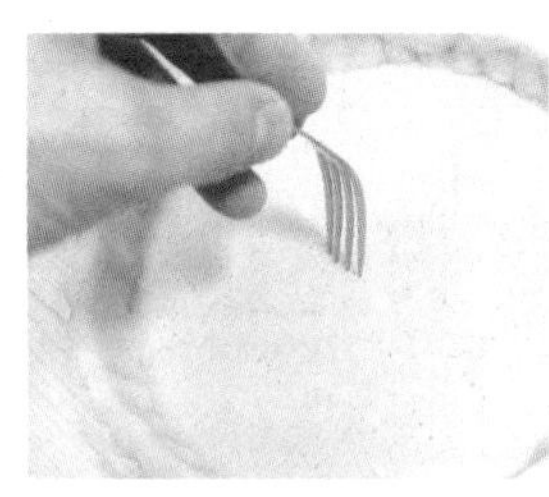

21 时间到了！将塔皮拿出来，用叉子扎洞。

22 上面铺一张烘焙纸，放上红豆或生米，放入预热至200℃的烤箱，先烤8～10分钟定形。

23 塔皮已经定形了，把上面的红豆和烘焙纸拿掉，再烤大概5分钟，烤好后取出，放在旁边。

24 终于要做蓝莓奶酪馅了！将奶酪放在室温下让它变软，放入砂糖搅拌均匀。

25 放入玉米粉拌匀。

26 放入鸡蛋搅拌均匀。

- 为预防结块，要先放入粉类，再放比较浓稠的水分（例如，鸡蛋）。

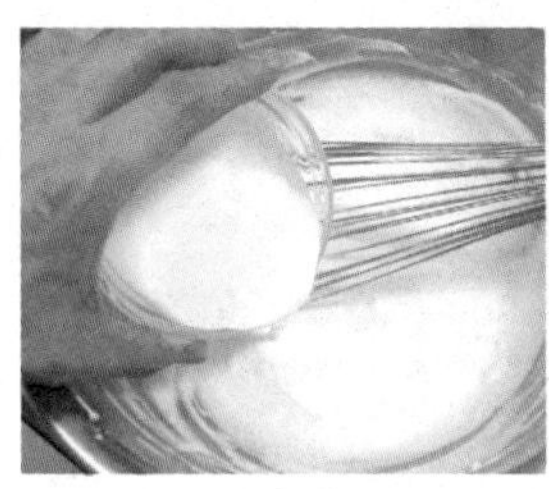

27 放入鲜奶油搅拌均匀。

- 每种材料放入后都要充分搅拌哦！
- 如果怕累，可以用电动搅拌器！

28 放入50g蓝莓酱。

- 蓝莓酱放入后大致搅拌一下就好了，留有纹路（大理石）的样子也很漂亮哦！

29 倒入香喷喷的杏仁塔皮里。

30 放入预热至130℃的烤箱，烤约30分钟，烤好后取出，放在铁架上冷却。

- 这次我用低温烘烤，可以留住蓝莓的颜色。
- 烤完后，将竹签插入中间，面糊没有粘在竹签上表示烘烤完成！
- 怎么吃都可以。直接吃或淋上鲜奶油与蓝莓酱！

分量 2 个（直径15cm烤模）

香蕉＋焦糖卡仕达＋杏仁＋肉桂＝超华丽四层塔

前面介绍过的香蕉点心都是弄成泥混合进面糊里，这次我要介绍另一种变化！因为偶然发现香蕉的断面其实有很诱人的外观，每次都把它弄成泥，一直没机会享受这个美丽的部分，现在我要来做一种特别一点的水果塔！香蕉和焦糖是很适合的组合，但正如前面我说的，我要享受香蕉新鲜漂亮的断面，所以不能加热，那么，下面装的酱就要做成焦糖风味的卡仕达酱！塔皮我用的是肉桂风味，填装杏仁馅烘烤，再填装焦糖风味的卡仕达酱！然后将这次的主角——新鲜香蕉片放在上面，这样四层美味又华丽的塔就完成了！如果已经吃腻了一般的水果塔，可以参考这种做法哦！

材料 Ingredients

[塔皮] X2个

黄油（无盐）Butter……125g
低筋面粉 Cake flour……250g
肉桂粉 Cinnamon powder……5g
砂糖 Sugar……50g
蛋黄 Egg yolk……1个
盐 Salt……2g
水 Water……40mL
▸ 剩下可以冷冻起来下次再用！

[杏仁馅]

黄油（无盐）Butter……70g
砂糖 Sugar……50g
鸡蛋 Egg……1个
杏仁粉 Almond powder……70g
朗姆酒 Dark rum……1大匙

[焦糖卡仕达酱]

蛋黄 Egg yolks……2个
砂糖 Sugar……15g
玉米粉 Corn starch……15g
水 Water……10mL
砂糖 Sugar……25g
牛奶 Milk……150mL
鲜奶油 Whipping cream……80mL
砂糖 Sugar……8g

[装饰]

香蕉 Banana……2个
柠檬汁 Lemon juice……适量
薄荷叶 Mints……6片

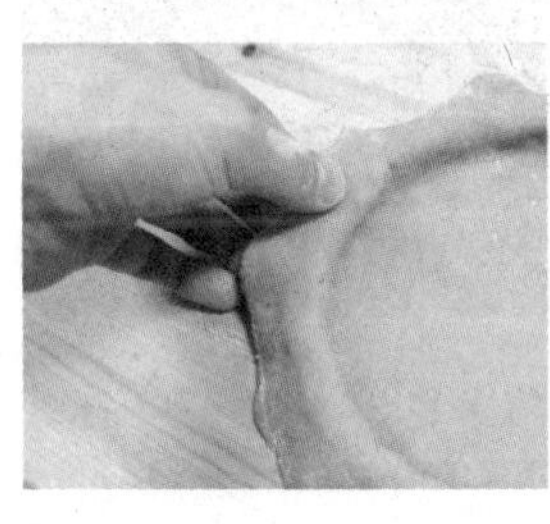

1 将准备好的肉桂味塔皮擀大一点，铺在已经涂抹黄油并粘好面粉的烤模里。将黄油放置在室温下，让它变软。
▸ 肉桂味的塔皮做法参考P.287。

2 用保鲜膜覆盖放入冰箱大约1小时，让面团休息，预防缩小。

3 用叉子在塔皮上扎洞，预防烘烤时膨胀，放置一旁，准备杏仁馅。

4 将变软的黄油搅拌至变色。

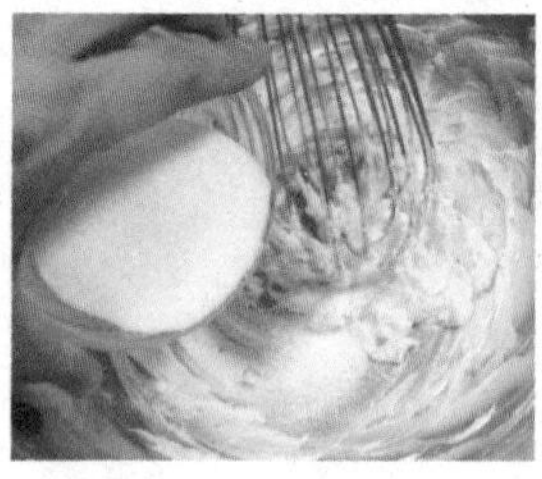

5 放入砂糖搅拌均匀。

6 将鸡蛋打散，分次少量地加入。

▸ 一次全部放入，容易使黄油结块。

7 加入朗姆酒或白兰地搅拌均匀。

8 将杏仁粉过筛后加入。

9 换成刮刀继续切拌。

10 装入直径约1cm的圆形尖口挤花嘴的挤花袋里。

11 挤入准备好的塔皮里约八分满。

▸ 上面要留一点空间给卡仕达酱。

12 放入预热至150℃的烤箱，烤15～18分钟。

13 烤到表面呈现金黄色，竹签插进去没有粘黏，就表示面糊已经熟了。

14 准备焦糖卡仕达酱！与前面做法一样，蛋黄打散后，放入砂糖搅拌到变色。

15 放入玉米粉搅拌均匀。

16 在锅子里加一点水，放入砂糖，开中火煮。

17 煮到图片这样的咖啡色就可以熄火。

▸ 不用煮得太黑哦！这不是要做布丁。

18 倒入牛奶。

▸ 焦糖的温度很高，要小心倒入哦！

19 开小火，充分搅拌，让粘在锅底的焦糖溶化。

20 倒入做法15中搅拌均匀。

21 倒回锅子里。

22 开中火，搅拌至凝固。

23 倒在盘子或钢盆里，表面涂一点黄油，放置让它冷却。

▸ 不用覆盖保鲜膜，用黄油的油膜就可以保持表面的湿度。

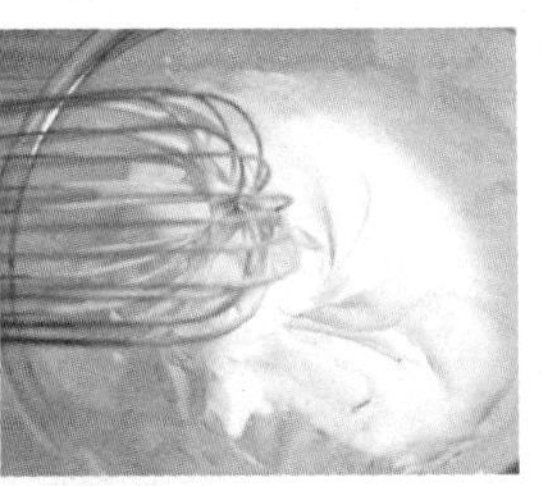

24 卡仕达酱冷却后，开始打发鲜奶油。放入一点砂糖，将奶油打至八分发左右。

25 用打蛋器将卡仕达酱搅软一点。

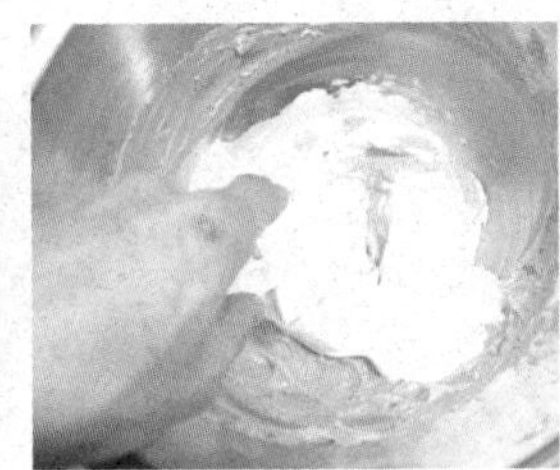

26 放入打发好的鲜奶油，用刮刀拌匀后，装入星形尖口挤花嘴的挤花袋中。

27 将切成薄片的香蕉淋些柠檬汁，预防变色。

28 在冷却的塔上挤上卡仕达酱，再装饰香蕉与薄荷叶。

▸ 完成后放入冰箱30分钟左右让卡仕达酱稍微凝固，比较好切哦！

分 量 1 个（直径6英寸分离烤模）

免烘烤爱心生巧克力塔

获得巧克力大概有两种途径：一种是买现成的巧克力；另外一种则是将买回来的巧克力溶化后，制作成符合自己心意的手工巧克力。现在让我来分享一款情人节时大受好评的巧克力蛋糕！虽然看起来很高级的样子，但做法其实没那么复杂，或者应该说超简单！日本有很多食品用到“なま”（生），这个字不仅海鲜、肉、蔬菜会用到，饮料和点心也常会用到。这次介绍的“生チョコレート”（生巧克力），不用放入烤箱烤，隔温水让巧克力溶化后，加进奶味和一点香酒味，当然还有你那份忠贞的爱情！用心搅拌一下，放入烤模中，再把自己想要表现的东西画在蛋糕上，最后盖上丝绸般的可可粉，这就是超完美的可爱甜美蛋糕！

材料
Ingredients

[塔底]

消化饼干 Crackers……6片（90g）
杏仁片 Sliced almond……1.5大匙
黄油（无盐）Butter……40g

[巧克力馅]

黑巧克力 Dark chocolate……230g
鲜奶油 Whipping cream……200g
朗姆酒 Dark rum……适量
牛奶 Milk……1小匙

[装饰]

水 Water……1大匙
砂糖 Sugar……2大匙
腰果 Cashew nuts……2或3个
可可粉 Coco powder……适量
迷迭香 Rosemary……适量

1 准备塔底。将杏仁片放入不粘锅中，不用放油，用中小火炒至金黄色，让香味散出来，放在盘子里冷却。

▸ 可以用其他的坚果类哦！胡桃、花生都很好。

2 将冷却的杏仁片放入食物料理机中打碎。

▸ 不要打太久！它本身的油分会出来。

▸ 如果没有食物料理机，可以用果汁机打，也可以用刀子切碎。

3 在袋子里放入饼干，用擀面棍擀碎。

4 将碎饼干装在碗里，加入杏仁末。

5 加入用微波炉或隔温水加热溶化的黄油。

6 搅拌均匀。

7 放入烤模里。

8 用平底的器具压平后，用保鲜膜覆盖起来，放进冰箱让它凝固。

▸ 要用力一点哦！

9 制作巧克力馅。将黑巧克力切成小块。

▸ 可以用自己喜欢的口味！我这次用了黑巧克力。

10 将切好的黑巧克力隔温水加热一下。

▸ 下面的温水不要太热哦！

11 在另外的锅子里加入鲜奶油，看到锅子旁边有泡泡时就可以熄火，倒入巧克力里。

12 加入一点朗姆酒或白兰地。

13 搅拌均匀，确认巧克力充分溶化。

▸ 如果还有一些小块，可以再放回温水里加热。

14 倒出100g用作装饰!

15 剩下的全部倒入烤模里。

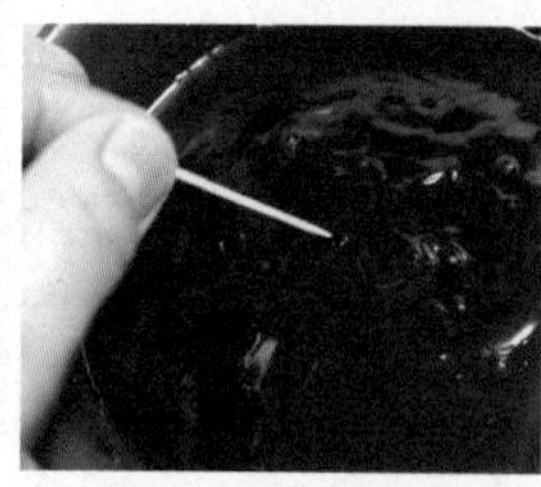

16 如果表面有很多气泡，可以用牙签扎破。用保鲜膜覆盖，放入冰箱，冷藏1小时左右。

17 将凝固好的巧克力从烤模里拿出来。

▸ 如果侧面粘住不容易取出，可以用温湿的布围住烤模，稍微加热一下。

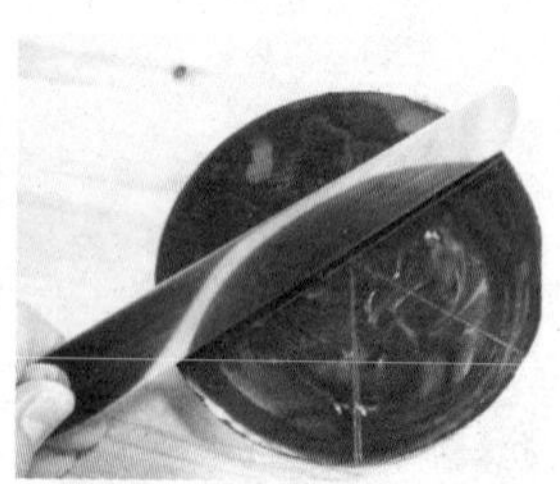

18 将表面刮平。

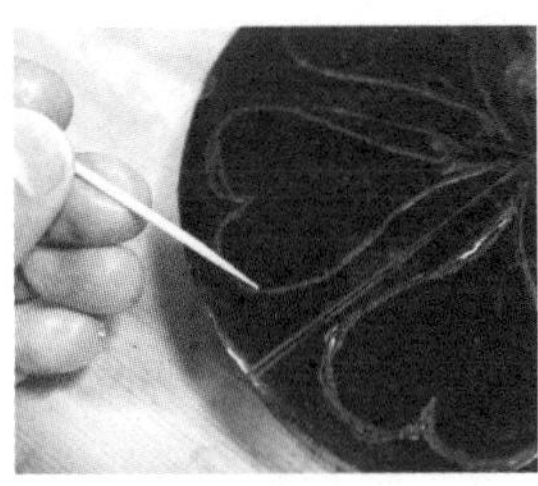

19 用牙签画出自己喜欢的形状。我画了6个爱心!

- 如果画得不好，用手擦平再画!
- 表面有一点丑也没关系，等一下会用可可粉盖起来! (*￣▽￣*)v

20 预留出来的巧克力如果太软，隔冰水使其变硬一点。如果太硬，就隔温水调整。

21 像图片的稠度就好了。装入直径0.8cm尖口挤花嘴的挤花袋里。

22 将巧克力沿画好的纹路挤出来，再放回冰箱里，待其凝固。剩下的巧克力挤到碗里，等最后装饰时再用。

23 制作焦糖坚果! 在锅子里装一点水，放入砂糖。

24 开中火加热，煮成很浅的咖啡色。

- 这次不用加入水让温度下降，因为要做成像糖果一样硬。

25 加入腰果，搅拌至粘裹均匀。

- 如果焦糖已经变硬，开小火再加热一下就好了!

26 放在烘焙纸上冷却。

- 我这次做了很多，剩余的可以当成小零食!

27 将凝固好的蛋糕拿出来，上面用细一点的网筛均匀撒上可可粉。

28 将剩下的巧克力加入1小匙牛奶，隔温水加热，使其变软。

- 如果太硬，淋在冰巧克力的表面会很快凝固，不容易散开。

29 用小汤匙淋在爱心图形中! ♪中间放上焦糖腰果与迷迭香作为装饰!

- 迷迭香的香气与巧克力的香味非常对味，仅仅闻到就感觉很迷人了!

Taro Chocolate Mont Blanc

分量 16 个（6cm×12cm的烤模）

芋头巧克力蒙布朗

想做有名的日式栗子蒙布朗，但是没有栗子泥，只能放弃！等一下！试试这个！第一次吃到芋头是在加拿大的时候，我记得它叫芋头泡沫奶茶（Taro bubble milk tea），我本来不喜欢喝这么甜的饮料，但居然很喜欢这种口味，颜色也很漂亮！后来到台湾，吃到很多芋头做成的点心。这次轮到我和大家分享芋头点心了！刚好收到一些朋友们留言，说想做日式栗子蒙布朗，但买不到栗子泥。其实我也遇到过这个问题。芋头和栗子的香味感觉有一点接近。那么，不用等了，马上做做看！这次特别烤了巧克力口味的基底&装饰，拼在一起味道怎么样呢？赞！很好吃！比现成进口栗子泥做的还好吃很多呢！芋头自然的香甜味非常适合，你一定要试试看哦！

材料 Ingredients

［可可小蛋糕］

低筋面粉 Cake flour……45g
可可粉 Coco powder……3g
蛋黄 Egg yolks……2个
砂糖 Sugar……15g
蛋白 Egg whites……2个份
砂糖 sugar……20g

［芋头馅］

芋头 Taro root……200g
黄油（无盐） Butter……10g
砂糖 Sugar……20g
蛋黄 Egg yolk……1个
鲜奶油 Whipping cream……3大匙

［香堤鲜奶油］

鲜奶油 Whipping cream……150mL
砂糖 Sugar……8g
朗姆酒 Dark rum……1.5小匙

［糖水］

砂糖 Sugar……50g
温水 Warm water……50mL
朗姆酒 Dark rum……适量

［装饰］

巧克力片 Chocolate……8片
薄荷叶 Mints……16片

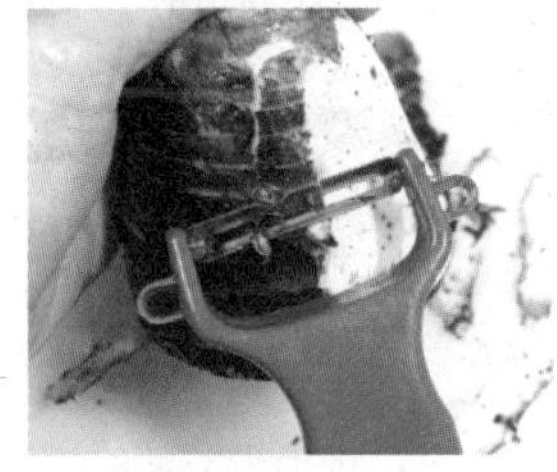

1 将芋头削皮后切块。

2 放入蒸笼中蒸熟（大约10分钟）。

▸ 用筷子能轻松插入证明已经熟透。

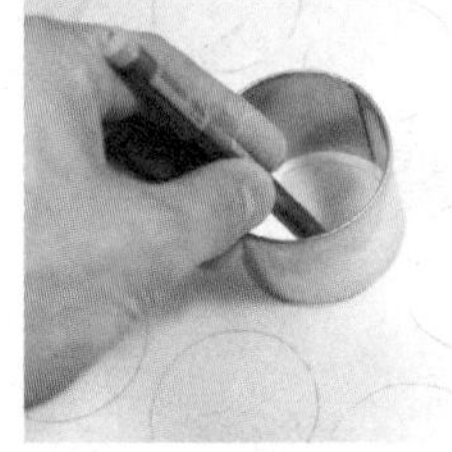

3 准备烘焙纸。利用直径6cm的圆形压模画出记号线，然后在烤盘上铺一张铝箔纸，将烘焙纸画线的那面朝下，放在铝箔纸上面。

▸ 先铺铝箔纸再放烘焙纸，会比较明显地看到画线。

4 制作可可小蛋糕。将低筋面粉和可可粉一起过筛后，用打蛋器搅拌。

5 将蛋黄和砂糖混合搅拌。

6 将蛋黄打发成乳黄色。

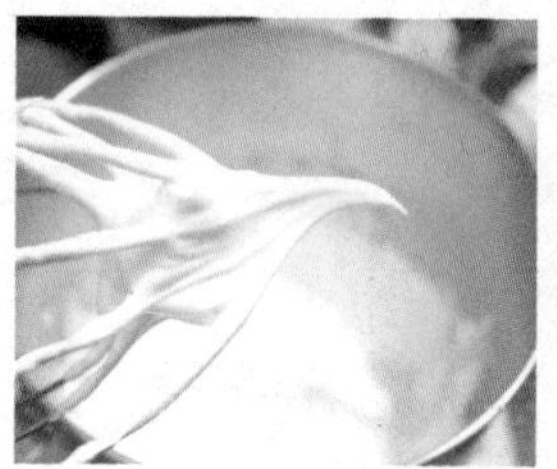

7 在另外的容器里打发蛋白和砂糖。

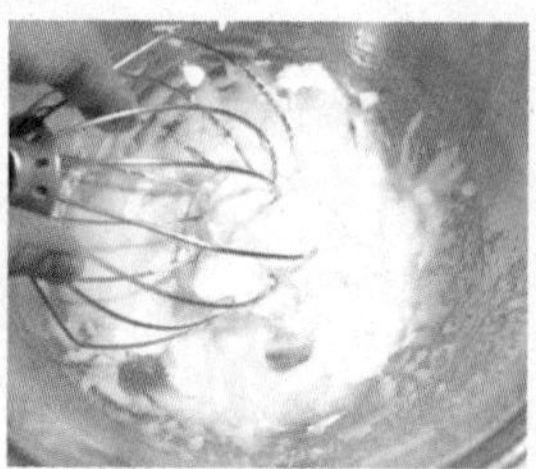

8 将打发好的蛋白取少量加入打好的蛋黄里混合。

▸ 一次放入太多容易消泡！

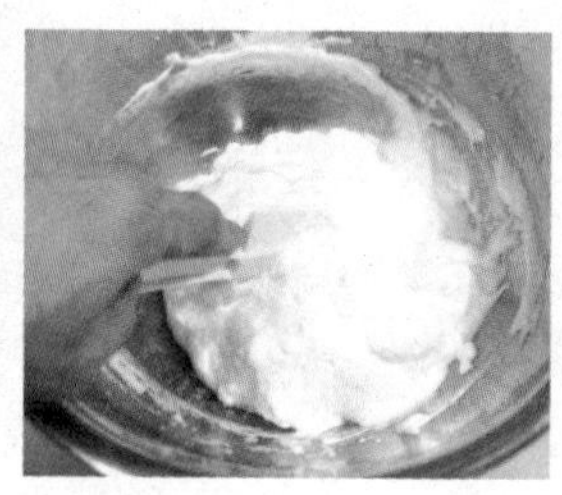

9 分2或3次加入蛋白，用刮刀混合。

10 分2次放入过筛好的粉类里。

▸ 粉类会破坏气泡，一次不要加入太多，也不要搅拌太多次！

11 从盆底往上翻拌混合。

12 用直径1cm的圆形挤花嘴。

13 沿烤盘上画的线均匀挤出来。

14 放入预热至180℃的烤箱里，烤10～12分钟，拿出来冷却。

15 制作芋头馅。将蒸熟的芋头放入食物料理机里。

▸ 如果没有食物料理机，可以用擀面棍捣碎后用网筛过滤。

16 加入黄油、蛋黄、砂糖和鲜奶油搅打成泥。

▸ 糖的量依芋头自身的甜度进行调整。

17 由于淀粉的关系，它会变得粘粘的，如果粘在侧面，可以用刮刀刮下来继续打。

▸ 请注意！变粘后食物料理机的马达容易烧掉，不要持续打哦！

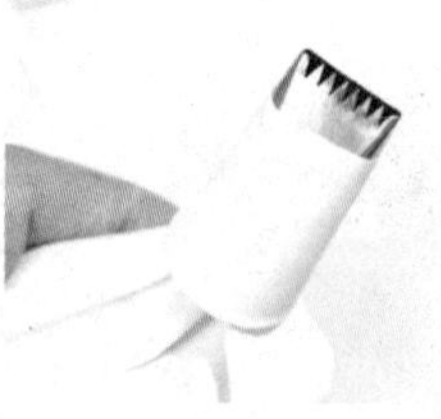

18 将芋头馅放入挤花袋里，这次用的挤花嘴是一边锯齿状一边是平头的。

▸ 如果没有这种，也可以用星形的！

19 做装饰。在鲜奶油里加入砂糖和朗姆酒。

▸ 如果给孩子吃，不加朗姆酒也可以！

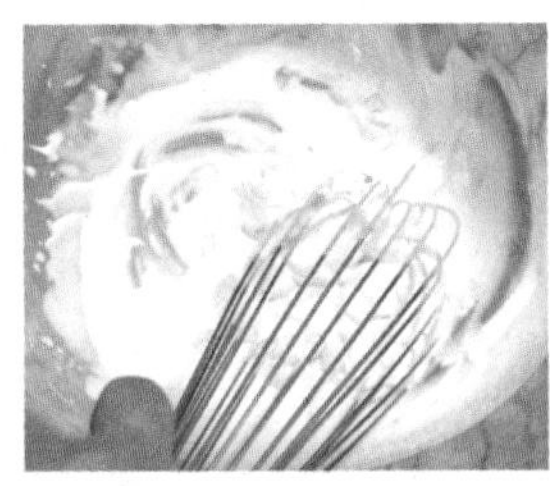

20 打至九分发。

▸ 它是蛋糕的芯，不要太软。

21 将砂糖与温水混合，冷却后加入朗姆酒。在冷却的蛋糕表面涂抹糖水。

▸ 不加朗姆酒也可以！

22 在蛋糕中间挤出打发好的朗姆酒风味的鲜奶油。

▸ 不要挤满！要在旁边留一点空隙。

23 将芋头馅挤在鲜奶油的侧面。

24 最后装饰自己喜欢的巧克力片及薄荷叶，上面还可以撒一点糖粉。

▸ 装饰巧克力片的做法参考P.30。

因为有各位的支持与鼓励，
我才有机会再出版这本食谱。
也希望大家能和我一样，透过这本书，
一起感受做点心的快乐与幸福时光。

MASAyam

O&CO.

图书在版编目（CIP）数据

暖男MASA的幸福点心 / （加）MASA 著. -- 北京：光明日报出版社, 2014.12

ISBN 978-7-5112-3798-9

Ⅰ. ①暖… Ⅱ. ①M… Ⅲ. ①糕点－制作 Ⅳ. ①TS213.2

中国版本图书馆CIP数据核字(2014)第255888号

著作权合同登记号：图字01-2014-7102

中文简体字版于2014年经“远足文化事业股份有限公司（幸福文化）”安排授权由“光明日报出版社”出版。

暖男MASA的幸福点心

著　　者：【加】MASA

责任编辑：李　娟　　策　　划：多采文化

责任校对：于晓艳　　装帧设计：水长流

责任印制：曹　诤

出 版 方：光明日报出版社

地　　址：北京市东城区珠市口东大街5号，100062

电　　话：010-67022197（咨询）　　传　　真：010-67078227，67078255

网　　址：http://book.gmw.cn

E- mail：gmcbs@gmw.cn　lijuan@gmw.cn

法律顾问：北京天驰洪范律师事务所徐波律师

发 行 方：新经典发行有限公司

电　　话：010-62026811　　E- mail：duocaiwenhua2014@163.com

印　　刷：北京艺堂印刷有限公司

本书如有破损、缺页、装订错误，请与本社联系调换

开　　本：787×1092　1/16

字　　数：300千字　　印　　张：20

版　　次：2014年12月第1版　　印　　次：2014年12月第1次印刷

书　　号：ISBN 978-7-5112-3798-9

定　　价：49.80元